高职高专院校"十二五"规划教材··公共精品课

高等数学

主 编　孔凡东

主 审　王金金

西安电子科技大学出版社

内 容 简 介

　　本书是为适应和满足高职高专教育快速发展的需要，遵循国家教育部制定的高职高专教育人才培养目标及高等数学课程教学基本要求，针对高职高专学生的实际情况，结合教学实践而编写的．全书共 8 章，分别为函数与极限，导数与微分，中值定理与导数的应用，不定积分，定积分及其应用，常微分方程，无穷级数，多元函数微积分．书中每小节都配有适量习题，各章后有小结；书后配有附录供查阅．

　　本书可作为高职高专院校公共基础课教材，也可作为广大青年朋友学习高等数学的参考用书．

图书在版编目(CIP)数据

高等数学/孔凡东主编. —西安：西安电子科技大学出版社，2014.7(2018.7重印)
高职高专院校"十二五"规划教材．公共精品课
ISBN 978 - 7 - 5606 - 3410 - 4

Ⅰ. ① 高…　Ⅱ. ① 孔…　Ⅲ. ① 高等数学—高等职业教育—教材
Ⅳ. ① O13

中国版本图书馆 CIP 数据核字(2014)第 134648 号

策划编辑　李惠萍
责任编辑　李惠萍　　何明丽
出版发行　西安电子科技大学出版社(西安市太白南路 2 号)
电　　话　(029)88242885　88201467　　邮　　编　710071
网　　址　www.xduph.com　　　　　电子邮箱　xdupfxb001@163.com
经　　销　新华书店
印刷单位　陕西天意印务有限责任公司
版　　次　2014 年 7 月第 1 版　　2018 年 7 月第 5 次印刷
开　　本　787 毫米×960 毫米　1/16　印张　14.5
字　　数　288 千字
印　　数　12 001～14 000 册
定　　价　24.00 元
ISBN 978 - 7 - 5606 - 3410 - 4/O

XDUP 3702001 - 5

＊＊＊如有印装问题可调换＊＊＊

教材编写说明

　　高职教育是高等教育的一个重要组成部分．目前我国高职教育已进入到以加强内涵建设，全面提高人才培养质量为主的新阶段．高职教育的目标是为社会培养应用型人才，以适应经济迅速腾飞的中国对人才的需求．

　　为了适应和满足高职教育快速发展的需要，根据高职教育人才培养目标及要求，遵循高职教育教学特点，坚持"掌握概念、强化应用、培养技能"的指导思想，遵循"以应用为目的，以必需够用为度"的原则，西安交通工程学院(原西安科技商贸职业学院)基础课部数理教研室的老师，结合多年教学实践，编写了本教材．高等数学是高职院校一门重要的基础学科，它具有高度的抽象性、严密的逻辑性和广泛的应用性．抽象性是数学最基本、最显著的特点，有了高度抽象和统一，我们才能深入地揭示其本质规律，才能使之得到更广泛的应用．针对高职学生的实际，在教学过程中如何将高等数学的基础性与应用性有机结合是我们编写本书的出发点．本书在编写的过程中力求体现以下特点：

　　(1) 精练．基于高职学生的实际，按照"以够用管用为度"的原则，以"理解基本概念、掌握基本运算方法为总体要求，内容力求简洁易懂，注意把握好理论深度，在高等数学课程体系下，删除不必要的、过多的理论分析，力争真正体现教师好教，学生好学，让基础好的学生能学到知识，让基础差的学生不感到畏惧．

　　(2) 实用．以应用为目的是高职教学的重要特点，编写教材时注意从实际问题中引入数学知识，再将数学知识应用到各种实际问题中，加深学生对数学知识的理解，提高学生学习高等数学的兴趣，让学生在学习的过程中充分感受到数学的用途，旨在把学生培养成具有一定理论基础又较好具备分析问题、解决问题能力的高素质应用型人才．

（3）新颖．注重体现时代感，教材力争反映近年来我国高职教育教学改革的最新成果，将高职教育的新特色新教法，结合重点和难点，尽量体现在教材之中，使教材内容具有一定的超前性和先进性，使高职教育更符合现代科学技术发展的需要．

本书全部内容讲完需 90 学时左右．在本书的编写过程中，得到了学院领导、相关部门及出版社的大力支持；同时还参阅了有关作者出版的高等数学方面的书籍，在此谨致谢意．本书由孔凡东主编并负责全书的统稿工作，王金金教授主审；常在斌、赵彦发编写第 1、6、7 章，胡珍妮、唐凤玲编写第 2、3 章，代雪珍、崔娟编写第 4、5 章，孔凡东、曹高飞编写第 8 章及附录．由于作者水平有限，加之编写时间仓促，书中难免存在不妥之处，敬请各位专家及广大读者批评指正．

目　录

第1章　函数与极限

内容提要：函数是微积分研究的对象，极限是研究微积分的工具．本章首先复习中学已经学习过的函数及其性质的有关知识，进而给出基本初等函数与初等函数的定义．然后重点研究极限的概念与性质及函数的连续性．

学习要求：了解函数、复合函数、分段函数等概念；复述无穷小与无穷大的概念、极限的运算法则、函数连续与间断点的概念；熟悉复合函数的复合与分解，能用无穷小性质求极限、判断无穷小与无穷大；能够用极限的运算法则求极限，熟悉两个重要极限以及其在求极限中的应用．

1.1　函数概念及其性质

1.1.1　函数的概念

1. 函数的定义

定义 1　设 x 和 y 为两个变量，D 为一个给定的数集．如果对每一个 $x \in D$，按照一定的法则 f，变量 y 总有唯一确定的数值与之对应，就称 y 为 x 的函数，记为

$$y = f(x), \quad x \in D$$

其中数集 D 称为该函数的定义域，记为 $D(f)$，x 叫做自变量，y 叫做因变量．

对于确定的 $x_0 \in D$，依法则 f 的对应的值称为函数 $y = f(x)$ 在 $x = x_0$ 时的函数值，记作

$$y_0 = y\big|_{x=x_0} = f(x_0)$$

函数值的集合 $M = \{y \mid y = f(x), x \in D\}$，称为函数 $y = f(x)$ 的值域．

2. 函数的两个要素

函数的对应法则和定义域称为函数的两个要素．如果两个函数的定义域与对应法则分别相同，则称这两个函数是同一函数．例如，$u = v^2$ 与 $s = t^2$ 就是相同的函数，由此可以看出，函数与表示其变量的符号是无关的．

例 1　设 $f(x) = x^2 - 2x + 3$，求 $f(2)$、$f(x+1)$．

解　函数的对应规律为

$$f(\ ) = (\ )^2 - 2 \times (\ ) + 3$$

所以

$$f(2)=2^2-2\times2+3=3$$
$$f(x+1)=(x+1)^2-2(x+1)+3=x^2+2$$

例 2 下列函数是否相同,为什么?

(1) $y=\ln x^2$ 与 $y=2\ln x$;

(2) $y=\cos x$ 与 $y=\sqrt{1-\sin^2 x}$.

解 (1) $y=\ln x^2$ 与 $y=2\ln x$ 不是相同的函数,因为它们的定义域不同;

(2) $y=\cos x$ 与 $y=\sqrt{1-\sin^2 x}=|\cos x|$ 是不同的函数,因为它们的定义域虽然相同,但是对应的法则不同.

3. 函数的表示法

函数通常可以用表格法、图像法、解析法来表示,还可以用它们的综合来表示.

(1) 表格法:将自变量的值与对应的函数值列成表格表示两个变量的函数关系的方法. 如三角函数表、常用对数表以及经济分析中的各种统计报表等.

(2) 图像法:用图像表示两个变量的函数关系的方法. 如图 1—1 所示例子即为图像法的应用.

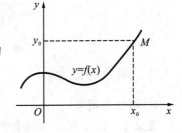

(3) 解析法:用一个等式表示两个变量的函数关系的方法. 如 $y=2\sin x$,$y=2x^3-\lg(x+5)$ 等.

图 1—1

4. 函数定义域的求解方法

函数定义域的求解方法如下:

(1) 根据实际问题的实际意义确定.

(2) 抽象的函数解析式必须使其解析式有意义. 通常应该考虑:分式中分母不能为零;偶次根式的被开方数非负;对数中真数表达式大于零;反三角函数,例如 $\arcsin x$,$\arccos x$,要满足 $\{x\,|\,|x|\leqslant1\}$;多个函数代数和的定义域应是各项函数定义域的公共部分等等.

例 3 求函数 $y=\lg(1-x)+\sqrt{x+4}$ 的定义域.

解 因为负数和零都没有对数,所以 $1-x>0$,即 $x<1$;又 $x+4\geqslant0$,即 $x\geqslant-4$,故函数的定义域为 $D=\{x\,|-4\leqslant x<1\}$.

例 4 求函数 $y=\arcsin\dfrac{1}{x}$ 的定义域.

解 除 x 不能为零外,且须 $\left|\dfrac{1}{x}\right|\leqslant1$,即 $|x|\geqslant1$,这个不等式已经把 $x=0$ 除外,所以函数的定义域是 $D=\{x\,|-\infty<x\leqslant-1\cup1\leqslant x<+\infty\}$.

5. 反函数

定义 2 设函数的定义域为 D_f,值域为 V_f. 对于任意的 $y\in V_f$,在 D_f 上至少可以确定一个 x 与 y 对应,且满足 $y=f(x)$. 如果把 y 看做自变量,x 看做因变量,就可以得到一个

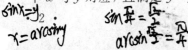

新的函数：$x = f^{-1}(y)$. 我们称这个新的函数 $x = f^{-1}(y)$ 为函数 $y = f(x)$ 的反函数，而把函数 $y = f(x)$ 称为直接函数.

例如，直接函数 $y = f(x) = \dfrac{3}{4}x + 3$，$x \in \mathbf{R}$ 的反函数为 $x = f^{-1}(y) = \dfrac{4}{3}(y - 3)$，$y \in \mathbf{R}$，并且有 $f^{-1}[f(x)] = \dfrac{4}{3}\left[\left(\dfrac{3}{4}x + 3\right) - 3\right] \equiv x$，$f[f^{-1}(y)] = \dfrac{3}{4}\left[\dfrac{4}{3}(y - 3)\right] + 3 \equiv y$.

由于习惯上 x 表示自变量，y 表示因变量，于是我们约定 $y = f^{-1}(x)$ 是直接函数 $y = f(x)$ 的反函数. 注意，这里 $f^{-1}(x)$ 不是 $\dfrac{1}{f(x)}$.

反函数 $x = f^{-1}(y)$ 与 $y = f^{-1}(x)$，这两种形式都可能用到. 应当说明的是函数 $y = f(x)$ 与它的反函数 $x = f^{-1}(y)$ 具有相同的图形. 而直接函数 $y = f(x)$ 与反函数 $y = f^{-1}(x)$ 的图形是关于直线 $y = x$ 对称的，如图 1-2 所示.

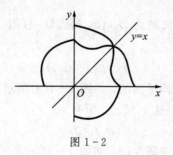

图 1-2

1.1.2 函数的几种特性

1. 奇偶性

定义 3 设函数 $f(x)$ 的定义域 D 关于原点对称，对于任意一个 $x \in D$，都有 $f(-x) = -f(x)$，则称 $f(x)$ 为奇函数；若有 $f(-x) = f(x)$，则称 $f(x)$ 为偶函数. 奇函数的图形关于原点对称；偶函数的图形关于 y 轴对称. 如图 1-3 所示.

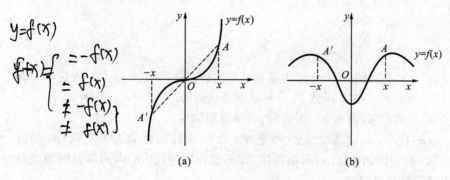

(a)   (b)

图 1-3

例如：$f(x)=x^2$ 是偶函数，因为 $f(-x)=(-x)^2=x^2=f(x)$；又如 $f(x)=x^3$ 是奇函数，因为 $f(-x)=(-x)^3=-x^3=-f(x)$；函数 $y=\sin x$ 是奇函数，$y=\cos x$ 是偶函数；函数 $y=\sin x+\cos x$ 既非奇函数，也非偶函数，称为非奇非偶函数.

2. 函数的周期性

定义 4 设函数 $f(x)$ 的定义域为 D. 若存在不为零的正数 T 使得对于任意的 $x\in D$，都有 $(x\pm T)\in D$，且

$$f(x+T)=f(x)$$

恒成立，则称 $f(x)$ 为周期函数，其中 T 叫做函数的周期. 通常周期函数的周期是指它的最小正周期.

例如，$y=\sin x$，$y=\cos x$ 都是以 2π 为周期的周期函数，$y=\tan x$，$y=\cot x$ 都是以 π 为周期的周期函数. 周期函数的图形是按照周期重复出现的，参见附录 Ⅱ.

3. 函数的单调性

定义 5 设函数 $f(x)$ 的定义域为 D，$(a,b)\subseteq D$，任取 x_1、$x_2\in(a,b)$，且 $x_1<x_2$，恒有

$$f(x_1)<f(x_2)$$

则称函数 $f(x)$ 在 (a,b) 内是单调增加的，如图 $1-4(a)$ 所示.

如果任取 x_1、$x_2\in(a,b)$，且 $x_1<x_2$，恒有

$$f(x_1)>f(x_2)$$

则称函数 $f(x)$ 在 (a,b) 内是单调减少的，如图 $1-4(b)$ 所示. 单调增加和单调减少的函数统称为单调函数.

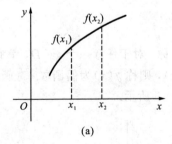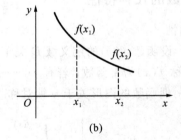

图 $1-4$

例如，函数 $f(x)=x^2$ 在区间 $[0,+\infty)$ 内是单调增加的，在区间 $(-\infty,0]$ 内是单调减少的；但是在区间 $(-\infty,+\infty)$ 内，函数 $f(x)=x^2$ 不是单调的.

又如，函数 $f(x)=x^3$ 在区间 $(-\infty,+\infty)$ 内是单调增加的.

如果函数 $y=f(x)$ 在 (a,b) 内是增函数（或是减函数），则称函数 $f(x)$ 在区间 (a,b) 内是单调函数，区间 (a,b) 叫做函数 $f(x)$ 的单调区间. 函数在区间 (a,b) 内的单调增加或单调减少的性质，叫做函数的单调性.

4. 函数的有界性

定义 6　设函数 $f(x)$ 的定义域为 D，数集 $I \subseteq D$，如果存在正数 M，使得与任一 $x \in I$ 所对应的函数值都满足不等式

$$|f(x)| \leqslant M$$

则称 $f(x)$ 在 I 内有界．如果这样的 M 不存在，就称函数 $f(x)$ 在 I 内无界．这就是说，如果对于任何正数 M，总存在 $x_1 \in I$，使 $|f(x_1)| > M$，那么函数 $f(x)$ 在 I 内无界．

例如，函数 $f(x) = \sin x$ 在 $(-\infty, +\infty)$ 内是有界的，因为无论 x 取任何实数，$|\sin x| \leqslant 1$ 都能成立．这里 $M = 1$（当然也可取大于 1 的任何数作为 M，而 $|\sin x| \leqslant M$ 成立）．函数 $f(x) = \dfrac{1}{x}$ 在区间 $(0, 1)$ 内无界，因为不存在这样的正数 M，使 $\left| \dfrac{1}{x} \right| \leqslant M$ 对于 $(0, 1)$ 内的一切 x 都成立．事实上，对于任意取定的正数 M（不妨设 $M > 1$），则 $\dfrac{1}{2M} \in (0, 1)$，当 $x_1 = \dfrac{1}{2M}$ 时，$\left| \dfrac{1}{x_1} \right| = 2M > M$．但是 $f(x) = \dfrac{1}{x}$ 在区间 $(1, 2)$ 内是有界的，例如可取 $M = 1$ 而使 $\left| \dfrac{1}{x} \right| \leqslant 1$ 对于区间 $(1, 2)$ 内的一切 x 值都成立．

1.1.3　初等函数

1. 基本初等函数

常数函数、幂函数、指数函数、对数函数、三角函数、反三角函数统称为基本初等函数．

(1) 常数函数 $y = C$（C 为常数）．

(2) 幂函数 $y = x^{\mu}$（μ 为常数，$\mu \in \mathbf{R}$）．

(3) 指数函数 $y = a^x$（$a > 0$，$a \neq 1$，a 为常数）；$y = \mathrm{e}^x$（$\mathrm{e} = 2.718\,281\,828\,49\cdots$）．

(4) 对数函数 $y = \log_a x$（$a > 0$，$a \neq 1$，a 为常数）；$y = \ln x$（自然对数）．

(5) 三角函数 $y = \sin x$，$y = \cos x$，$y = \tan x$，$y = \cot x$，$y = \sec x$，$y = \csc x$．

(6) 反三角函数 $y = \arcsin x$，$y = \arccos x$，$y = \arctan x$．$y = \operatorname{arccot} x$．

上述基本初等函数的图形请读者参见附录 Ⅱ．

2. 复合函数

先看一个例子，设 $y = \sqrt{u}$，而 $u = 1 + x^2$，以 $1 + x^2$ 代替 $\sqrt{u}$ 中的 u，得 $y = \sqrt{1 + x^2}$，我们称它为由 $y = \sqrt{u}$，$u = 1 + x^2$ 复合而成的复合函数．

定义 7　设 $y = f(u)$，而 $u = \varphi(x)$ 且函数 $\varphi(x)$ 的值域全部或部分包含在函数 $f(u)$ 的定义域内，那么 y 通过 u 的联系成为 x 的函数，我们把 y 叫做 x 的复合函数，记作 $y = f[\varphi(x)]$，其中 u 叫做中间变量．

例 5 试求由函数 $y=u^3$，$u=\tan x$ 复合而成的函数.

解 将 $u=\tan x$ 代入 $y=u^3$ 中，即得所求复合函数 $y=\tan^3 x$.

有时，一个复合函数可能由三个或更多的函数复合而成. 例如，由函数 $y=2^u$，$u=\sin v$ 和 $v=x^2+1$ 可以复合成函数 $y=2^{\sin(x^2+1)}$，其中 u 和 v 都是中间变量. 反之，分析一个复合函数的复合结构一般由外向里，每一步都应是基本初等函数的形式.

例 6 指出下列复合函数的结构.

(1) $y=\cos^2 x$；　　　　(2) $y=\sqrt{\cot\dfrac{x}{2}}$；　　　　(3) $y=e^{\sin\sqrt{x-1}}$.

解 (1) $y=u^2$，$u=\cos x$；

(2) $y=\sqrt{u}$，$u=\cot v$，$v=\dfrac{x}{2}$；

(3) $y=e^u$，$u=\sin v$，$v=\sqrt{\omega}$，$\omega=x-1$.

3. 初等函数

定义 8 由基本初等函数及常数经过有限次四则运算和有限次复合运算所构成的，并且可用一个数学式子表示的函数，称为初等函数.

例如，$y=\sqrt{\ln 5x}-3^x$，$y=\dfrac{\sqrt[3]{3x}+\tan 5x}{x^3\sin x-2^{-x}}$ 都是初等函数.

今后我们所讨论的函数，绝大多数都是初等函数.

在定义域的不同范围内用不同的解析式表示的函数称为分段函数. 一般说来分段函数不是初等函数，分段函数往往不能用一个解析式子表示. 例如

$$y=\operatorname{sgn}(x)=\begin{cases}1 & x>0\\ 0 & x=0\\ -1 & x<0\end{cases};\quad y=f(x)=\begin{cases}e^x & x<2\\ x+2 & x\geq 2\end{cases}$$

习题 1—1

1. 求下列函数的定义域：

(1) $f(x)=\dfrac{1}{x-2}$　　　　　　　(2) $f(x)=\sqrt{3x+2}$

(3) $f(x)=\ln(x-5)$　　　　　　　(4) $f(x)=\sqrt{x+1}+\dfrac{1}{2-x}$

2. 指出下列各组函数的同异性，为什么？

(1) $y=\ln x^3$，$y=3\ln x$　　　　　　(2) $y=\dfrac{1}{x+1}$，$y=\dfrac{x-1}{x^2-1}$

(3) $y=\ln x^6$，$y=(\ln x)^6$　　　　　(4) $y=|x|$，$y=(\sqrt{x})^2$

3 指出下列函数的复合过程：

(1) $y = (7x - 5)^3$

(2) $y = \cos^2 x$

(3) $y = \sqrt{x^2 + 2x}$

(4) $y = \ln \sqrt{\sin x + 3}$

1.2　极　限　的　概　念

极限描述的是变量在某个变化过程中的变换趋势. 比如现实生活中电池的充放电；从市场的变化趋势来预测产品需求状况，等等，这些过程从数学上看便体现了极限的思想.

1.2.1　数列的极限

数列是按正整数的顺序排列的无穷多个数. 通常也把数列写成

$$y_1, y_2, \cdots, y_n, \cdots$$

数列中的每一个数叫做数列的项. 第 n 项 y_n 叫做数列的通项或一般项.

例如

$$\begin{cases} 1, \dfrac{1}{2}, \dfrac{1}{3}, \cdots, \dfrac{1}{n}, \cdots \\[2mm] \dfrac{1}{2}, \dfrac{2}{3}, \dfrac{3}{4}, \cdots, \dfrac{n}{n+1}, \cdots \\[2mm] 1, -1, 1, -1, \cdots, (-1)^{n+1}, \cdots \\[2mm] 1, 3, 5, 7, \cdots, (2n-1), \cdots \end{cases}$$

等都是数列.

数列可用通项简记为 $\{y_n\}$.

因此，上述数列可简写为：$\left\{\dfrac{1}{n}\right\}$；$\left\{\dfrac{n}{n+1}\right\}$；$\{(-1)^{n+1}\}$；$\{(2n-1)\}$.

我们要研究的问题是：给定一个数列 $\{y_n\}$，当项数 n 无限增大时，通项 y_n 的变化趋势.

下面首先研究我国古代有关数列极限思想的一个例子.

战国时代哲学家庄周在所著的《庄子·天下篇》中说过："一尺之棰，日取其半，万世不竭."用数学语言描述就是说一根一尺长的木棒，每天截去一半，这样的过程可以无限地进行下去.

我们把每天截后剩下部分的长度记录如下（单位为尺）：

第一天剩下：$\dfrac{1}{2}$；第二天剩下：$\dfrac{1}{2} \times \dfrac{1}{2} = \dfrac{1}{2^2}$；第三天剩下：$\dfrac{1}{2^3}$，$\cdots$，第 n 天剩下：$\dfrac{1}{2^n}$，$\cdots$，这样就得到一个数列

$$\dfrac{1}{2}, \dfrac{1}{2^2}, \dfrac{1}{2^3}, \cdots, \dfrac{1}{2^n}, \cdots$$

可以看出，当 n 无限增大时，不论 n 有多么大，$\frac{1}{2^n}$ 总不会等于 0，但是，数列 $\left\{\frac{1}{2^n}\right\}$ 将无限地与 0 接近．这个例子反映了某一数列的某种特性．一般地说，当 n 无限增大时，数列中的通项 y_n 随着 n 的无限增大而趋于某个固定的常数；或者说，y_n 的变化趋势是以该常数为目标，这时，我们就说该数列以这个常数为极限．

定义 1 给定数列 $\{y_n\}$，如果当 n 无限增大时，y_n 无限接近于一个确定的常数 A，则称 n 趋于无穷大时（记为 $n\rightarrow\infty$），数列 $\{y_n\}$ 以常数 A 为极限，也称数列 $\{y_n\}$ 收敛于 A．记作

$$\lim_{n\to\infty}y_n=A \quad \text{或} \quad y_n\rightarrow A(n\rightarrow\infty)$$

否则，称数列 $\{y_n\}$ 没有极限，也称该数列是发散的．

观察前面给出的 4 个数列的极限可以看出：

数列 $\left\{\frac{1}{n}\right\}$，当 n 无限增大时，其倒数 $\frac{1}{n}$ 会随之越来越小，无限趋近于零，即数列 $\left\{\frac{1}{n}\right\}$ 是收敛的，且有

$$\lim_{n\to\infty}\frac{1}{n}=0$$

数列 $\left\{\frac{n}{n+1}\right\}$，当 n 无限增大时，$\frac{n}{n+1}$ 无限趋近于 1，即数列 $\left\{\frac{n}{n+1}\right\}$ 是收敛的，且有

$$\lim_{n\to\infty}\frac{n}{n+1}=1$$

数列 $\{(-1)^{n+1}\}$，当 n 无限增大时，y_n 总是在 1 与 -1 之间跳跃，永远不会趋近于某一个固定的数．因此它没有极限，是发散的．

数列 $\{2n-1\}$，当 n 无限增大时，y_n 将随着 n 增大而增至无穷大，我们说它也没有极限，是发散的．

例 1 判断下列数列是否有极限，如果有，写出它的极限．

(1) $-3,\ -3,\ -3,\ \cdots,\ -3,\ \cdots$；

(2) $-\frac{1}{2},\ \frac{1}{4},\ -\frac{1}{8},\ \frac{1}{16},\ \cdots,\ (-1)^n\frac{1}{2^n},\ \cdots$；

(3) $1,\ 4,\ 9,\ 16,\ \cdots,\ n^2,\ \cdots$．

解 (1) 这个数列是常数列，通项 $y_n=-3$，数列的极限是 -3，即

$$\lim_{n\to\infty}(-3)=-3$$

(2) 这个数列是公比 $q=-\frac{1}{2}$ 的等比数列，通项 $y_n=(-1)^n\frac{1}{2^n}$，可以看出，当 n 无限增大时，$(-1)^n\frac{1}{2^n}$ 无限趋近于 0，即

$$e^{\ln x} = x$$
$$\ln e^x = x$$
$$\ln(xy) = \ln x + \ln y$$
$$\ln \frac{x}{y} = \ln x - \ln y \qquad \ln x^n = n\ln x$$

$$\lim_{n \to \infty}(-1)^n \frac{1}{2^n} = 0$$

（3）当 n 无限增大时，$y_n = n^2$ 无限增大，不能趋近于一个确定的常数，因此，这个数列没有极限，是发散的.

1.2.2　函数的极限

1. $x \to \infty$ 时函数的极限

例 2　考察 $y = \dfrac{1}{x}$，当 $x \to +\infty$ 时的变化情况.

解　函数 $y = \dfrac{1}{x}$ 的图形如图 1-5 所示，由图 1-5 可知，当 x 无限增大时，$\dfrac{1}{x}$ 无限地趋于常数 0. 这时就称函数 $y = \dfrac{1}{x}$，当 $x \to +\infty$ 时以 0 为极限，并记作

$$\lim_{x \to +\infty} \frac{1}{x} = 0$$

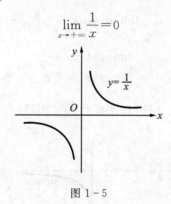

图 1-5

例 3　考察 $y = \sin x$，当 $x \to +\infty$ 时的变化情况.

解　由于 $y = \sin x$ 是周期函数，当 $x \to +\infty$ 时，函数 $y = \sin x$ 的值在 -1 和 1 之间呈现周期性摆动，不趋向于任何常数. 所以我们说当 $x \to +\infty$ 时，函数 $y = \sin x$ 没有极限.

我们给出如下的定义：

定义 2　如果当 $x \to +\infty$ 时，函数 $f(x)$ 趋于某一个常数 A，则称当 $x \to +\infty$ 时，函数 $f(x)$ 以 A 为极限. 记作

$$\lim_{x \to +\infty} f(x) = A \quad 或 \quad f(x) \to A (x \to +\infty)$$

类似地，可以引入当 $x \to -\infty$ 和 $x \to \infty$ 时 $f(x)$ 的极限.

定义 3　如果当 $x \to -\infty$ 时，函数 $f(x)$ 趋于某一个常数 A，则称当 $x \to -\infty$ 时，函数 $f(x)$ 以 A 为极限. 记作

$$\lim_{x \to -\infty} f(x) = A \quad 或 \quad f(x) \to A (x \to -\infty).$$

例 4　求 $\lim\limits_{x \to -\infty} 3^x$.

解　由指数函数的图形可知，当 $x \to -\infty$ 时，$3^x \to 0$，所以
$$\lim_{x \to -\infty} 3^x = 0$$

定义 4　如果当 $x \to \infty$（包括 $x \to +\infty$，$x \to -\infty$）时，函数 $f(x)$ 趋于某一个常数 A，则称当 $x \to \infty$ 时，函数 $f(x)$ 以 A 为极限. 记作
$$\lim_{x \to \infty} f(x) = A \quad \text{或} \quad f(x) \to A (x \to \infty)$$

如 $\lim\limits_{x \to \infty} \dfrac{1}{x^2} = 0$，$\lim\limits_{x \to \infty} 2^{-x^2} = 0$.

定理 1　当 $x \to \infty$ 时，$f(x)$ 以 A 为极限的充分必要条件是：
$$\lim_{x \to \infty} f(x) = A \Leftrightarrow \lim_{x \to -\infty} f(x) = \lim_{x \to +\infty} f(x) = A$$

例 5　求 $\lim\limits_{x \to \infty} \arctan x$.

解　由反正切函数图形（如图 1-6）可以看出
$$\lim_{x \to -\infty} \arctan x = -\frac{\pi}{2}$$
$$\lim_{x \to +\infty} \arctan x = \frac{\pi}{2}$$

因为
$$\lim_{x \to -\infty} \arctan x \neq \lim_{x \to +\infty} \arctan x$$

所以 $\lim\limits_{x \to \infty} \arctan x$ 不存在.

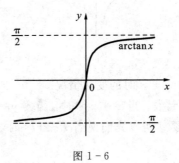

图 1-6

例 6　求 $\lim\limits_{x \to \infty} \left(1 + \dfrac{1}{x}\right)$.

解　当 $x \to \infty$ 时，$1 + \dfrac{1}{x} \to 1$，所以
$$\lim_{x \to \infty} \left(1 + \frac{1}{x}\right) = 1$$

2. $x \to x_0$ 时函数的极限

考察函数 $f(x) = \dfrac{2(x^2 - 4)}{x - 2}$ 当 x 分别从左边和右边趋于 2 时的变化情况，参看表 1-1.

表 1-1

x	1.5	1.8	1.9	1.95	1.99	1.999	…	2.001	2.01	2.05	2.1	2.2	2.5
y	7	7.6	7.8	7.9	7.98	7.998	…	8.002	8.02	8.1	8.2	8.4	9

不难看出，当 $x \to 2$ 时，$f(x)$ 无限地趋于常数 8. 于是，我们称 $f(x)$ 的极限是 8.

定义 5　设函数 $y = f(x)$ 在点 x_0 的某个邻域（点 x_0 本身可以除外）内有定义，如果当 x 趋于 x_0（但 $x \neq x_0$）时，函数 $f(x)$ 趋于一个常数 A，则称当 x 趋于 x_0 时，$f(x)$ 以 A 为极限. 记作

$$\lim_{x \to x_0} f(x) = A \quad 或 \quad f(x) \to A(x \to x_0)$$

亦称当 $x \to x_0$ 时，$f(x)$ 的极限存在. 否则称当 $x \to x_0$ 时，$f(x)$ 的极限不存在.

上述 x 趋于 x_0 的变化趋势并没有限定. 事实上，一般 x 趋于 x_0 有两个方向：从 x 大于 x_0 趋于 x_0 时我们称为 $f(x)$ 的右极限；从 x 小于 x_0 趋于 x_0 时我们称为 $f(x)$ 的左极限. 记作

$$\lim_{x \to x_0^+} f(x) = A \quad 或 \quad f(x) \to A(x \to x_0^+)$$

$$\lim_{x \to x_0^-} f(x) = A \quad 或 \quad f(x) \to A(x \to x_0^-)$$

例 7　根据极限定义说明：

(1) $\lim\limits_{x \to x_0} 2x = 2x_0$，　(2) $\lim\limits_{x \to x_0} c = c$.

解　(1) 当自变量 x 趋于 x_0 时，函数 $2x$ 就趋于 $2x_0$，于是依照定义有 $\lim\limits_{x \to x_0} 2x = 2x_0$.

(2) 无论自变量取何值，函数都取相同的值 c，所以 $\lim\limits_{x \to x_0} c = c$.

由上得知：常数的极限是它本身.

根据上面的定义，我们给出类似定理 1 极限存在的充分必要条件.

定理 2　当 $x \to x_0$ 时，$f(x)$ 以 A 为极限的充分必要条件是 $f(x)$ 在点 x_0 处左、右极限存在并且都等于 A. 即

$$\lim_{x \to x_0} f(x) = A \Leftrightarrow \lim_{x \to x_0^-} f(x) = \lim_{x \to x_0^+} f(x) = A$$

例 8　设 $f(x) = \begin{cases} x+2 & x \geq 1 \\ 3x & x < 1 \end{cases}$. 试判断 $\lim\limits_{x \to 1} f(x)$ 是否存在.

解　先分别求 $f(x)$ 当 $x \to 1$ 时的左、右极限：

$$\lim_{x \to 1^-} f(x) = \lim_{x \to 1^-} 3x = 3$$

$$\lim_{x \to 1^+} f(x) = \lim_{x \to 1^+} (x+2) = 3$$

于是根据定理 2 可知，

$$\lim_{x \to 1} f(x) 存在，且 \lim_{x \to 1} f(x) = 3$$

习题 1-2

1. 求下列极限:

(1) $\lim\limits_{n\to\infty}\left(\dfrac{1}{n}+4\right)$

(2) $\lim\limits_{n\to\infty}(-1)^n\dfrac{1}{n}$

(3) $\lim\limits_{n\to\infty}\dfrac{n}{n+1}$

(4) $\lim\limits_{n\to\infty}\dfrac{n+1}{n-1}$

(5) $\lim\limits_{n\to\infty}\dfrac{1}{2^n}$

(6) $\lim\limits_{n\to\infty}\cos n\pi$

(7) $\lim\limits_{x\to\infty}\left(2+\dfrac{1}{x}\right)$

(8) $\lim\limits_{x\to+\infty}\left(\dfrac{1}{3}\right)^x$

(9) $\lim\limits_{x\to0}\cos x$

2. 设 $f(x)=\begin{cases}x^2+1, & x<0 \\ x+1, & x>0\end{cases}$,试判断 $\lim\limits_{x\to0}f(x)$ 是否存在.

3. 设 $f(x)=\dfrac{|x|}{x}$,试判断 $\lim\limits_{x\to0}f(x)$ 是否存在.

1.3 无穷小量与无穷大量

1.3.1 无穷小量

定义1 若函数 $f(x)$ 在自变量 x 的某个变化过程中以零为极限,则称在该变化过程中,$f(x)$ 为无穷小量. 简称无穷小.

无穷小量常用希腊字母 α,β,γ 等来表示.

例如,$\lim\limits_{x\to-\infty}3^x=0$,即当 $x\to-\infty$ 时,3^x 为无穷小量;$\lim\limits_{x\to0}x^2=0$,即当 $x\to0$ 时,x^2 也为无穷小量.

理解无穷小概念时应注意:

(1) 无穷小是以零为极限的变量,是一个函数.

不要把一个很小很小的数误认为是无穷小量. 如 10^{-30} 这个数虽然非常小,但它不以 0 为极限,所以不是无穷小量. 常数 0 是特殊的无穷小量,除 0 之外,任何常数都不是无穷小量.

(2) 无穷小量是与自变量 x 的某个变化过程(极限过程)紧密相连的.

不能笼统地说某个函数是无穷小量. 如直接说 $\sin x$ 是无穷小量就是错误的,因为 $\sin x$,当 $x\to0$ 时,是无穷小,而在 $x\to\dfrac{\pi}{2}$ 时,就不再是无穷小了.

定理1 函数 $f(x)$ 以 A 为极限的充分必要条件是:$f(x)$ 可以表示为 A 与一个无穷小 α 之和. 即

$$\lim f(x) = A \Leftrightarrow f(x) = A + \alpha$$

其中 $\lim \alpha = 0$.

在自变量的同一变化过程中,无穷小具有以下性质:

性质 1 有限个无穷小的代数和仍然是无穷小.

性质 2 常数与无穷小的积仍是无穷小.

性质 3 有限个无穷小之积(自变量为同一变化过程时)仍然是无穷小.

性质 4 有界函数与无穷小之积仍是无穷小.

例 1 求 $\lim\limits_{x \to \infty} \left(\dfrac{2}{x} + \dfrac{1}{x^3} \right)$.

解 当 $x \to \infty$ 时,$\dfrac{1}{x}$ 是无穷小,由性质 2 可知,当 $x \to \infty$ 时,$\dfrac{2}{x}$ 也是无穷小. 又当 $x \to \infty$ 时,$\dfrac{1}{x^3}$ 是无穷小,所以根据性质 1 得

$$\lim\limits_{x \to \infty} \left(\dfrac{2}{x} + \dfrac{1}{x^3} \right) = 0$$

例 2 求 $\lim\limits_{x \to 0} x^2 \sin \dfrac{1}{x}$.

解 因为 $\left| \sin \dfrac{1}{x} \right| \leqslant 1$,所以 $\sin \dfrac{1}{x}$ 是有界函数;当 $x \to 0$ 时,x^2 是无穷小量. 根据性质 4,乘积 $x^2 \sin \dfrac{1}{x}$ 也是无穷小量,即

$$\lim\limits_{x \to 0} x^2 \sin \dfrac{1}{x} = 0$$

1.3.2 无穷小的比较

上述性质告诉我们,两个无穷小量的和、差、积仍是无穷小量;但是两个无穷小量的商不一定是无穷小量. 我们有以下定义:

定义 2 设 α, β 是同一变化过程中的无穷小量,如果

(1) $\lim \dfrac{\alpha}{\beta} = 0$,则称 α 是比 β 高阶的无穷小.

(2) $\lim \dfrac{\alpha}{\beta} = \infty$,则称 α 是比 β 低阶的无穷小(或称 β 是比 α 高阶的无穷小).

(3) $\lim \dfrac{\alpha}{\beta} = c \neq 0$,则称 α 与 β 是同阶的无穷小;特别当 $c = 1$ 时,称 α 与 β 是等价无穷小,记作 $\alpha \sim \beta$.

1.3.3 无穷大量

定义 3 如果函数 $f(x)$ 当 $x \to x_0$(或 $x \to \infty$)时的绝对值无限增大,那么称函数 $f(x)$ 当

$x \to x_0$(或 $x \to \infty$)时为无穷大量(简称为无穷大). 记作

$$\lim f(x) = \infty$$

例如，当 $x \to 0$ 时，$\dfrac{1}{x^3}$ 是无穷大量；当 $x \to \infty$ 时，$x+3$ 和 x^2 都是无穷大量.

理解无穷大概念时应注意：

(1) 无穷大也是一个变量的概念；无穷大和绝对值很大的数是完全不同的，一个无论多么大的常数，都不能作为无穷大量.

(2) 无穷大和自变量的变化趋势紧密相连.

需要说明的是，无穷大有时也是函数极限不存在的一种情形，这里使用的极限记号为 $\lim f(x) = \infty$，但这并不表示函数 $f(x)$ 的极限存在.

在同一变化过程中，无穷小与无穷大之间有以下关系：

定理 2 在自变量的同一变化过程中，若 $f(x)$ 为无穷大，则 $\dfrac{1}{f(x)}$ 为无穷小；反之，若 $f(x)$ 为不恒等于零的无穷小，则 $\dfrac{1}{f(x)}$ 为无穷大.

例 3 直观判断函数 $y = \dfrac{x}{x+1}$，当 $x \to ?$ 时，是无穷小；当 $x \to ?$ 时，是无穷大.

解 因为当 $x \to 0$ 时，$\dfrac{x}{x+1} \to 0$，即当 $x \to 0$ 时，$\dfrac{x}{x+1}$ 是无穷小；又当 $x \to -1$ 时，$x+1 \to 0$，则 $\dfrac{x}{x+1} \to \infty$. 所以，当 $x \to -1$ 时，$\dfrac{x}{x+1}$ 是无穷大.

习题 1-3

1. 判断下列叙述是否正确，并说明理由.

(1) 无穷小量是越来越接近于零的量；

(2) 0 是无穷小量；

(3) 无穷小量是 0；

(4) 无穷小量是以零为极限的变量；

(5) 无穷小量的倒数是无穷大量.

2. 指出下列变量中哪些是无穷小，哪些是无穷大.

(1) $\ln x$，当 $x \to 1$ 时   (2) e^x，当 $x \to 0$ 时

(3) $\dfrac{2x+1}{x^2}$，当 $x \to 0$ 时   (4) $2^x - 1$，当 $x \to 0$ 时

3. 求下列极限：

(1) $\lim\limits_{x\to 0}(2x+3\sin x)$　　(2) $\lim\limits_{x\to 0}(2x^3+3x^2-x)$　　(3) $\lim\limits_{x\to\infty}\dfrac{\sin x}{x}$

1.4　极限的运算法则

利用极限定义求函数的极限,一般情况下是不方便的,而且有一定的局限性. 本节介绍极限的四则运算法则,并利用运算法则求变量的极限.

定理　设 $\lim f(x)=A$,$\lim g(x)=B$,则

(1) $\lim[f(x)\pm g(x)]=\lim f(x)\pm\lim g(x)=A\pm B$;

(2) $\lim[f(x)\cdot g(x)]=\lim f(x)\cdot\lim g(x)=A\cdot B$;

(3) $\lim\dfrac{f(x)}{g(x)}=\dfrac{\lim f(x)}{\lim g(x)}=\dfrac{A}{B}(B\neq 0)$.

定理中的(1)、(2)可推广到有限个函数的情形.

推论 1　如果 $\lim f(x)$ 存在,而 C 为常数,那么
$$\lim_{x\to x_0}C\cdot f(x)=C\cdot\lim_{x\to x_0}f(x),\ (C\text{ 为常数})$$

推论 2　如果 $\lim f(x)=A$ 存在,而 n 为正整数,那么
$$\lim[f(x)]^n=[\lim f(x)]^n=A^n$$

例 1　求 $\lim\limits_{x\to -1}(x^2-2x+3)$.

解
$$\lim_{x\to -1}(x^2-2x+3)=\lim_{x\to -1}(x^2)-\lim_{x\to -1}(2x)+\lim_{x\to -1}3$$
$$=(\lim_{x\to -1}x)^2-2\lim_{x\to -1}x+3=6$$

例 2　求 $\lim\limits_{x\to 1}\dfrac{x^2-2x+5}{x^2+7}$.

解　因为分母的极限: $\lim\limits_{x\to 1}(x^2+7)=8\neq 0$,所以
$$\lim_{x\to 1}\frac{x^2-2x+5}{x^2+7}=\frac{\lim\limits_{x\to 1}(x^2-2x+5)}{\lim\limits_{x\to 1}(x^2+7)}=\frac{4}{8}=\frac{1}{2}$$

例 3　求 $\lim\limits_{x\to 1}\dfrac{4x-3}{x^2-3x+2}$.

解　由于
$$\lim_{x\to 1}\frac{x^2-3x+2}{4x-3}=\frac{\lim\limits_{x\to 1}(x^2-3x+2)}{\lim\limits_{x\to 1}(4x-3)}=\frac{0}{4-3}=0$$

即 $\dfrac{x^2-3x+2}{4x-3}$ 是 $x\to 1$ 时的无穷小,由无穷小与无穷大的倒数关系,得到
$$\lim_{x\to 1}\frac{4x-3}{x^2-3x+2}=\infty$$

例 4　求 $\lim\limits_{x\to 2}\dfrac{x^2-4}{x-2}$.

解　当 $x\to 2$ 时，分式的分子、分母的极限均为 0，不能直接用商的极限法则求解. 而当 $x\to 2$ 但 $x\ne 2$ 时，分子、分母都有以零为极限的公因子 $x-2$，可消去后再求极限. 即

$$\lim_{x\to 2}\frac{x^2-4}{x-2}=\lim_{x\to 2}\frac{(x-2)(x+2)}{x-2}=\lim_{x\to 2}(x+2)=4$$

例 5　求 $\lim\limits_{x\to 1}\dfrac{x^3-1}{x^2+x-2}$.

解
$$\lim_{x\to 1}\frac{x^3-1}{x^2+x-2}=\lim_{x\to 1}\frac{(x-1)(x^2+x+1)}{(x-1)(x+2)}=\lim_{x\to 1}\frac{x^2+x+1}{x+2}$$
$$=\frac{\lim\limits_{x\to 1}(x^2+x+1)}{\lim\limits_{x\to 1}(x+2)}=\frac{3}{3}=1$$

例 6　求 $\lim\limits_{x\to 0}\dfrac{\sqrt{x+1}-1}{x}$.

解　当 $x\to 0$ 时，分式的分子、分母的极限均为 0，不能直接用商的极限法则求解. 将分子、分母同乘以 $\sqrt{x+1}-1$ 的共轭因子 $\sqrt{x+1}+1$，消去 x 后再求极限. 即

$$\lim_{x\to 0}\frac{\sqrt{x+1}-1}{x}=\lim_{x\to 0}\frac{(\sqrt{x+1}-1)(\sqrt{x+1}+1)}{x(\sqrt{x+1}+1)}$$
$$=\lim_{x\to 0}\frac{x+1-1}{x(\sqrt{x+1}+1)}=\frac{1}{2}$$

例 7　求 $\lim\limits_{x\to\infty}\dfrac{3x^3-4x+2}{7x^3+5x^2-3}$.

解　当 $x\to\infty$ 时，分式的分子、分母均趋于无穷大，不能直接用商的极限法则求解. 将分子、分母同除以 x 的最高次幂 x^3，得

$$\lim_{x\to\infty}\frac{3x^3-4x+2}{7x^3+5x^2-3}=\lim_{x\to\infty}\frac{\dfrac{3x^3-4x+2}{x^3}}{\dfrac{7x^3+5x^2-3}{x^3}}=\lim_{x\to\infty}\frac{3-\dfrac{4}{x^2}+\dfrac{2}{x^3}}{7+\dfrac{5}{x}-\dfrac{3}{x^3}}=\frac{3}{7}$$

例 8　求 $\lim\limits_{x\to\infty}\dfrac{x^2+2}{2x^3+x^2+1}$.

解　将分子、分母同除以 x 的最高次幂 x^3，得

$$\lim_{x\to\infty}\frac{x^2+2}{2x^3+x^2+1}=\lim_{x\to\infty}\frac{\dfrac{1}{x}+\dfrac{2}{x^3}}{2+\dfrac{1}{x}+\dfrac{1}{x^3}}=\frac{0}{2}=0$$

例 9　求 $\lim\limits_{x\to\infty}\dfrac{2x^3-2x^2+5x}{3x^2+2x+4}$.

解　将分子、分母同除以 x 的最高次幂 x^3，得

$$\lim_{x \to \infty} \frac{2x^3 - 2x^2 + 5x}{3x^2 + 2x + 4} = \lim_{x \to \infty} \frac{2 - \dfrac{2}{x} + \dfrac{5}{x^2}}{\dfrac{3}{x} + \dfrac{2}{x^2} + \dfrac{4}{x^3}} = \infty$$

一般地，对于 $\dfrac{\infty}{\infty}$ 型极限，我们可以得出如下结论：

$$\lim_{x \to \infty} \frac{a_0 x^m + a_1 x^{m-1} + \cdots + a_m}{b_0 x^n + b_1 x^{n-1} + \cdots + b_n} = \begin{cases} \dfrac{a_0}{b_0}, & \text{当 } m = n \\[2mm] \infty, & \text{当 } m > n \\[2mm] 0, & \text{当 } m < n \end{cases}$$

利用这个结论，今后对于这种极限我们可以直接写出结果. 如：

$$\lim_{x \to \infty} \frac{2x^2 + 3x + 5}{3x^2 + 2x - 1} = \frac{2}{3}, \quad \lim_{x \to \infty} \frac{x^3 + 5x + 7}{4x^4 + x^3 + 1} = 0$$

习题 1-4

1. 求下列极限：

(1) $\lim\limits_{x \to 3} (x^2 - 2x + 6) = 9$

(2) $\lim\limits_{x \to 2} \dfrac{3x^2 - x + 1}{2x^2 + 3} = \dfrac{3x^2 - 2x + 1}{2x^2 + 3} = 1$

(3) $\lim\limits_{x \to 3} \dfrac{x - 3}{x^2 - 5x + 6} = \lim\limits_{x \to 3} \dfrac{x-3}{(x-3)(x-2)}$

$= \lim\limits_{x \to 3} \dfrac{1}{x-2} = \dfrac{1}{3-2} = 1$

(4) $\lim\limits_{x \to 5} \dfrac{x - 5}{x^2 - 25} = \lim\limits_{x \to 5} \dfrac{x-5}{(x-5)(x+5)} = \lim\limits_{x \to 5} \dfrac{1}{x+5} = \dfrac{1}{10}$

(5) $\lim\limits_{x \to 0} \dfrac{\sqrt{x+4} - 2}{x}$

$\dfrac{(\sqrt{x+4}-2)(\sqrt{x+4}+2)}{(\sqrt{x+4}+2)\,x}$

(6) $\lim\limits_{x \to 2} \left(\dfrac{1}{2 - x} - \dfrac{4}{4 - x^2} \right)$

2. 求下列极限：

(1) $\lim\limits_{x \to \infty} \dfrac{x^2 - 1}{2x^2 - x - 1}$

(2) $\lim\limits_{x \to \infty} \dfrac{x^2 - x}{x^3 + 2x + 3}$

(3) $\lim\limits_{x \to \infty} \dfrac{x^3 - 2x}{x^2 + 5x + 7}$

(4) $\lim\limits_{x \to \infty} \dfrac{(x-1)^{15}(2x+3)^{35}}{(2x-1)^{50}}$

1.5　两个重要极限

1.5.1　第一重要极限

$$\lim_{x \to 0} \frac{\sin x}{x} = 1$$

我们考察当 $x \to 0$ 时函数 $\dfrac{\sin x}{x}$ 的变化趋势，列出对应值如表 1-2 所示.

表 1-2

x	$\pm\dfrac{\pi}{4}$	$\pm\dfrac{\pi}{8}$	$\pm\dfrac{\pi}{16}$	$\pm\dfrac{\pi}{32}$	$\pm\dfrac{\pi}{64}$
$\dfrac{\sin x}{x}$	0.9003163	0.9744954	0.9935869	0.9983944	0.9995985
x	$\pm\dfrac{\pi}{128}$	$\pm\dfrac{\pi}{256}$	$\pm\dfrac{\pi}{512}$	$\pm\dfrac{\pi}{1024}$	$\pm\dfrac{\pi}{2048}$
$\dfrac{\sin x}{x}$	0.9998996	0.9999749	0.9999937	0.9999984	$0.9999996\cdots\to 1$

从上表可以看出，当 $x \to 0$ 时，函数 $\dfrac{\sin x}{x} \to 1$，即

$$\lim_{x \to 0} \frac{\sin x}{x} = 1$$

例 1 求 $\lim\limits_{x \to 0} \dfrac{\tan x}{x}$.

解
$$\lim_{x \to 0} \frac{\tan x}{x} = \lim_{x \to 0} \frac{1}{\cos x} \cdot \frac{\sin x}{x} = 1$$

注：$\lim\limits_{x \to 0} \dfrac{\tan x}{x} = 1$ 往往可以作为公式使用.

例 2 求 $\lim\limits_{x \to 0} \dfrac{\sin kx}{x} (k \neq 0)$.

解
$$\lim_{x \to 0} \frac{\sin kx}{x} = \lim_{x \to 0} \frac{k \sin kx}{kx} = k \lim_{t \to 0} \frac{\sin t}{t} = k \cdot 1 = k$$

一般地，可以用以下公式求极限：

$$\lim_{\varphi(x) \to 0} \frac{\sin \varphi(x)}{\varphi(x)} = 1$$

例 3 求 $\lim\limits_{x \to 0} \dfrac{\tan 3x}{\sin 2x}$.

解
$$\lim_{x \to 0} \frac{\tan 3x}{\sin 2x} = \lim_{x \to 0} \frac{\tan 3x}{3x} \cdot \frac{3x}{1} \cdot \frac{2x}{\sin 2x} \cdot \frac{1}{2x} = \lim_{x \to 0} \frac{3x}{2x} = \frac{3}{2}$$

例 4 求 $\lim\limits_{x \to \infty} x \sin \dfrac{3}{x}$.

解
$$\lim_{x \to \infty} x \sin \frac{3}{x} = \lim_{x \to \infty} \frac{3 \sin \dfrac{3}{x}}{\dfrac{3}{x}} = 3$$

例 5 求 $\lim\limits_{x\to 0}\dfrac{1-\cos x}{x^2}$.

解 将 $1-\cos x$ 变形为 $2\sin^2\dfrac{x}{2}$，再利用运算法则计算：

$$\lim_{x\to 0}\frac{1-\cos x}{x^2}=\lim_{x\to 0}\frac{2\sin^2\dfrac{x}{2}}{x^2}=\frac{1}{2}\lim_{x\to 0}\left[\frac{\sin\dfrac{x}{2}}{\dfrac{x}{2}}\right]^2$$

$$=\frac{1}{2}\left[\lim_{x\to 0}\frac{\sin\dfrac{x}{2}}{\dfrac{x}{2}}\right]^2=\frac{1}{2}\cdot 1^2=\frac{1}{2}$$

1.5.2 第二重要极限

$$\lim_{x\to\infty}\left(1+\frac{1}{x}\right)^x=\mathrm{e}\quad(\mathrm{e}=2.718281828459045\cdots)$$

我们可以从表 1−3 中观察函数 $f(x)=\left(1+\dfrac{1}{x}\right)^x$ 随 x 无限增大的变化趋势.

表 1−3

x	10	100	1000	10000	100000	1000000	$x\to\infty$
$\left(1+\dfrac{1}{x}\right)^x$	2.59374	2.70481	2.71692	2.71815	2.71827	2.71828	$\cdots$
x	-10	-100	-1000	-10000	-100000	-1000000	$x\to-\infty$
$\left(1+\dfrac{1}{x}\right)^x$	2.86797	2.73200	2.71964	2.71842	2.71830	2.71828	$\cdots$

可见当 $x\to\infty$ 及 $x\to-\infty$ 时，函数 $f(x)=\left(1+\dfrac{1}{x}\right)^x$ 之值均会无限地趋近于 e. 我们用 e 表示这个极限，即

$$\lim_{x\to\infty}\left(1+\frac{1}{x}\right)^x=\mathrm{e}$$

如果令 $\dfrac{1}{x}=t$，当 $x\to\infty$ 时，$t\to 0$，公式还可以写成

$$\lim_{t\to 0}(1+t)^{\frac{1}{t}}=\mathrm{e}$$

更一般地，还可以有如下公式：

$$\lim_{\varphi(x)\to\infty}\left(1+\frac{1}{\varphi(x)}\right)^{\varphi(x)}=\mathrm{e}\quad\text{或}\quad\lim_{\mu(x)\to 0}\left[1+\mu(x)\right]^{\frac{1}{\mu(x)}}=\mathrm{e}$$

这两个极限式可以统一为"1 加无穷小的无穷大次方的极限为 e".

例 6 求极限 $\lim\limits_{x\to\infty}\left(1+\dfrac{3}{x}\right)^x$.

解 为了利用公式,我们需要作变量代换. 令 $\dfrac{3}{x}=t$,当 $x\to\infty$ 时,$t\to0$,于是

$$\lim\limits_{x\to\infty}\left(1+\frac{3}{x}\right)^x=\lim\limits_{t\to0}(1+t)^{\frac{3}{t}}=\lim\limits_{t\to0}\left[(1+t)^{\frac{1}{t}}\right]^3$$

$$=\left[\lim\limits_{t\to0}(1+t)^{\frac{1}{t}}\right]^3=\mathrm{e}^3$$

例 7 求极限 $\lim\limits_{x\to\infty}\left(1+\dfrac{1}{2x}\right)^{x+3}$.

解
$$\lim\limits_{x\to\infty}\left(1+\frac{1}{2x}\right)^{x+3}=\lim\limits_{x\to\infty}\left(1+\frac{1}{2x}\right)^x\lim\limits_{x\to\infty}\left(1+\frac{1}{2x}\right)^3$$

$$=\lim\limits_{x\to\infty}\left(1+\frac{1}{2x}\right)^{2x\cdot\frac{1}{2}}\lim\limits_{x\to\infty}\left(1+\frac{1}{2x}\right)^3$$

$$=\mathrm{e}^{\frac{1}{2}}\cdot1=\mathrm{e}^{\frac{1}{2}}$$

例 8 求极限 $\lim\limits_{x\to\infty}\left(1-\dfrac{1}{x}\right)^{2x+5}$.

解 令 $-\dfrac{1}{x}=t$,则 $x=-\dfrac{1}{t}$,当 $x\to\infty$ 时,$t\to0$,于是

$$\lim\limits_{x\to\infty}\left(1-\frac{1}{x}\right)^{2x+5}=\lim\limits_{t\to0}(1+t)^{-\frac{2}{t}+5}$$

$$=\lim\limits_{t\to0}(1+t)^{-\frac{2}{t}}\cdot\lim\limits_{t\to0}(1+t)^5$$

$$=\frac{1}{\lim\limits_{t\to0}\left[(1+t)^{\frac{1}{t}}\right]^2}\cdot\left[\lim\limits_{t\to0}(1+t)\right]^5$$

$$=\frac{1}{\lim\limits_{t\to0}\left[(1+t)^{\frac{1}{t}}\right]^2}\cdot1^5$$

$$=\mathrm{e}^{-2}$$

一般地,可以有下面的结论:

$$\lim\limits_{x\to\infty}\left(1+\frac{a}{x}\right)^{bx+c}=\mathrm{e}^{ab}$$

利用这个结论容易求得有关函数的极限. 请看下面的例子:

例 9 求极限 $\lim\limits_{x\to\infty}\left(1+\dfrac{1}{2x}\right)^{4x-3}$.

解 因为 $a=\dfrac{1}{2}$,$b=4$,所以

$$\lim_{x\to\infty}\left(1+\frac{1}{2x}\right)^{4x-3}=\mathrm{e}^{\frac{1}{2}\times4}=\mathrm{e}^2$$

1.5.3　等价无穷小在求极限中的应用

我们知道，如果 α，β 都是无穷小量，当 $\lim\dfrac{\beta}{\alpha}=1$ 时，则 β 与 α 是等价的，记作 $\alpha\sim\beta$.

关于等价无穷小，我们有下面两个等价代换法则，它们对于求极限有时是很有用的.

定理 1　设 α、β、γ 是同一极限过程的无穷小量，且 $\alpha\sim\beta$，则

(1) $\lim\alpha\gamma=\lim\beta\gamma$；

(2) $\lim\dfrac{\gamma}{\alpha}=\lim\dfrac{\gamma}{\beta}$.

证　(1) 因为 $\alpha\sim\beta$，$\lim\dfrac{\alpha}{\beta}=1$. 于是

$$\lim\alpha\gamma=\lim\left(\frac{\alpha}{\beta}\right)\cdot(\beta\gamma)=\lim\frac{\alpha}{\beta}\cdot\lim(\beta\gamma)=\lim\beta\gamma$$

(2) 可类似证明（略）.

定理 2　若在自变量的同一变化过程中，$\alpha\sim\alpha'$，$\beta\sim\beta'$，且 $\lim\dfrac{\beta'}{\alpha'}$ 存在，则

$$\lim\frac{\beta}{\alpha}=\lim\frac{\beta'}{\alpha'}$$

可以证明，当 $x\to0$，有以下常见的等价无穷小量：

$$\sin x\sim x,\ \tan x\sim x,\ \arcsin x\sim x$$
$$\arctan x\sim x,\ \mathrm{e}^x-1\sim x,\ \ln(1+x)\sim x$$
$$1-\cos x\sim\frac{x^2}{2},\ (1+x)^\alpha-1\sim\alpha x(\alpha\neq0),\ a^x-1\sim x\ln a(a>0,\ a\neq1)$$

利用等价无穷小的概念，在求极限时可以带来事半功倍的效果.

例 10　求：(1) 求 $\lim\limits_{x\to0}\dfrac{1-\cos x}{x^2}$，(2) $\lim\limits_{x\to0}\dfrac{\arctan x^2}{\mathrm{e}^x-1}$.

解　(1) 当 $x\to0$ 时，$1-\cos x\sim\dfrac{x^2}{2}$，所以

$$\lim_{x\to0}\frac{1-\cos x}{x^2}=\lim_{x\to0}\frac{\frac{1}{2}x^2}{x^2}=\frac{1}{2}$$

(2) 当 $x\to0$ 时，$\arctan x^2\sim x^2$，$\mathrm{e}^x-1\sim x$，所以

$$\lim_{x\to0}\frac{\arctan x^2}{\mathrm{e}^x-1}=\lim_{x\to0}\frac{x^2}{x}=\lim_{x\to0}x=0$$

习题 $1-5$

1. 求下列极限：

(1) $\lim\limits_{x \to 0} \dfrac{\sin 3x}{x}$

(2) $\lim\limits_{x \to 0} \dfrac{\sin 2x}{\sin 5x}$

(3) $\lim\limits_{x \to 0} \dfrac{\tan 7x}{\sin 3x}$

(4) $\lim\limits_{x \to 0} \dfrac{1-\cos x}{x \sin x}$

(5) $\lim\limits_{x \to 0} \left(x \sin \dfrac{2}{x} + \dfrac{\tan x}{8x} \right)$

(6) $\lim\limits_{x \to 2} \dfrac{\sin(x-2)}{x^2 - 3x + 2}$

2. 求下列极限：

(1) $\lim\limits_{x \to \infty} \left(1 + \dfrac{1}{2x} \right)^x$

(2) $\lim\limits_{x \to \infty} \left(1 + \dfrac{2}{x} \right)^x$

(3) $\lim\limits_{x \to 0} (1 + 2x)^{\frac{1}{x}}$

(4) $\lim\limits_{x \to \infty} \left(1 - \dfrac{1}{x} \right)^x$

(5) $\lim\limits_{x \to \infty} \left(\dfrac{x+3}{x-1} \right)^x$

(6) $\lim\limits_{x \to \infty} \left(\dfrac{2x+3}{2x+1} \right)^{x+3}$

1.6 函数的连续性

在现实生活中有许多量都是连续变化的，例如气温的变化，植物的生长，物体运动的路程，等等. 这些反映在数学上就是函数的连续性，它是与函数的极限密切相关的另一个基本概念.

1.6.1 连续函数的概念

1. 增量

定义 1 设变量 u 从它的初值 u_0 变到终值 u_1，则终值与初值之差 $u_1 - u_0$ 就叫做变量 u 的增量，又叫做 u 的改变量，记作 Δu，即 $\Delta u = u_1 - u_0$.

对于函数 $y = f(x)$，当自变量 x 从 x_0 变到 $x_0 + \Delta x$（自变量的改变为 Δx）时，函数 y 有相应的改变量，记作 Δy，即

$$\Delta y = f(x_0 + \Delta x) - f(x_0)$$

2. 函数在点 x_0 处的连续

定义 2 设函数 $y = f(x)$ 在点 x_0 的某个邻域内有定义，如果当自变量 x 在点 x_0 处的改变量 Δx 趋于零时，函数相应的改变量 $\Delta y = f(x_0 + \Delta x) - f(x_0)$ 也趋于零，即

$$\lim_{\Delta x \to 0} \Delta y = 0 \quad \text{或} \quad \lim_{\Delta x \to 0} [f(x_0 + \Delta x) - f(x_0)] = 0$$

则称函数 $f(x)$ 在点 x_0 处连续.

由上述定义，如果令 $x=x_0+\Delta x$，则当 $\Delta x \to 0$ 时，$x \to x_0$，于是 $\lim\limits_{\Delta x \to 0} \Delta y=0$ 可以改写为

$$\lim\limits_{x \to x_0}[f(x)-f(x_0)]=0$$

即

$$\lim\limits_{x \to x_0} f(x)=f(x_0)$$

因此，函数在点 x_0 处连续也可定义如下：

定义 3　设函数 $y=f(x)$ 在点 x_0 的某个邻域内有定义，如果当 $x \to x_0$ 时函数 $f(x)$ 的极限存在，且等于 $f(x)$ 在点 x_0 处的函数值 $f(x_0)$，即

$$\lim\limits_{x \to x_0} f(x)=f(x_0)$$

则称函数 $f(x)$ 在点 x_0 处连续.

据此，函数 $f(x)$ 在点 x_0 处连续必须同时满足以下三个条件：

（1）函数在 x_0 点有定义；

（2）函数 $f(x)$ 当 $x \to x_0$ 时有极限；

（3）极限值等于该点处的函数值.

如果这三条中任何一条不满足，则可判定函数 $f(x)$ 在点 x_0 处就是不连续的.

同理，根据函数 $f(x)$ 在点 x_0 处左极限和右极限的定义，可给出 $f(x)$ 左连续与右连续的定义：

定义 4　如果 $\lim\limits_{x \to x_0^-} f(x)=f(x_0)$，则称函数 $y=f(x)$ 在点 x_0 处左连续；如果 $\lim\limits_{x \to x_0^+} f(x)=f(x_0)$，则称函数 $y=f(x)$ 在点 x_0 处右连续.

例 1　讨论函数

$$f(x)=\begin{cases} \dfrac{\sin 2x}{x}, & x<0 \\ 2, & x=0 \\ x+2, & x>0 \end{cases}$$

在 $x=0$ 处的连续性.

解　点 $x=0$ 是函数 $f(x)$ 的分段点，且此点两侧函数的表达式不同，所以必须分别求左、右极限，再用连续的定义判定.

因为　　　　$\lim\limits_{x \to 0^-} f(x)=\lim\limits_{x \to 0^-} \dfrac{\sin 2x}{x}=2$，$\lim\limits_{x \to 0^+} f(x)=\lim\limits_{x \to 0^+}(x+2)=2$

所以

$$\lim\limits_{x \to 0} f(x)=2$$

又因为 $f(0)=2$，于是

$$\lim_{x \to 0} f(x) = f(0)$$

故函数 $f(x)$ 在点 $x=0$ 处是连续的.

3. 函数在区间上的连续

定义 5　如果函数 $f(x)$ 在区间 (a, b) 内每一点都连续，则称 $f(x)$ 在区间 (a, b) 内连续. 若函数 $f(x)$ 在区间 (a, b) 内连续，且 $\lim\limits_{x \to a^+} f(x) = f(a)$，$\lim\limits_{x \to b^-} f(x) = f(b)$，则称 $f(x)$ 在区间 $[a, b]$ 上连续.

连续函数的图形是一条连续不间断的曲线.

1.6.2　初等函数的连续性

定理　一切初等函数在其定义区间内都是连续的.

根据这条定理，我们在求初等函数在其定义区间内某点的极限时，只需求初等函数在该点的函数值即可.

1.6.3　函数的间断点

1. 间断点

定义 6　如果函数 $y = f(x)$ 在点 x_0 处不连续，则称函数 $y = f(x)$ 在点 x_0 处间断，点 x_0 称为函数 $y = f(x)$ 的间断点.

2. 间断点的分类

定义 7　设 x_0 为 $f(x)$ 的一个间断点，如果当 $x \to x_0$ 时，$\lim\limits_{x \to x_0^-} f(x)$ 与 $\lim\limits_{x \to x_0^+} f(x)$ 均存在，则 x_0 称为函数 $y = f(x)$ 的第一类间断点，否则，称 x_0 为 $f(x)$ 的第二类间断点.

第一类间断点还可分为如下两类：

(1) 跳跃间断点——左、右极限存在但不相等，即

$$\lim_{x \to x_0^-} f(x) \neq \lim_{x \to x_0^+} f(x)$$

(2) 可去间断点——极限值存在但不等于函数值，即

$$\lim_{x \to x_0} f(x) \neq f(x_0)$$

例 2　设函数 $f(x) = \begin{cases} x+1, & x \geqslant 1 \\ x, & x < 1 \end{cases}$，试讨论 $f(x)$ 在 $x=1$ 处的连续性.

解　因为 $f(x)$ 在 $x=1$ 处有定义，且

$$f(1) = 2, \quad \lim_{x \to 1^-} x = 1, \quad \lim_{x \to 1^+} (x+1) = 2$$

即 $\lim\limits_{x \to 1} f(x)$ 不存在；又由于左、右极限存在但不相等，所以 $x=1$ 是函数第一类间断点，且为跳跃间断点.

例 3 设函数 $f(x) = \begin{cases} \dfrac{\sin 2x}{x}, & x \neq 0 \\ 1, & x = 0 \end{cases}$，讨论 $f(x)$ 在 $x = 0$ 处的连续性.

解 因为 $f(x)$ 在 $x = 0$ 处有定义，且

$$f(0) = 1, \qquad \lim_{x \to 0} f(x) = \lim_{x \to 0} \frac{\sin 2x}{x} = 2$$

显然

$$\lim_{x \to 0} f(x) \neq f(0)$$

所以 $f(x)$ 在 $x = 0$ 处不连续，且 $x = 0$ 是第一类间断点，且为可去间断点.

第二类间断点包括无穷间断点、震荡不连续点.

无穷间断点：若 $\lim\limits_{x \to x_0} f(x) = \infty$，则 x_0 为函数 $y = f(x)$ 的无穷间断点.

例如函数 $f(x) = \dfrac{3}{x-1}$ 在点 $x = 1$ 处无定义，且 $\lim\limits_{x \to 1} \dfrac{3}{x-1} = \infty$，则称 $x = 1$ 是函数 $f(x) = \dfrac{3}{x-1}$ 的无穷间断点.

1.6.4 闭区间上连续函数的性质

闭区间上连续函数具有一些重要性质，这些性质在理论与实际中都有广泛的应用.

性质 1 若函数 $f(x)$ 在闭区间 $[a, b]$ 上连续，则函数 $f(x)$ 在区间 $[a, b]$ 上必然存在最大值与最小值.

性质 2 设函数 $y = f(x)$ 在闭区间 $[a, b]$ 上连续，$f(a) = A$，$f(b) = B$，且 $A \neq B$，则对于 A 与 B 之间的任一值 C，在开区间 (a, b) 内至少存在一点 ξ，使得 $f(\xi) = C$.

性质 3 设函数 $f(x)$ 在闭区间 $[a, b]$ 上连续，且 $f(a) \cdot f(b) < 0$，则在开区间 (a, b) 内，至少存在一点 ξ，使得 $f(\xi) = 0$.

性质 4 如果函数 $f(x)$ 在闭区间 $[a, b]$ 上连续，则函数 $f(x)$ 在闭区间 $[a, b]$ 上有界.

例 4 证明方程 $x^5 - 2x^2 + x + 1 = 0$ 在区间 $(-1, 1)$ 内至少有一个实根.

证明 设 $f(x) = x^5 - 2x^2 + x + 1$，因为 $f(x)$ 是初等函数，并在 $[-1, 1]$ 上连续；又因为 $f(-1) = -3 < 0$，$f(1) = 1 > 0$，所以，根据性质 3，在 $(-1, 1)$ 内至少有一点 ξ，使 $f(\xi) = 0$，$(-1 < \xi < 1)$，即

$$\xi^5 - 2\xi^2 + \xi + 1 = 0$$

所以，方程 $x^5 - 2x^2 + x + 1 = 0$ 在区间 $(-1, 1)$ 内至少有一个实根.

习题 1-6

1. 判断下列叙述的正误（说明判断理由）：

（1）如果 $f(x_0)$ 存在，则 $f(x)$ 在点 x_0 处连续. （　　）

（2）如果 $\lim\limits_{x \to x_0} f(x)$ 存在，则 $f(x)$ 在点 x_0 处连续. （　　）

（3）如果 $f(x_0)$ 存在，$\lim\limits_{x \to x_0} f(x)$ 存在，则 $f(x)$ 在点 x_0 处连续. （　　）

（4）如果 $f(x_0 - 0) = f(x_0 + 0)$，则 $f(x)$ 在点 x_0 处连续. （　　）

（5）一切初等函数在定义区间内连续. （　　）

2. 讨论下列函数在指定点的连续性：

（1）设函数 $f(x) = \dfrac{x^2 - 4}{x^2 + 5x + 6}$，讨论 $f(x)$ 在 $x = -3$ 处的连续性.

（2）设函数 $f(x) = \begin{cases} x - 1, & x \leqslant 0 \\ x^2, & x > 0 \end{cases}$，讨论 $f(x)$ 在 $x = 0$ 处的连续性.

（3）设函数 $f(x) = \begin{cases} x^2, & 0 \leqslant x \leqslant 1 \\ 2 - x, & 1 < x < 2 \end{cases}$，讨论 $f(x)$ 在 $x = 1$ 处的连续性.

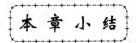

本 章 小 结

一、函数的概念

1. 函数的概念

　　函数是高等数学研究的基本对象. 函数的定义域确定函数存在的范围，函数的对应法则确定自变量如何对应到因变量，这是构成函数的两个要素. 两个函数恒等当且仅当定义域和对应法则完全相等，若两者之一不同，就是两个不同的函数.

2. 复合函数

　　设 $y = f(u)$，而 $u = \varphi(x)$ 且函数 $\varphi(x)$ 的值域全部或部分包含在函数 $f(u)$ 的定义域内，那么我们把 y 叫做 x 的复合函数，简单地说，复合函数就是函数嵌套函数或者函数的函数. 但要注意：不是任何两个函数都能复合成一个函数. 复合函数可以经过多次复合.

二、极限的概念

1. 极限的定义

　　函数的极限是在中学研究函数的基础上对函数的进一步研究，它研究的是函数的变化趋势，即在自变量的某一变化过程中，函数是否无限接进某常数 A. 这里的"无限接近"就是要多接近就能有多接近的意思. 极限是微积分中最基本、最重要的概念之一，极限运算是微积分中的三大运算的最基本运算之一，而极限理论是微积分的理论基础.

　　（1）当 $x \to x_0$ 时，函数 $f(x)$ 的极限是指 x 无限接近 x_0 时，$f(x)$ 的变化趋势而言，而不

是求 $x=x_0$ 时 $f(x)$ 的函数值，因此，与 $f(x)$ 在 x_0 是否有定义无关．

（2）极限不存在有两种情况：在自变量的某个变化过程中，函数值的绝对值趋于无限大；或函数值不会无限接近一个确定的常数．

2. 左极限、右极限的概念

从 $x>x_0$ 趋于 x_0 时 $f(x)$ 的极限称为 $f(x)$ 的右极限；从 $x<x_0$ 趋于 x_0 时 $f(x)$ 的极限称为 $f(x)$ 的左极限．$f(x)$ 以 A 为极限的充分必要条件是 $f(x)$ 在点 x_0 处的左、右极限存在并且都等于 A．

3. 两个重要极限

（1）$\lim\limits_{x\to 0}\dfrac{\sin x}{x}=1$；一般式：$\lim\limits_{\varphi(x)\to 0}\dfrac{\sin\varphi(x)}{\varphi(x)}=1$．

（2）$\lim\limits_{x\to\infty}\left(1+\dfrac{1}{x}\right)^x=\mathrm{e}$，或 $\lim\limits_{x\to 0}(1+x)^{\frac{1}{x}}=\mathrm{e}$；

一般式：$\lim\limits_{v(x)\to\infty}\left(1+\dfrac{1}{v(x)}\right)^{v(x)}=\mathrm{e}$，$\lim\limits_{\varphi(x)\to 0}[1+\varphi(x)]^{\frac{1}{\varphi(x)}}=\mathrm{e}$．

4. 无穷小量与无穷大量

若 $f(x)$ 在自变量 x 的某个变化过程中以零为极限，则称其为无穷小；若函数 $f(x)$ 的绝对值无限增大，则称其为无穷大．

（1）零是常数中唯一的无穷小，其它任意常数都不可以看做无穷小．

（2）一般来说，无穷小量是变量，其变化趋势是无限接近常数零，不可把"很小很小的数"与之相混淆．

（3）一个函数是否为无穷小（大）量是相对的，它取决于自变量的变化过程，笼统地说某函数是无穷小（大）量是错误的．

（4）无穷小与无穷大之间是倒数关系，但需注意，无穷大的倒数是无穷小，不为零的无穷小的倒数是无穷大．无穷大与无穷小的这种关系是在自变量的同一变化过程中才成立的．

（5）无穷小与无穷小之比不一定是无穷小量．

三、极限的运算

1. 极限的四则运算法则

必须注意这些法则是在 $\lim\limits_{x\to x_0}f(x)$ 和 $\lim\limits_{x\to x_0}g(x)$ 都存在的前提下成立的，如果它们之中有任何一个不存在，那么这些法则就不成立．

2. 求极限的方法

求极限的方法较多，而且比较灵活，现就一般方法归纳为以下几点：

（1）利用极限的四则运算法则求极限；

（2）利用两个重要极限求极限；

（3）利用等价无穷小的替换求极限；

（4）利用分子、分母消去公因子求"$\dfrac{0}{0}$"型的极限；

（5）利用分子、分母同除以变量的最高次幂求"$\dfrac{\infty}{\infty}$"型的极限.

四、函数的连续性

在讨论函数连续性时，常常见到两种情况：

（1）函数 $y=f(x)$ 在点 x_0 的两侧表达式不同（即 x_0 为分段函数的分段点），此时 $y=f(x)$ 在点 x_0 连续的充分必要条件是 $\lim\limits_{x \to x_0^-} f(x) = \lim\limits_{x \to x_0^+} f(x) = f(x_0)$.

（2）函数 $y=f(x)$ 在点 x_0 的两侧为同一表达式，此时 $y=f(x)$ 在点 x_0 连续的充分必要条件是 $\lim\limits_{x \to x_0} f(x) = f(x_0)$.

在一般情况下，判定函数 $f(x)$ 在点 x_0 是否连续，是用"一切初等函数在其定义区间内都是连续的"结论来判定. 应注意的是不能说"一切函数在其定义域内都是连续的".

世界数学家简介 1 ╶┼

★ 笛 卡 尔 ★

勒奈·笛卡尔（Rene Descartes，1596 年 3 月 31 日—1650 年 2 月 11 日），著名的法国哲学家、物理学家、数学家、生理学家. 笛卡尔对现代数学的发展做出了重要的贡献，因将几何坐标体系公式化而被认为是解析几何之父. 他还是西方现代哲学思想的奠基人，是近代唯物论的开拓者且提出了"普遍怀疑"的主张，黑格尔称他为"现代哲学之父". 他的哲学思想深深影响了之后的几代欧洲人，开拓了所谓"欧陆理性主义"哲学.

笛卡尔提倡科学研究，认为把它应用于实践会有益于社会. 觉得科学家应避免使用模糊不清的概念，应该努力用数学方程来描述世界. 笛卡尔至少有五个观念对欧洲思想有着重大影响：① 力学宇宙观；② 对科研的积极态度；③ 在科学中强调使用数学；④ 提倡在初期采取怀疑主义；⑤ 重视认识论.

笛卡儿强调科学的目的在于造福人类，使人成为自然界的主人和统治者. 他反对经院哲学和神学，提出怀疑一切的"系统怀疑的方法". 笛卡儿的认识论基本上是唯心主义的.

他主张唯理论，把几何学的推理方法和演绎法应用于哲学上，认为清晰明白的概念就是真理．他认为除了数学以外，任何其它领域的知识皆是有懈可击的．

　　笛卡尔 1629 年写了《思维指南录》一书，陈述了发现真理的一般方法．（但是这本书从未完稿，也许从未打算发表，直到他去世五十多年后他的第一版才问世）．笛卡尔的方法论对于后来物理学的发展有重要的影响．他在古代演绎方法的基础上创立了一种以数学为基础的演绎法：以唯理论为根据，从自明的直观公理出发，运用数学的逻辑演绎，推出结论．这种方法和培根所提倡的实验归纳法结合起来，经过惠更斯和牛顿等人的综合运用，成为物理学特别是理论物理学的重要方法．

　　笛卡儿对数学最重要的贡献是创立了解析几何．笛卡儿成功地将当时完全分开的代数和几何学联系到了一起．在他的著作《几何》中，笛卡儿向世人证明，几何问题可以归结成代数问题，也可以通过代数转换来发现、证明几何性质．笛卡儿引入了坐标系以及线段的运算概念．笛卡儿在数学上的成就为后人在微积分上的工作奠定了坚实的基础，而后者又是现代数学的重要基石．此外，现在使用的许多数学符号都是笛卡儿最先使用的，这包括了已知数 a, b, c 以及未知数 x, y, z 等，还有指数的表示方法等．他还发现了凸多面体边、顶点、面之间的关系，后人称为欧拉-笛卡尔公式．还有微积分中常见的笛卡尔叶形线也是他发现的．

　　在 1630 年到 1634 年期间，笛卡尔运用自己的方法研究科学．为了学到更多的解剖学和生理学知识，亲自做解剖．在光学、气象学、数学及其他几个学科领域内都独立从事过重要研究．笛卡尔堪称 17 世纪及其后的欧洲哲学界和科学界最有影响的巨匠之一，被誉为"近代科学的始祖"．

第2章 导数与微分

内容提要：现实生活中诸如物体的变速运动的速度、交流电流强度、线密度、化学反应速度以及生物繁殖率等，所有这些在数量关系上都可归纳为函数的变化率，即导数问题. 而微分则与导数密切相关. 本章将重点阐明导数与微分的概念及其计算.

学习要求：知道导数与微分的概念、几何意义及函数可导性与连续性之间的关系，能用导数描述一些简单物理量；熟悉导数和微分的运算法则以及基本公式；复述高阶导数的概念，能求简单初等函数、隐函数的一阶和二阶导数.

2.1 导 数 的 概 念

导数来源于实际. 首先研究生活中两个典型的朴素例子：速度与切线问题.

2.1.1 两个实例

1. 变速直线运动的瞬时速度

对于匀速直线运动来说，我们有速度公式：

$$速度 = \frac{路程}{时间}$$

实际问题中的物体运动往往是非匀速的，因此，上述公式只是表示物体走完某一段路程的平均速度，而不能反映出任一时刻物体运动的快慢. 要想精确地刻画出物体在运动中任一时刻的速度，就必须研究所谓的瞬时速度.

设一物体作变速直线运动，则物体在运动的过程中，其相应路程 s 与时间 t 之间存在函数关系：$s = s(t)$. 现在我们来考察该物体在 t_0 时刻的瞬时速度.

设物体在 t_0 时刻位置为 $s(t_0)$，当时间 t 获得增量 Δt 时，物体的位置 s 相应地有增量

$$\Delta s = s(t_0 + \Delta t) - s(t_0)$$

于是比值

$$\frac{\Delta s}{\Delta t} = \frac{s(t_0 + \Delta t) - s(t_0)}{\Delta t}$$

就是物体在 t_0 到 $t_0 + \Delta t$ 这段时间内的平均速度，即作 $\bar{v}$，即

$$\bar{v} = \frac{\Delta s}{\Delta t} = \frac{s(t_0 + \Delta t) - s(t_0)}{\Delta t}$$

由于变速运动的速度通常是连续变化的,所以从整体来看,运动是变速的,但从局部来看,在一段很短的时间 Δt 内,速度变化不大,可以近似地看做匀速的. 因此当 $|\Delta t|$ 很小时,$\bar{v}$ 可作为物体在 t_0 时刻的瞬时速度的近似值.

很明显,$|\Delta t|$ 越小,$\bar{v}$ 就越接近物体在 t_0 时刻的瞬时速度,因此有

$$v(t_0) = \lim_{\Delta t \to 0} \bar{v} = \lim_{\Delta t \to 0} \frac{\Delta s}{\Delta t} = \lim_{\Delta t \to 0} \frac{s(t_0 + \Delta t) - s(t_0)}{\Delta t}$$

这就是说,变速直线运动的物体的瞬时速度是位置函数的增量和时间的增量之比当时间增量趋于零时的极限.

2. 曲线的切线问题

下面我们来研究曲线 $y = f(x)$ 在 $x = x_0$ 处的切线斜率.

设自变量在点 x_0 处有增量 Δx,则函数 $y = f(x)$ 相应地取得增量

$$\Delta y = f(x_0 + \Delta x) - f(x_0)$$

在曲线上取两点 $M(x_0, y_0)$、$N(x_0 + \Delta x, y_0 + \Delta y)$,

如图 2-1 所示. 由平面解析几何知道,割线 MN 的斜率为

$$\frac{\Delta y}{\Delta x} = \tan\varphi$$

其中,φ 是割线 MN 的倾角,当 $|\Delta x|$ 很小时,点 N 就沿着曲线向点 M 靠拢,而割线 MN 即绕着点 M 转动. 当 $\Delta x \to 0$ 时,点 N 就无限趋近于点 M,而割线 MN 就无限趋近于它的极限位置直线 MT,直线 MT 就是曲线在点 M 处的切线. 因而切线倾角 α 是割线倾角 φ 的极限,故切线的斜率 $\tan\alpha$ 是割线斜率的极限,亦即

$$\tan\alpha = \lim_{\varphi \to \alpha} \tan\varphi = \lim_{\Delta x \to 0} \frac{\Delta y}{\Delta x}$$

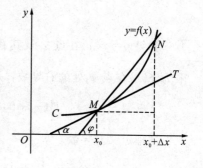

图 2-1

2.1.2 导数的概念

1. 导数的定义

定义 设函数 $y = f(x)$ 在 x_0 点的某邻域内有定义,且当自变量在 x_0 点有一增量 Δx 时,函数 $y = f(x)$ 相应地有增量 $\Delta y = f(x_0 + \Delta x) - f(x_0)$,如果极限

$$\lim_{\Delta x \to 0} \frac{\Delta y}{\Delta x} = \lim_{\Delta x \to 0} \frac{f(x_0 + \Delta x) - f(x_0)}{\Delta x}$$

存在,就称此极限为函数 $y = f(x)$ 在点 x_0 处的导数. 记作 $f'(x_0)$,$y'|_{x=x_0}$,$\frac{dy}{dx}\big|_{x=x_0}$. 即

$$f'(x_0) = \lim_{\Delta x \to 0} \frac{f(x_0 + \Delta x) - f(x_0)}{\Delta x}$$

此时称函数 $y=f(x)$ 在 $x=x_0$ 点处可导或有导数，或导数存在. 如果上述极限不存在，则称函数 $y=f(x)$ 在 $x=x_0$ 点处不可导.

下面的两种形式与导数的定义形式等价：

$$f'(x_0)=\lim_{x\to x_0}\frac{f(x)-f(x_0)}{x-x_0}$$

$$f'(x_0)=\lim_{h\to 0}\frac{f(x_0+h)-f(x_0)}{h}$$

如果 $x_0=0$，有等价形式

$$f'(0)=\lim_{x\to 0}\frac{f(x)-f(0)}{x}$$

如果 $y=f(x)$ 在开区间 (a,b) 内的任一点 x 处均可导，则称函数 $y=f(x)$ 在区间 (a,b) 内处处可导. 此时导数即为原来函数 $y=f(x)$ 在 (a,b) 内的导函数，在不至于混淆时也简称为导数，记为 $y=f'(x)$，或 y'，$\dfrac{\mathrm{d}y}{\mathrm{d}x}$，$\dfrac{\mathrm{d}f(x)}{\mathrm{d}x}$ 等.

$y=f(x)$ 在点 x_0 的导数 $f'(x_0)$ 就是导函数 $y=f'(x)$ 在 x_0 点的值，即

$$f'(x_0)=f'(x)\big|_{x=x_0}$$

如果 $y=f(x)$ 在点 x_0 及其右侧邻域内有定义，当 $\lim\limits_{x\to x_0^+}\dfrac{f(x)-f(x_0)}{x-x_0}$ 存在时，则称该极限为 $f(x)$ 在点 x_0 处的右导数，并记为 $f'_+(x_0)$ 或 $f'(x_0+0)$，即

$$f'_+(x_0)=f'(x_0+0)=\lim_{\Delta x\to 0^+}\frac{f(x_0+\Delta x)-f(x_0)}{\Delta x}=\lim_{x\to x_0^+}\frac{f(x)-f(x_0)}{x-x_0}$$

同理定义左导数

$$f'_-(x_0)=f'(x_0-0)=\lim_{\Delta x\to 0^-}\frac{f(x_0+\Delta x)-f(x_0)}{\Delta x}=\lim_{x\to x_0^-}\frac{f(x)-f(x_0)}{x-x_0}$$

联系到函数 $f(x)$ 在点 x_0 处极限存在的充要条件，同理可得 $f(x)$ 在点 x_0 处可导的充分必要条件是它在该点处的左导数和右导数均存在，并且相等，即

$$f'_-(x_0)=f'_+(x_0)$$

函数的左导数与右导数常常用于判定分段函数在其分段点处的导数是否存在.

通常说 $y=f(x)$ 在 $[a,b]$ 上可导，是指函数 $f(x)$ 在 (a,b) 内可导，且在左端点 a 处右导数存在，在右端点 b 处左导数存在.

2. 导数的求导步骤

根据导数的定义，求函数的导数可由如下三个步骤进行：

(1) 求增量：$\Delta y=f(x+\Delta x)-f(x)$.

(2) 算比值：$\dfrac{\Delta y}{\Delta x}=\dfrac{f(x+\Delta x)-f(x)}{\Delta x}$.

(3) 取极限：$\lim\limits_{\Delta x \to 0} \dfrac{\Delta y}{\Delta x} = \lim\limits_{\Delta x \to 0} \dfrac{f(x+\Delta x) - f(x)}{\Delta x}$.

例 1 求函数 $y = x^2$ 在任意点 x 处的导数.

解 在 x 处给自变量一个增量 Δx，相应的函数增量为

$$\Delta y = f(x+\Delta x) - f(x) = (x+\Delta x)^2 - x^2 = 2x\Delta x + (\Delta x)^2$$

于是

$$\frac{\Delta y}{\Delta x} = 2x + \Delta x$$

则

$$\lim_{\Delta x \to 0} \frac{\Delta y}{\Delta x} = \lim_{\Delta x \to 0} (2x + \Delta x) = 2x$$

即

$$(x^2)' = 2x$$

更一般地，对于幂函数 x^n 的导数，有如下公式：

$$(x^n)' = nx^{n-1}$$

其中 n 为任意实数.

例如函数 $y = x^9$ 的导数：$y' = (x^9)' = 9x^{9-1} = 9x^8$；函数 $y = \dfrac{1}{x}$ $(x \neq 0)$ 的导数：$\dfrac{\mathrm{d}y}{\mathrm{d}x} = (x^{-1})' = -x^{-2}$；函数 $y = \sqrt{x}$ 的导数：$y' = (x^{\frac{1}{2}})' = \dfrac{1}{2} x^{-\frac{1}{2}}$.

3. 导数的几何与物理意义

如果函数 $y = f(x)$ 在 $x = x_0$ 处的导数 $f'(x_0)$ 存在，则在几何上表明曲线 $y = f(x)$ 在点 $(x_0, f(x_0))$ 处存在切线，且切线斜率为 $k = f'(x_0)$. 由解析几何知识可知，曲线 $y = f(x)$ 在点 $(x_0, f(x_0))$ 处的切线方程为：

$$y - f(x_0) = f'(x_0)(x - x_0)$$

如果 $f'(x_0) \neq 0$，则此时曲线 $y = f(x)$ 在点 $(x_0, f(x_0))$ 处的法线方程为

$$y - f(x_0) = -\frac{1}{f'(x_0)}(x - x_0)$$

如果 $f'(x_0) = 0$，则 $y = f(x_0)$ 即为曲线 $y = f(x)$ 在点 $(x_0, f(x_0))$ 处的水平切线.

设物体作直线运动，其路程 s 与时间 t 的关系为 $s = s(t)$，且 $s(t)$ 在 $t = t_0$ 处的导数 $s'(t_0)$ 存在，那么 $s'(t_0)$ 即表示物体在时刻 t_0 的瞬时速度 $v(t_0)$.

例 2 求曲线 $y = \dfrac{1}{x}$ 在点 $(1, 1)$ 处的切线方程.

解 由例 1 已知，$\dfrac{\mathrm{d}y}{\mathrm{d}x} = (x^{-1})' = -x^{-2}$，所以 $f'(1) = -1$，即切线斜率 $k = -1$；因此，所求的切线方程为

$$y-1=-1(x-1)$$

即
$$x+y-2=0$$

4. 可导与连续之间的关系

如果函数 $y=f(x)$ 在 $x=x_0$ 点处可导，那么函数 $y=f(x)$ 在该点处必连续.

事实上，若函数 $y=f(x)$ 在 $x=x_0$ 点处可导，即 $\lim\limits_{\Delta x \to 0}\dfrac{\Delta y}{\Delta x}$ 存在，这时，

$$\lim_{\Delta x \to 0}\Delta y = \lim_{\Delta x \to 0}\frac{\Delta y}{\Delta x} \cdot \Delta x = \lim_{\Delta x \to 0}\frac{\Delta y}{\Delta x} \cdot \lim_{\Delta x \to 0}\Delta x = 0$$

故 $y=f(x)$ 在点 $x=x_0$ 处连续.

然而，函数 $y=f(x)$ 在 $x=x_0$ 点连续而它在该点处不一定可导.

例如，函数 $y=|x|$ 在 $x=0$ 点连续，但是在该点是不可导的. 因为

$$\Delta y = f(0+\Delta x) - f(0) = |\Delta x|$$

所以在 $x=0$ 点的右导数是

$$f'_+(0) = \lim_{\Delta x \to 0^+}\frac{\Delta y}{\Delta x} = \lim_{\Delta x \to 0^+}\frac{|\Delta x|}{\Delta x} = \lim_{\Delta x \to 0^+}\frac{\Delta x}{\Delta x} = 1$$

而左导数是

$$f'_-(0) = \lim_{\Delta x \to 0^-}\frac{\Delta y}{\Delta x} = \lim_{\Delta x \to 0^-}\frac{|\Delta x|}{\Delta x} = \lim_{\Delta x \to 0^-}\frac{-\Delta x}{\Delta x} = -1$$

左、右导数不相等，故函数在该点不可导. 所以，函数连续是可导的必要条件而不是充分条件.

2.1.3 求导举例

导数的定义既指明了概念的实质，也给出了导数的计算方法. 下面，我们再根据求导步骤求一些基本初等函数的导数.

例 3 求函数 $y=C$（C 为常数）的导数.

解 （1）求增量：因为 $y=C$，即不论 x 取什么值时，y 的值总等于 C，所以 $\Delta y=0$.

（2）算比值：$\dfrac{\Delta y}{\Delta x}=0$.

（3）取极限：$y'=\lim\limits_{\Delta x \to 0}\dfrac{\Delta y}{\Delta x}=\lim\limits_{\Delta x \to 0}0=0$.

故
$$(C)'=0$$

这就是说，常数的导数等于零.

例 4 求函数 $y=\sin x$ 的导数.

解 （1）求增量：因为 $f(x)=\sin x$，$f(x+\Delta x)=\sin(x+\Delta x)$，所以

$$\Delta y = f(x+\Delta x) - f(x) = \sin(x+\Delta x) - \sin x$$

应用三角学中的和差化积公式有

$$\Delta y = 2\cos\frac{(x+\Delta x)+x}{2}\sin\frac{(x+\Delta x)-x}{2}$$

$$= 2\cos\left(x+\frac{\Delta x}{2}\right)\sin\frac{\Delta x}{2}$$

（2）计算比值：

$$\frac{\Delta y}{\Delta x} = \frac{2\cos\left(x+\frac{\Delta x}{2}\right)\sin\frac{\Delta x}{2}}{\Delta x} = \cos\left(x+\frac{\Delta x}{2}\right)\frac{\sin\frac{\Delta x}{2}}{\frac{\Delta x}{2}}$$

（3）取极限：

$$\frac{\mathrm{d}y}{\mathrm{d}x} = \lim_{\Delta x \to 0}\frac{\Delta y}{\Delta x} = \lim_{\Delta x \to 0}\cos\left(x+\frac{\Delta x}{2}\right)\frac{\sin\frac{\Delta x}{2}}{\frac{\Delta x}{2}}$$

$$= \lim_{\Delta x \to 0}\cos\left(x+\frac{\Delta x}{2}\right)\lim_{\Delta x \to 0}\frac{\sin\frac{\Delta x}{2}}{\frac{\Delta x}{2}}$$

由 $\cos x$ 的连续性及重要极限 $\lim\limits_{x \to 0}\dfrac{\sin x}{x}=1$，有

$$\frac{\mathrm{d}y}{\mathrm{d}x} = \cos x$$

即
$$(\sin x)' = \cos x$$

用类似的方法，可求出余弦函数 $y=\cos x$ 的导数为

$$(\cos x)' = -\sin x$$

例 5　求对数函数 $y=\log_a x\,(a>0,\ a\neq 1,\ x>0)$的导数.

解　（1）求增量：

$$\Delta y = \log_a(x+\Delta x) - \log_a x = \log_a\left(\frac{x+\Delta x}{x}\right) = \log_a\left(1+\frac{\Delta x}{x}\right)$$

（2）算比值：

$$\frac{\Delta y}{\Delta x} = \frac{\log_a\left(1+\frac{\Delta x}{x}\right)}{\Delta x} = \frac{1}{x}\log_a\left(1+\frac{\Delta x}{x}\right)^{\frac{x}{\Delta x}}$$

（3）取极限：

$$\frac{\mathrm{d}y}{\mathrm{d}x} = \lim_{\Delta x \to 0}\frac{\Delta y}{\Delta x} = \lim_{\Delta x \to 0}\frac{1}{x}\log_a\left(1+\frac{\Delta x}{x}\right)^{\frac{x}{\Delta x}}$$

这里，由对数函数的连续性及重要极限 $\lim\limits_{x\to 0}(1+x)^{\frac{1}{x}}=\mathrm{e}$，得

$$\frac{\mathrm{d}y}{\mathrm{d}x}=\frac{1}{x}\log_a\mathrm{e}=\frac{1}{x\ln a}$$

即

$$(\log_a x)'=\frac{1}{x\ln a}$$

特别地，当 $a=\mathrm{e}$ 时，得自然对数的导数

$$(\ln x)'=\frac{1}{x}$$

下面几个导数公式在求导运算中经常用到，应熟记.

(1) $(C)'=0$ (2) $(x^n)'=nx^{n-1}$ (3) $(\sin x)'=\cos x$

(4) $(\cos x)'=-\sin x$ (5) $(\log_a x)'=\dfrac{1}{x\ln a}$ (6) $(\ln x)'=\dfrac{1}{x}$

习题 $2-1$

1. 求曲线 $y=\sin x$ 在 $x=\dfrac{\pi}{3}$ 处的切线方程.

2. 根据导数的定义，求下列函数的导函数和导数值：

(1) 已知 $f(x)=5+2x$，求 $f'(x)$，$f'(-5)$.

(2) 已知 $y=x^2-1$，求 y'，$y'\big|_{x=2}$.

3. 求下列函数的导数：

(1) $y=\lg x$ (2) $y=\log_2 x$ (3) $y=x^4$

(4) $y=\sqrt[3]{x^2}$ (5) $y=\dfrac{1}{\sqrt{x}}$ (6) $y=\dfrac{1}{x^3}$

4. 求曲线 $y=\dfrac{1}{x}$ 在 $x=1$ 处的切线方程和法线方程.

2.2 求 导 法 则

按照导数的定义可以求一些简单函数的导数，对于一般函数的求导，如果按照定义去做将会很繁琐. 本节首先给出导数的求导法则，然后介绍复合函数、隐函数、反函数等的求导方法，最后介绍三个求导技巧.

2.2.1 导数的四则运算法则

设函数 $u=u(x)$，$v=v(x)$ 在点 x 处可导，则

$$(u \pm v)' = u' \pm v'$$

$$(uv)' = u'v + uv'$$

特别地

$$(cu)' = cu' \quad (c \text{ 为常数})$$

$$\left(\frac{u}{v}\right)' = \frac{u'v - uv'}{v^2} \quad (v \neq 0)$$

特别地

$$\left(\frac{c}{v}\right)' = c\left(\frac{1}{v}\right)' = -\frac{cv'}{v^2} \quad (c \text{ 为常数}(v \neq 0))$$

例 1 求 $y = 2x^3 - \sin x + 4$ 的导数.

解 $$y' = (2x^3)' - (\sin x)' + (4)' = 6x^2 - \cos x$$

例 2 求 $y = \sqrt{x}\cos x$ 的导数.

解 $$y' = (x^{\frac{1}{2}})'\cos x + x^{\frac{1}{2}}(\cos x)' = \frac{1}{2}x^{-\frac{1}{2}}\cos x - x^{\frac{1}{2}}\sin x$$

例 3 求函数 $y = \tan x$ 的导数.

解 因为 $\tan x = \frac{\sin x}{\cos x}$，所以我们可以利用商的求导法则，即

$$y' = (\tan x)' = \left(\frac{\sin x}{\cos x}\right)'$$

$$= \frac{(\sin x)'\cos x - \sin x(\cos x)'}{\cos^2 x}$$

$$= \frac{\cos x \cos x - \sin x(-\sin x)}{\cos^2 x}$$

$$= \frac{\cos^2 x + \sin^2 x}{\cos^2 x}$$

$$= \sec^2 x$$

用类似的方法可求得

$$(\cot x)' = -\csc^2 x$$

$$(\sec x)' = \sec x \tan x$$

$$(\csc x)' = -\csc x \cot x$$

2.2.2 复合函数的求导法则

如果函数 $y = f(u)$，$u = \varphi(x)$ 复合成 $y = f[\varphi(x)]$，当 $u = \varphi(x)$ 在点 x_0 可导，且 $y = f(u)$ 在 $u_0 = \varphi(x_0)$ 点也可导时，则复合函数 $y = f[\varphi(x)]$ 在 $x = x_0$ 点也可导，且有

$$\frac{dy}{dx} = \frac{dy}{du} \cdot \frac{du}{dx} = f'(u) \cdot \varphi'(x)$$

上述方法称为复合函数的求导链式法则，此法则可以用于多层复合的情形.

例 4 设 $y=2^{\log_3 x}$，求 y'.

解 函数可以分解为：$y=2^u$，$u=\log_3 x$，则

$$y'=(2^u)' \cdot (\log_3 x)'=2^u \ln2 \cdot \frac{1}{x\ln3}=\frac{2^{\log_3 x} \cdot \ln2}{x\ln3}$$

例 5 设 $y=\log_2 \dfrac{x-1}{x+1}$，求 $\dfrac{dy}{dx}$.

解 函数可以分解为 $y=\log_2 u$，$u=\dfrac{x-1}{x+1}$，于是

$$y'=(\log_2 u)' \cdot \left(\frac{x-1}{x+1}\right)'=\frac{1}{u\ln2} \cdot \frac{(x-1)'(x+1)-(x-1)(x+1)'}{(x+1)^2}$$

$$=\frac{1}{u\ln2} \cdot \frac{2}{(x+1)^2}=\frac{2}{(x^2-1)\ln2}$$

例 6 $y=\ln \sqrt{x^2+1}$，求 y'.

解法 1
$$y'=\left[\ln \sqrt{x^2+1}\right]'=\frac{1}{\sqrt{x^2+1}}(\sqrt{x^2+1})'$$

$$=\frac{1}{\sqrt{x^2+1}} \cdot \frac{1}{2}(x^2+1)^{-\frac{1}{2}} \cdot (x^2+1)'$$

$$=\frac{1}{\sqrt{x^2+1}} \cdot \frac{1}{2}\frac{1}{\sqrt{x^2+1}} \cdot 2x$$

$$=\frac{x}{x^2+1}$$

解法 2 原式可变形为：$y=\ln \sqrt{x^2+1}=\dfrac{1}{2}\ln(x^2+1)$，则

$$y'=\frac{1}{2}\left[\ln(x^2+1)\right]'=\frac{1}{2} \cdot \frac{1}{x^2+1} \cdot (x^2+1)'=\frac{2x}{2(x^2+1)}=\frac{x}{x^2+1}$$

由此题的两种解法可见，当函数表达式能化简时，应先化简再求导，解法就会简单一些.

2.2.3 反函数的求导法则

设函数 $y=f(x)$ 为 $x=\varphi(y)$ 的反函数，若 $\varphi(y)$ 在 y 的某邻域内连续单调，且 $\varphi'(y)\neq0$，则 $f(x)$ 在 $x=\varphi(y)$ 处也可导，且有

$$y'=\frac{dy}{dx}=\frac{1}{x'(y)} \quad 或 \quad f'(x)=\frac{1}{\varphi'(y)}$$

即反函数的导数等于直接函数导数的倒数.

例 7 设 $y=\arcsin x(-1<x<1)$，求 y'.

解 因为 $y=\arcsin x(-1<x<1)$ 的反函数是

$$x=\sin y, \quad \left(-\frac{\pi}{2}<y<\frac{\pi}{2}\right)$$

而 $$(\sin y)'=\cos y>0, \quad \left(-\frac{\pi}{2}<y<\frac{\pi}{2}\right)$$

且 $$\cos y=\sqrt{1-x^2}>0$$

所以由反函数求导公式得

$$y'=(\arcsin x)'=\frac{1}{(\sin y)'}=\frac{1}{\sqrt{1-x^2}}, \quad (-1<x<1)$$

同样还可以求得

$$(\arccos x)'=-\frac{1}{\sqrt{1-x^2}}, \quad (-1<x<1)$$

$$(\arctan x)'=\frac{1}{1+x^2}$$

$$(\operatorname{arccot} x)'=-\frac{1}{1+x^2}$$

例 8 设 $y=a^x(a>0, a\neq1)$，求 y'.

解 由 $y=a^x$ 可得 $x=\log_a y$，因为两者互为反函数，于是

$$y'=(a^x)'=\frac{1}{(\log_a y)'}=y\ln a=a^x\ln a$$

特别地，当 $a=\mathrm{e}$ 时，$y=\mathrm{e}^x$ 的导数为

$$y'=(\mathrm{e}^x)'=\mathrm{e}^x\ln\mathrm{e}=\mathrm{e}^x$$

为便于记忆和方便使用，我们将基本初等函数的导数的基本公式整理如下，其中尚未证明的公式读者可自行推导.

(1) $(c)'=0$ (c 为常数)

(2) $(x^\mu)'=\mu x^{\mu-1}$ (μ 为常数)

(3) $(a^x)'=a^x\ln a$

(4) $(\mathrm{e}^x)'=\mathrm{e}^x$

(5) $(\log_a x)'=\dfrac{1}{x\ln a}$ ($a>0, a\neq1$)

(6) $(\ln x)'=\dfrac{1}{x}$

(7) $(\sin x)'=\cos x$

(8) $(\cos x)'=-\sin x$

(9) $(\tan x)'=\sec^2 x$

(10) $(\cot x)'=-\csc^2 x$

(11) $(\sec x)'=\sec x\cdot\tan x$

(12) $(\csc x)'=-\csc x\cdot\cot x$

(13) $(\arcsin x)'=\dfrac{1}{\sqrt{1-x^2}}$

(14) $(\arccos x)'=-\dfrac{1}{\sqrt{1-x^2}}$

(15) $(\arctan x)'=\dfrac{1}{1+x^2}$

(16) $(\operatorname{arccot} x)'=-\dfrac{1}{1+x^2}$

2.2.4 隐函数求导法

由方程 $F(x,y)=0$ 所确定的函数 $y=y(x)$ 叫做隐函数. 隐函数的求导方法是：

(1) 将方程 $F(x,y)=0$ 的两端每一项对 x 求导，求导时将 y 看做 x 的复合函数；

(2) 利用复合函数的求导法则求导后，解出 y' 即可.

例 9 设 $y=y(x)$ 是由 $y^3-3y+2ax=0$ 所确定的函数，求 y'.

解 将所给式子两端对 x 求导，可得

$$3y^2y'-3y'+2a=0$$

整理可得

$$y'=\frac{2a}{3(1-y^2)}$$

2.2.5 由参数方程所确定的函数的求导法

在实际应用中，函数 y 与自变量 x 的关系常常通过某一参变量 t 表示出来，即

$$\begin{cases} x=\varphi(t) \\ y=\psi(t) \end{cases}, \quad t \text{ 为参数}$$

称为函数的参数方程.

由于 y 是参数 t 的函数，x 是 t 的函数，所以，易求得 y 对 x 的导数为

$$\frac{\mathrm{d}y}{\mathrm{d}x}=\frac{\mathrm{d}y/\mathrm{d}t}{\mathrm{d}x/\mathrm{d}t}=\frac{\psi'(t)}{\varphi'(t)}=\frac{y'_t}{x'_t} \quad (\text{其中 } \varphi'(t)\neq0)$$

例 10 求参数方程 $\begin{cases} x=\dfrac{1}{t} \\ y=2t^2 \end{cases}$ 确定的函数的导数 $\dfrac{\mathrm{d}y}{\mathrm{d}x}$.

解

$$\frac{\mathrm{d}y}{\mathrm{d}x}=\frac{y'_t}{x'_t}=\frac{4t}{-\dfrac{1}{t^2}}=-4t^3$$

2.2.6 对数求导法

对于幂指函数 $y=u(x)^{v(x)}$，或 y 为若干个函数连乘、除、乘方、开方所构成的函数，通常可以先对两边取自然对数改变其函数类型，再求导，这样可以达到事半功倍的效果.

例 11 设函数 $y=x^{\sin x}(x>0)$，求 $\dfrac{\mathrm{d}y}{\mathrm{d}x}$.

解 对函数两端取自然对数，得隐函数

$$\ln y=\ln x^{\sin x}=\sin x \cdot \ln x$$

将 y 看成复合函数，两端关于 x 求导得

$$\frac{1}{y}y' = \cos x \cdot \ln x + \frac{1}{x}\sin x$$

整理解出 y' 为

$$y' = y\left(\cos x \cdot \ln x + \frac{1}{x}\sin x\right) = x^{\sin x}\left(\cos x \cdot \ln x + \frac{1}{x}\sin x\right)$$

习题 $2-2$

1. 求下列函数的导数：

(1) $y = \sqrt{x} + \sin\sqrt{2}$

(2) $y = x\left(x^2 + \frac{1}{x} + \frac{1}{x^2}\right)$

(3) $y = \frac{x^2 + 3x + 2}{x}$

(4) $y = \frac{\sqrt[3]{x}}{x^3\sqrt{x}}$

(5) $y = \log_2 x + 5^x$

(6) $y = e^x\cos x$

(7) $y = (x^2 - 2x + 1)^{\frac{5}{2}}$

(8) $y = \sqrt{1 - x^2}$

2. 函数 $y = \sin x - \cos x$，求 $y'\big|_{x=\frac{\pi}{6}}$.

3. 求曲线 $xy + \ln y = 1$ 在点 $M(1,1)$ 处的切线和法线方程.

4. 求下列函数的导数：

(1) $y = (1 + 3x^2)^3$

(2) $y = \sin x \ln x^2$

5. 利用对数求导法则求下列函数的导数：

(1) $y = (\sin x)^{\tan x}$

(2) $y = x \cdot \sqrt{\frac{1-x}{1+x}}$

6. 求下列参数方程所确定的函数的导数：

(1) $\begin{cases} x = 1 - t^2 \\ y = t - t^3 \end{cases}$

(2) $\begin{cases} x = t^2 \\ y = \dfrac{1}{1+t} \end{cases}$

2.3　高 阶 导 数

2.3.1　高阶导数的概念

函数 $y = f(x)$ 的导数 $y' = f'(x)$ 叫做一阶导数；一般地，y' 仍为 x 的函数. 我们把 y' 的导数叫做函数 $y = f(x)$ 的二阶导数，记作 y''、$f''(x)$ 或 $\dfrac{\mathrm{d}^2 y}{\mathrm{d}x^2}$、$\dfrac{\mathrm{d}^2 f}{\mathrm{d}x^2}$，即

$$y'' = (y')' \quad 或 \quad \frac{\mathrm{d}^2 y}{\mathrm{d}x^2} = \frac{\mathrm{d}}{\mathrm{d}x}\left(\frac{\mathrm{d}y}{\mathrm{d}x}\right)$$

类似地，函数的二阶导数的导数叫做三阶导数，三阶导数的导数叫做四阶导数，……，一般地，$(n-1)$阶导数的导数叫做 n 阶导数，分别记作

$$y''',\ y^{(4)},\ \cdots,\ y^{(n)}$$

或

$$\frac{d^3y}{dx^3},\ \frac{d^4y}{dx^4},\ \cdots,\ \frac{d^ny}{dx^n}$$

二阶及二阶以上的导数统称为高阶导数. 对于求 n 阶导数的情况，需要注意从中找出规律，以便得到 n 阶导数的表达式.

例 1 求函数 $y=\cos x+\ln x+x^2$ 的二阶导数.

解

$$y'=-\sin x+\frac{1}{x}+2x$$

$$y''=-\cos x-\frac{1}{x^2}+2$$

例 2 求函数 $y=\sin x$ 的 n 阶导数.

解 $y'=\cos x=\sin\left(x+\frac{\pi}{2}\right)$

$$y''=-\sin x=\cos\left(x+\frac{\pi}{2}\right)=\sin\left(x+\frac{\pi}{2}+\frac{\pi}{2}\right)=\sin\left(x+2\cdot\frac{\pi}{2}\right)$$

$$y'''=-\cos x=\cos\left(x+2\cdot\frac{\pi}{2}\right)=\sin\left(x+2\cdot\frac{\pi}{2}+\frac{\pi}{2}\right)=\sin\left(x+3\cdot\frac{\pi}{2}\right)$$

……

一般地，有

$$y^{(n)}=(\sin x)^{(n)}=\sin\left(x+\frac{n\pi}{2}\right)$$

同理可求得

$$(\cos x)^{(n)}=\cos\left(x+\frac{n\pi}{2}\right)$$

2.3.2 二阶导数的物理意义

设物体作变速直线运动，其运动方程为 $s=s(t)$，瞬时速度为 $v=s'(t)$. 此时，若速度 v 仍是时间 t 的函数，我们可以求速度 v 对时间 t 的变化率：

$$v'(t)=(s'(t))'=s''(t)$$

在力学中把它叫做物体在给定时刻的加速度，用 a 表示. 也就是说，物体的加速度 a 是路程 s 对时间 t 的二阶导数，即

$$a=v'(t)=s''(t)=\frac{d^2s}{dt^2}$$

例 3 设物体的运动方程为 $s=2\sin(2t+3)$，求物体运动的加速度.

解 因为 $s=2\sin(2t+3)$，所以瞬时速度 $v=s'=4\cos(2t+3)$；则加速度为
$$a=s''=-8\sin(2t+3)$$

习题 2-3

1. 求下列函数的二阶导数：

(1) $y=3x^4+2x^2-5$ (2) $y=2e^x+x^2$

(3) $y=x^2\ln x$ (4) $y=(1+x^2)\arctan x$

2. 求函数 $y=e^{2x}$ 的 n 阶导数.

3. 某物体的运动方程为 $s=2t^3+\dfrac{1}{2}gt^2$，求物体运动的加速度.

2.4 微分与简单应用

函数的导数描绘了函数变化的快慢程度. 在工程技术和经济活动中，有时还需了解当自变量取得一个微小的增量 Δx 时，函数取得的相应增量的大小，这就是函数微分的问题.

2.4.1 微分的概念

引例 设有边长为 x_0 的正方形，当其边长取得增量 Δx 时，问其面积改变了多少？

显然该正方形的面积 s 的增量是
$$\Delta s=(x_0+\Delta x)^2-x_0^2=2x_0\cdot\Delta x+(\Delta x)^2$$

上式中，Δs 由两部分组成，即

(1) $2x_0\cdot\Delta x$ 是 Δx 的一次(线性)函数，即图 2-2 中有斜线的两个矩形的面积之和；

(2) $(\Delta x)^2$，当 $\Delta x\to 0$ 时，它是一个比 Δx 更高阶的无穷小量，即图 2-2 中带有交叉斜线的小正方形的面积.

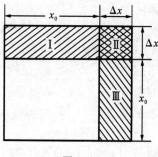

图 2-2

当 $|\Delta x|$ 很小时，$(\Delta x)^2$ 可以忽略不计，$2x_0 \cdot \Delta x$ 为 Δs 的主要部分. 即 $2x_0 \cdot \Delta x$ 可以近似地代替 Δs；我们把 $2x_0 \cdot \Delta x$ 就叫做正方形面积的微分.

1. 微分的定义

设函数 $y = f(x)$ 在 x_0 的某个邻域内有定义，当自变量在 x_0 处取得增量 Δx 时，如果函数的增量 $\Delta y = f(x_0 + \Delta x) - f(x_0)$ 可以表示为

$$\Delta y = A\Delta x + o(\Delta x)$$

其中 A 是与 x_0 有关而与 Δx 无关的常数，$o(\Delta x)$ 是比 Δx 高阶的无穷小量，则称函数 $y = f(x)$ 在点 x_0 处可微，$A\Delta x$ 叫做函数 $y = f(x)$ 在点 x_0 的微分，记作 $\mathrm{d}y$，即

$$\mathrm{d}y = A\Delta x$$

因此，上例中正方形面积的微分 $\mathrm{d}S = 2x_0 \Delta x$. 由微分定义可知，$A = 2x_0$，即 $A = (x^2)' \big|_{x=x_0}$. 可以证明，一般地，$A = f'(x_0)$.

2. 可微与可导的关系

函数 $y = f(x)$ 在点 x_0 处可微的充分必要条件是函数 $y = f(x)$ 在点 x_0 处可导，且有

$$\mathrm{d}y = f'(x_0)\Delta x$$

由微分定义可知，$\mathrm{d}x = \Delta x$，因此有

$$\mathrm{d}y = f'(x_0)\mathrm{d}x \quad \text{或} \quad \mathrm{d}y\big|_{x=x_0} = y'\big|_{x=x_0}\mathrm{d}x$$

一般地，在任意点 x 处，$\mathrm{d}y = f'(x)\mathrm{d}x$. 或写成

$$\frac{\mathrm{d}y}{\mathrm{d}x} = f'(x)$$

上式说明导数 y' 是函数的微分 $\mathrm{d}y$ 与自变量的微分 $\mathrm{d}x$ 的商. 因此导数也叫做微商.

例 1 函数 $y = 2x^2$，当自变量 x 从 2 改变到 2.01 时，求函数的增量与函数的微分.

解 $x_0 = 2$，$\Delta x = 0.1$，则函数的增量为

$$\begin{aligned}\Delta y &= 2 \times 2.01^2 - 2 \times 2^2 = 2(2.01 + 2)(2.01 - 2)\\ &= 2 \times 4.01 \times 0.01\\ &= 0.0802\end{aligned}$$

函数的微分为

$$\begin{aligned}\mathrm{d}y &= y'\big|_{x=2}\Delta x = 4x\big|_{x=2} \cdot (2.01 - 2)\\ &= 4 \times 2 \times 0.01\\ &= 0.08\end{aligned}$$

例 2 求函数 $y = x^n (n \in \mathbf{R})$ 的微分.

解
$$\mathrm{d}y = y'\mathrm{d}x = (x^n)'\mathrm{d}x = nx^{n-1}\mathrm{d}x$$

3. 微分的几何意义

函数 $y = f(x)$ 在点 x_0 处的微分 $\mathrm{d}y = f'(x_0)\Delta x$，在几何上表示曲线 $y = f(x)$ 在点 $(x_0, f(x_0))$ 当自变量 x 有增量 Δx 时切线的纵坐标的增量，如图 2-3 所示.

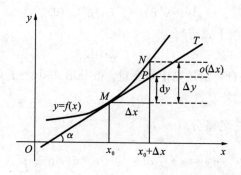

图 2 - 3

2.4.2　微分法则与微分基本公式

由微分公式可以知道，计算函数的微分，只要求出函数的导数，在乘以自变量的微分即可．因此，根据导数的运算法则与求导基本公式即可得到微分法则与微分基本公式．

1. 微分的基本公式

$\mathrm{d}c=0$（c 为常数）　　　　　　　$\mathrm{d}x^\mu=\mu x^{\mu-1}\mathrm{d}x$（$\mu$ 为常数）

$\mathrm{d}a^x=a^x\ln a\,\mathrm{d}x$　　　　　　　　$\mathrm{d}e^x=e^x\mathrm{d}x$

$\mathrm{d}(\log_a x)=\dfrac{1}{x\ln a}\mathrm{d}x$　　　　　$\mathrm{d}\ln x=\dfrac{1}{x}\mathrm{d}x$

$\mathrm{d}\sin x=\cos x\,\mathrm{d}x$　　　　　　$\mathrm{d}\cos x=-\sin x\,\mathrm{d}x$

$\mathrm{d}\tan x=\sec^2 x\,\mathrm{d}x$　　　　　$\mathrm{d}\cot x=-\csc^2 x\,\mathrm{d}x$

$\mathrm{d}\sec x=\sec x\cdot\tan x\,\mathrm{d}x$　　　$\mathrm{d}\csc x=-\csc x\cdot\cot x\,\mathrm{d}x$

$\mathrm{d}\arcsin x=\dfrac{1}{\sqrt{1-x^2}}\mathrm{d}x$　　　$\mathrm{d}\arccos x=-\dfrac{1}{\sqrt{1-x^2}}\mathrm{d}x$

$\mathrm{d}\arctan x=\dfrac{1}{1+x^2}\mathrm{d}x$　　　　$\mathrm{d}\mathrm{arccot}x=-\dfrac{1}{1+x^2}\mathrm{d}x$

2. 微分的运算法则

设 $u=u(x)$ 与 $v=v(x)$ 均在点 x 处可微，则

$$\mathrm{d}(u\pm v)=\mathrm{d}u\pm\mathrm{d}v$$

$$\mathrm{d}(cu)=c\,\mathrm{d}u,\quad（c\text{ 为常数}）$$

$$\mathrm{d}(uv)=v\,\mathrm{d}u+u\,\mathrm{d}v$$

$$\mathrm{d}\left(\frac{u}{v}\right)=\frac{v\,\mathrm{d}u-u\,\mathrm{d}v}{v^2}\quad（v\neq 0）$$

3. 复合函数的微分法则

设函数 $y=f(u)$ 与 $u=g(x)$ 皆为可微函数，则 $y=f[g(x)]$ 可微，且

$$dy = y'_x dx = f'(u)g'(x)dx$$

由于 $g'(x)dx = du$，故上式可写为

$$dy = f'(u)du$$

由此可见，无论 u 是自变量还是中间变量，微分形式 $dy = f'(u)du$ 都保持不变，这一性质称之为微分形式不变性.

例 3 求 $y = e^{-x}\sin\dfrac{x}{3}$ 的微分.

解
$$dy = \sin\frac{x}{3}d(e^{-x}) + e^{-x}d\left(\sin\frac{x}{3}\right)$$

$$= -e^{-x}\sin\frac{x}{3}dx + e^{-x}\cos\frac{x}{3} \cdot \frac{1}{3}dx$$

$$= e^{-x}\left(\frac{1}{3}\cos\frac{x}{3} - \sin\frac{x}{3}\right)dx$$

例 4 设 $y = x - \dfrac{1}{x}$，求 dy.

解法 1
$$y' = 1 + \frac{1}{x^2}$$

因此

$$dy = y'dx = \left(1 + \frac{1}{x^2}\right)dx$$

解法 2 $\quad dy = d\left(x - \dfrac{1}{x}\right) = dx - d\left(\dfrac{1}{x}\right) = dx + \dfrac{1}{x^2}dx = \left(1 + \dfrac{1}{x^2}\right)dx$

例 5 设 $y\ln x = x\ln y$ 确定函数 $y = y(x)$，求 dy.

解 将所给方程两端关于 x 求导，得

$$y'\ln x + \frac{1}{x}y = \ln y + \frac{x}{y}y'$$

整理可得

$$y' = \frac{y(x\ln y - y)}{x(y\ln x - x)}$$

所以

$$dy = \frac{y(x\ln y - y)}{x(y\ln x - x)}dx$$

例 6 设 $y = 2^{\sin x}$，求 dy.

解法 1 运用微分计算公式，先求导函数
$$y' = 2^{\sin x}\ln 2(\sin x)' = 2^{\sin x} \cdot \ln 2 \cdot \cos x$$

$$dy = y'dx = \ln 2 \cdot 2^{\sin x}\cos x\, dx$$

解法 2 运用微分形式不变性

$$dy = d(2^{\sin x}) = 2^{\sin x} \ln 2 \, d(\sin x) = 2^{\sin x} \ln 2 \cos x \, dx$$

2.4.3 微分在近似计算中的应用

从微分的定义可知，如果函数 $y = f(x)$ 在点 x_0 处的导数 $f'(x_0) \neq 0$，函数的微分 dy 与增量 Δy 相差一个高阶无穷小量 $o(\Delta x)$，当 $|\Delta x|$ 很小时，可以忽略 $o(\Delta x)$，而把 dy 作为 Δy 的近似值，即

$$\Delta y \approx dy = f'(x_0) \Delta x$$

而

$$\Delta y = f(x_0 + \Delta x) - f(x_0)$$

所以

$$f(x_0 + \Delta x) - f(x_0) \approx f'(x_0) \Delta x$$

即

$$f(x_0 + \Delta x) \approx f(x_0) + f'(x_0) \Delta x$$

例 7 求 $\sqrt[3]{65}$ 的近似值.

解 设 $f(x) = \sqrt[3]{x}$，取 $x_0 = 64$，$\Delta x = 1$，则由微分近似值公式

$$\sqrt[3]{x_0 + \Delta x} \approx \sqrt[3]{x_0} + \frac{1}{3} (x_0)^{-\frac{2}{3}} \Delta x$$

有

$$\sqrt[3]{65} = \sqrt[3]{64 + 1} \approx \sqrt[3]{64} + \frac{1}{3} (64)^{-\frac{2}{3}} \times 1 = 4 + \frac{1}{48} \approx 4.0208$$

对 $f(x_0 + \Delta x) \approx f(x_0) + f'(x_0) \Delta x$，令 $x_0 = 0$，$\Delta x = x$，则有

$$f(x) \approx f(0) + f'(0) x$$

应用上式，当 $|x|$ 很小时，可推得工程上常用的几个近似公式

(1) $\sqrt[n]{1+x} \approx 1 + \frac{1}{n} x$ (2) $\sin x \approx x$（x 用弧度作单位）   (3) $\tan x \approx x$（x 用弧度作单位）

(4) $e^x \approx 1 + x$ (5) $\ln(1+x) \approx x$

习题 2-4

1. 设函数 $y = x^2 - 1$，当自变量从 1 改变到 1.02 时，求函数的增量与函数的微分.

2. 求下列函数的微分：

(1) $y = \dfrac{1}{x} + 2\sqrt{x}$ (2) $y = x \sin 2x$

(3) $y = \dfrac{x}{\sqrt{1-2x^2}}$ (4) $y = e^{-x} \cos(1-x)$

(5) $y=\ln^2(1-x)$ (6) $y=\arcsin x^2$

3. 计算下列各数的近似值:

(1) $\sqrt{0.97}$ (2) $\sqrt[3]{8.20}$

(3) $e^{0.04}$ (4) $\cos 29°$

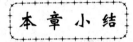

一、导数的概念

1. 导数的定义

设函数 $y=f(x)$ 在点 x_0 及其附近有定义,给自变量 x 在点 x_0 处取变量 Δx,相应地,函数 y 有改变量 $\Delta y=f(x_0+\Delta x)-f(x_0)$,如果极限

$$\lim_{\Delta x\to 0}\frac{\Delta y}{\Delta x}=\lim_{\Delta x\to 0}\frac{f(x_0+\Delta x)-f(x_0)}{\Delta x}$$

存在,则称此极限为函数 $y=f(x)$ 在点 x_0 处的导数,记作 $f'(x_0)$、$y'|_{x=x_0}$、$\dfrac{\mathrm{d}y}{\mathrm{d}x}|_{x=x_0}$,即

$$f'(x_0)=\lim_{\Delta x\to 0}\frac{\Delta y}{\Delta x}=\lim_{\Delta x\to 0}\frac{f(x_0+\Delta x)-f(x_0)}{\Delta x}$$

关于导数的定义,在学习中应注意以下几点:

(1) 函数 $y=f(x)$ 在点 x_0 处的导数有以下两种等价形式,即

$$f'(x_0)=\lim_{\Delta x\to 0}\frac{f(x_0+\Delta x)-f(x_0)}{\Delta x}=\lim_{x\to x_0}\frac{f(x)-f(x_0)}{x-x_0}$$

(2) 导数定义属于构造性的定义,定义本身不仅规定了概念的内涵,同时也给出了计算导数的方法.

(3) 函数 $y=f(x)$ 在点 x_0 处的左导数和右导数:

左导数 $f'_-(x_0)=\lim\limits_{\Delta x\to 0^-}\dfrac{f(x_0+\Delta x)-f(x_0)}{\Delta x}=\lim\limits_{x\to x_0^-}\dfrac{f(x)-f(x_0)}{x-x_0^-}$

右导数 $f'_+(x_0)=\lim\limits_{\Delta x\to 0^+}\dfrac{f(x_0+\Delta x)-f(x_0)}{\Delta x}=\lim\limits_{x\to x_0^+}\dfrac{f(x)-f(x_0)}{x-x_0^+}$

函数 $y=f(x)$ 在点 x_0 处的导数与左右导数的关系为

$$f'(x_0)=A\Leftrightarrow f'_-(x_0)=f'_+(x_0)=A$$

(4) 可导数与连续的关系:

函数 $y=f(x)$ 在点 x_0 处可导是函数在点 x_0 处连续的充分条件,而连续是可导的必要条件,即可导必连续,但连续不一定可导.

(5) 从数学角度看导数是函数值的改变量与自变量的改变量之比的极限;从物理角度

看导数表示函数在点 x_0 处的瞬间变化率；从几何角度看导数 $f'(x_0)$ 表示曲线 $y=f(x)$ 在 $(x_0,f(x_0))$ 处的切线斜率. $y=f(x)$ 在点 $(x_0,f(x_0))$ 处的切线和法线方程如下：

切线方程为

$$y-f(x_0)=f'(x_0)(x-x_0)$$

法线方程为

$$y-f(x_0)=-\frac{1}{f'(x_0)}(x-x_0)(f'(x_0)\neq0)$$

2. 导函数

如果函数 $y=f(x)$ 在某一区间内每一点都有导数，那么对于此区间内 x 的每一个确定的值，都对应着一个确定的导数 $f'(x)$，$f'(x)$ 就叫做函数 $y=f(x)$ 的导函数（简称导数），即

$$f'(x)=\lim_{\Delta x\to0}\frac{\Delta y}{\Delta x}=\lim_{\Delta x\to0}\frac{f(x+\Delta x)-f(x)}{\Delta x}$$

因此，函数 $y=f(x)$ 在点 x_0 的导数 $f'(x_0)$ 就是导函数 $f'(x)$ 在 $x=x_0$ 的值.

二、导数的运算

1. 导数的四则运算法则

设函数 $u=u(x)$ 和 $v=v(x)$ 的导数均存在，则

$$(u\pm v)'=u'\pm v';\qquad (uv)'=u'v+uv'$$
$$(cu)'=cu'(c\text{ 为常数});\qquad (uvw)'=u'vw+uv'w+uvw'$$
$$\left(\frac{u}{v}\right)'=\frac{u'v-uv'}{v^2}\quad(v\neq0);\quad\left(\frac{c}{v}\right)'=c\left(\frac{1}{v}\right)'=-\frac{cv'}{v^2}\quad(c\text{ 为常数}(v\neq0))$$

2. 导数基本公式

（略）

3. 复合函数的求导法

若 $y=f(u)$ 及 $u=\varphi(x)$ 均可导，则

$$\frac{\mathrm{d}y}{\mathrm{d}x}=\frac{\mathrm{d}y}{\mathrm{d}u}\cdot\frac{\mathrm{d}u}{\mathrm{d}x}=f'(u)\cdot\varphi'(x)$$

应用法则时，可引进适当的中间变量，弄清复合关系. 求导遵循"由外往里"，"逐层求导"原则；所谓"由外往里"指的是从式子的最后一次运算程序开始往里复合；"逐层求导"指的是每次只对一个中间变量进行求导.

4. 隐函数的求导法

(1) 将确定隐函数的方程的两端同时对自变量 x 求导，凡遇到含有因变量 y 的项时，把 y 当作 x 的复合函数看待，按复合函数求导.

(2) 从得到的含导数 y'_x 的等式中解出 y'_x，就是所要求的隐函数的导数.

5. 对数求导法

对于幂指函数 $y=u(x)^{v(x)}\left[u(x)>0\right]$ 以及由多个因子通过乘、除、乘方和开方等运算构成的复杂函数的求导，可先对等式两边取对数，然后再求导，这可使对积商的导数运算转化为和差的导数运算，从而使求导过程大为简化.

6. 由参数方程确定的函数的求导法

参数方程 $\begin{cases} x=\varphi(t) \\ y=\psi(t) \end{cases}$，（$t$ 为参数）的导数：

$$\frac{\mathrm{d}y}{\mathrm{d}x}=\frac{\psi'(t)}{\varphi'(t)}=\frac{y_t'}{x_t'} \quad (\text{其中 } \varphi'(t)\neq 0)$$

7. 高阶导数

(1) 高阶导数的概念：函数 $y=f(x)$ 的导数 $y'=f'(x)$ 仍为 x 的函数. 我们把 $y'=f'(x)$ 的导数叫做函数 $y=f(x)$ 的二阶导数，记作 y''，$f''(x)$ 或 $\dfrac{\mathrm{d}^2 y}{\mathrm{d}x^2}$，$\dfrac{\mathrm{d}^2 f}{\mathrm{d}x^2}$.

一般地，二阶及二阶以上的导数统称为高阶导数.

(2) 二阶导数的物理意义：设质点作直线运动，其运动方程为 $s=s(t)$，则质点运动的速度 v 是路程 s 对时间 t 的一阶导数，质点运动的加速度 a 是路程 s 对时间 t 的二阶导数.

三、微分的概念

1. 函数微分的概念

设函数 $y=f(x)$ 在 x_0 的某个邻域内有定义，在 x_0 处给增量 Δx，函数得增量 $\Delta y=f(x_0+\Delta x)-f(x_0)$. 若函数增量可写为 $\Delta y=A\Delta x+o(\Delta x)$，其中 A 是与 x_0 有关而与 Δx 无关的常数，$o(\Delta x)$ 是比 Δx 高阶的无穷小量，则称函数 $y=f(x)$ 在点 x_0 处可微，$A\Delta x$ 叫做函数 $y=f(x)$ 在点 x_0 的微分，记作 $\mathrm{d}y$，即

$$\mathrm{d}y=A\Delta x \quad \text{或} \quad \mathrm{d}y=A\mathrm{d}x$$

注意，当 $f'(x_0)\neq 0$ 时，微分有以下两个特征：

(1) $\mathrm{d}y$ 是自变量 Δx 的一次函数；

(2) $\Delta y-\mathrm{d}y=o(\Delta y)$ 是较 Δx 的高阶无穷小，函数微分 $\mathrm{d}y$ 是函数增量 Δy 的线性主部.

2. 微分与导数的区别和联系

(1) 区别. 导数是研究函数相对于自变量的变化快慢的，微分是解决函数相对于自变量的变化多少的；另外，函数的导数 $f'(x)$ 的大小一般仅与 x 有关，而微分 $\mathrm{d}y=f'(x)\Delta x$ 一般不仅与 x 有关，而且还与 Δx 有关，它们是完全不同的两个概念.

(2) 联系. 函数 $y=f(x)$ 在点 x 可导与可微是等价的，且有 $\mathrm{d}y=f'(x)\mathrm{d}x$. 这种关系指出了求函数微分的方法，即先求出函数 $f(x)$ 的导数，然后再乘上自变量的微分 $\mathrm{d}x$ 即可.

3. 一阶微分形式不变性

微分形式不变性是 $\mathrm{d}y = f'(x)\mathrm{d}x$ 不论 x 是自变量还是中间变量，微分的这种表达形式总是成立的. 利用微分形式的不变性求复合函数的微分是求函数微分的一种方法.

4. 微分在近似值计算中的应用

（1）求函数增量的近似值：

$$\Delta y \approx \mathrm{d}y = f'(x_0)\Delta x \quad \text{或} \quad f(x_0 + \Delta x) \approx f(x_0) + f'(x_0)\Delta x$$

（2）求函数的近似值.

设函数 $y = f(x)$ 在点 x_0 可微，则在该点的附近有

$$f(x) \approx f(x_0) + f'(x_0)\Delta x$$

由上述公式可导出以下在实际问题中很有用的几个近似公式，即

$$\sqrt[n]{1+x} \approx 1 + \frac{x}{n}, \ \sin x \approx x, \ \tan x \approx x, \ \mathrm{e}^x \approx 1 + x, \ \ln(1+x) \approx x (|x|\text{很小})$$

世界数学家简介 2

★　柯　西　★

奥古斯丁·路易斯·柯西（Cauchy, Augustin Louis 1789—1857），出生于巴黎，著名数学家. 在数学领域，柯西有很高的建树；作为一位学者，他思路敏捷，功绩卓著. 他是数学分析严格化的开拓者，复变函数论的奠基者，也是弹性力学理论基础的建立者. 他是仅次于欧拉的多产数学家，他的全集，包括 789 篇论著，多达 24 卷. 由柯西卷帙浩大的论著和成果，人们不难想象他的一生是怎样孜孜不倦地勤奋工作的. 很多数学定理和公式也都以他的名字来命名，如柯西不等式、柯西积分公式 ……

柯西最重要和最有首创性的工作是关于单复变函数论的. 18 世纪的数学家们采用过上、下限是虚数的定积分，但没有给出明确的定义. 柯西首先阐明了有关概念，并且用这种积分来研究多种多样的问题，如定积分的计算，级数与无穷乘积的展开，用含参变量的积分表示微分方程的解等. 柯西在综合工科学校所授数学分析课程及其所著有关教材给数学界造成了极大的影响. 自从牛顿和莱布尼茨发明微积分（即无穷小分析，简称分析）以来，这门学科的理论基础是模糊的. 为了进一步的发展，必须建立严格的理论. 柯西为此首先成功地建立了极限论. 柯西在数学分析方面最重要的贡献在常微分方程领域. 他首先证明了方程解的存在和唯一性. 在他以前，没有人提出过这种问题. 通常认为是柯西提出的三种主要方法，即柯西—利普希茨法，逐渐逼近法和强级数法. 实际上以前也散见到这

几种方法用于解的近似计算和估计. 柯西的最大贡献就是看到通过计算强级数,可以证明逼近步骤收敛,其极限就是方程的所求解. 虽然柯西主要研究数学分析,但他在数学各领域都有贡献. 关于用到数学的其他学科,他在天文和光学方面的成果是次要的,可是他却是数理弹性理论的奠基人之一. 他在数学中其他方面的贡献还有:

(1) 分析方面:在一阶偏微分方程论中引进了特征线的基本概念;认识到傅立叶变换在解微分方程中的作用,等等.

(2) 几何方面:开创了积分几何,得到了把平面凸曲线的长用它在平面直线上一些正交投影表示出来的公式.

(3) 代数方面:首先证明了阶数超过了的矩阵有特征值;与比同时发现两行列式相乘的公式;首先明确提出置换群的概念,并得到群论中的一些非平凡的结果;独立发现了所谓"代数要领",即格拉斯曼的外代数原理.

柯西以无可比拟的创造力,开创了近代数学严密性的新纪元.

第 3 章　中值定理与导数的应用

内容提要：在自然科学、工程技术和社会经济中，导数有着广泛的应用，应用导数来研究函数及曲线的某些形态，并解决一些实际问题，是微分学的一个重要部分．本章将在微分中值定理的基础上，利用导数来研究函数的某些形态．

学习要求：会描述函数的单调性、极值点、极值的概念；会用导数求一元函数的单调区间、极值点；能运用洛必达法则求各种未定式的极限；会求解简单的实际问题的最大值、最小值．

3.1　中　值　定　理

微分学中有三个中值定理，即罗尔定理、拉格朗日中值定理以及柯西中值定理．它们在微分学中占有重要位置，是微分学的基础理论．它们为应用导数来研究函数极限未定式和函数的形态提供了理论上的依据．下面我们给出定理的结论及其几何解释．

3.1.1　罗尔定理

定理 1　若函数 $y = f(x)$ 满足以下条件：

(1) 在闭区间 $[a, b]$ 上连续；

(2) 在开区间 (a, b) 内可导；

(3) 在区间 $[a, b]$ 端点处的函数值相等，即 $f(a) = f(b)$，则在 (a, b) 内至少存在一点 $\xi(a < \xi < b)$，使得

$$f'(\xi) = 0$$

罗尔定理的几何意义是：设连续曲线弧 $\overset{\frown}{AB}$ 的方程为 $y = f(x)(a \leqslant x \leqslant b)$，除端点外，处处具有不垂直于 x 轴的切线，且在弧的两个端点处的纵坐标相等．那么在曲线弧 $\overset{\frown}{AB}$ 上，至少有一点 C，在该点处的切线平行于 x 轴，如图 3-1 所示．

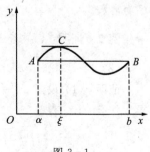

图 3-1

罗尔定理的三个条件是缺一不可的．例如，下面的函数

$$f_1(x) = \begin{cases} x, & 0 \leqslant x < 1 \\ 0, & x = 1 \end{cases}, \quad f_2(x) = \left| x - \frac{1}{2} \right|, \quad f_3(x) = x$$

在区间 $[0, 1]$ 上，$f_1(x)$ 在点 $x = 1$ 处不连续；$f_2(x)$ 在点 $x = \dfrac{1}{2}$

处不可导；$f_3(x)$ 的端点处 $f(0) \neq f(1)$，所以这三个函数对于区间 $[0,1]$ 上关于罗尔定理的结论均不成立.

例 1 设函数 $f(x) = x^2 - 2x - 3$，$x \in [0,2]$. 判断其是否满足罗尔定理的条件. 若满足，试求出 ξ.

解 函数 $f(x) = x^2 - 2x - 3$ 是初等函数，所以函数 $f(x) = x^2 - 2x - 3$ 在 $[0,2]$ 上连续；$f'(x) = 2x - 2$，且 $f'(x)$ 在 $(0,2)$ 内可导；又因为 $f(0) = f(2) = -3$，故 $f(x)$ 满足罗尔定理的三个条件. 因此，至少存在一点 $\xi \in (0,2)$，使得 $f'(\xi) = 0$，即 $2\xi - 2 = 0$，解得 $\xi = 1$.

3.1.2 拉格朗日中值定理

如果将上图中的图形旋转一个角度，则罗尔定理的条件(3)将不成立，即 $f(a) \neq f(b)$，曲线 $y = f(x)$ 在 $x = \xi$ 处的切线也不再是水平直线，那么它是否仍平行于弦 AB 呢？如图 3-2 所示，答案是肯定的. 于是有以下定理：

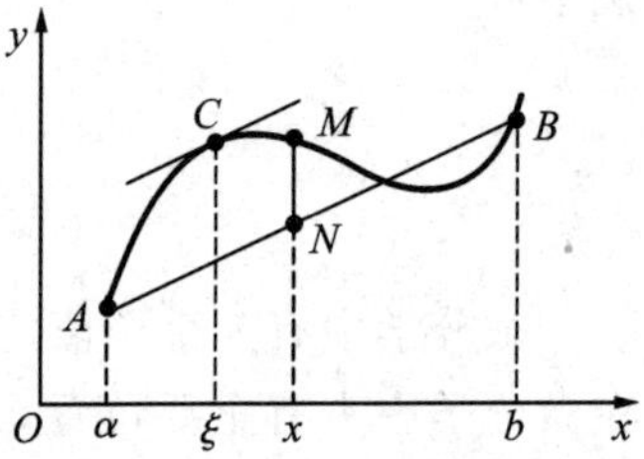

定理 2 若函数 $y = f(x)$ 满足以下条件：

(1) 在闭区间 $[a,b]$ 上连续；

(2) 在开区间 (a,b) 内可导，则在开区间 (a,b) 内至少存在一点 ξ $(a < \xi < b)$，使得

图 3-2

$$f(b) - f(a) = f'(\xi)(b - a)$$

拉格朗日中值定理的几何解释：

若连续曲线 $y = f(x)$ 的弧 $\overset{\frown}{AB}$ 上除端点外处处具有不垂直于 x 轴的切线，那么该弧上至少有一点 $C(\xi, f(\xi))$，使该点处的切线平行于 AB 弦.

由拉格朗日中值定理可以得到下面的推论，它们在实践中很有用.

推论 1 若函数 $y = f(x)$ 在 $[a,b]$ 上连续，在 (a,b) 内可导，且导数 $f'(x)$ 恒为零，则在 (a,b) 内 $f(x)$ 是一个常数.

推论 2 若在 (a,b) 内恒有 $f'(x) = g'(x)$，则在 (a,b) 内必有 $f(x) = g(x) + C$，其中 C 为常数.

例 2 证明：(1) 若 $x \in [-1,1]$，则 $\arcsin x + \arccos x = \dfrac{\pi}{2}$.

(2) 当 $x \geqslant 0$ 时，$x \geqslant \arctan x$.

证明 (1) 设 $f(x) = \arcsin x + \arccos x$，则 $f(x)$ 在 $[-1,1]$ 上连续，在 $(-1,1)$ 内可导. 由于

$$f'(x) = \frac{1}{\sqrt{1-x^2}} + \left(-\frac{1}{\sqrt{1-x^2}}\right) = 0, \quad x \in (-1,1)$$

由拉格朗日定理的推论 1 可知 $f(x) = \arcsin x + \arccos x \equiv c$，$x \in [-1,1]$，因此

$$c = f(0) = \arcsin 0 + \arccos 0 = \frac{\pi}{2}$$

即
$$f(x) = \arcsin x + \arccos x = \frac{\pi}{2}, \quad x \in (-1, 1)$$

(2) 此题可用拉格朗日中值定理来证明. 显然, 当 $x = 0$ 时不等式是成立的.

当 $x > 0$ 时, 设 $F(t) = \arctan t$, 于是 $F(t) = \arctan t$ 在 $[0, x]$ 上连续, 在 $(0, x)$ 内可导, 则存在一点 $\xi \in (0, x)$, 使得

$$F(x) - F(0) = F'(\xi)(x - 0)$$

即

$$\arctan x - \arctan 0 = \frac{1}{1 + \xi^2} x \leqslant x$$

$$\arctan x \leqslant x \quad (x \geqslant 0)$$

3.1.3　柯西中值定理

拉格朗日中值定理指出, 若连续曲线 $y = f(x)$ 的弧 $\overset{\frown}{AB}$ 上除端点外处处具有不垂直于横轴的切线, 那么该弧上至少有一点 C, 使该点处的切线平行于 AB 弦. 设 $\overset{\frown}{AB}$ 由参数方程

$$\begin{cases} X = F(x) \\ Y = f(x) \end{cases}, \quad (a \leqslant x \leqslant b)$$

表示, 如图 3-3 所示. 其中 x 为参数. 那么曲线上点 (X, Y) 处的切线的斜率为

$$\frac{\mathrm{d}Y}{\mathrm{d}X} = \frac{f'(x)}{F'(x)}, \quad (F'(x) \neq 0)$$

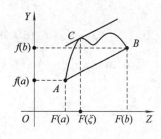

图 3-3

AB 弦的斜率为

$$\frac{f(b) - f(a)}{F(b) - F(a)}$$

假定点 C 对应于参数 $x = \xi$, 那么曲线上点 C 处的切线平行于弦 AB, 可表示为

$$\frac{f(b) - f(a)}{F(b) - F(a)} = \frac{f'(\xi)}{F'(\xi)}, \quad (F'(\xi) \neq 0)$$

这就是柯西中值定理的基本内容. 关于定理这里不再赘述.

习题 3-1

1. 验证罗尔定理对下列函数的正确性, 并求出对应的点 ξ.

(1) $f(x) = \ln\sin x$, $x \in \left[\dfrac{\pi}{6}, \dfrac{5\pi}{6}\right]$;

(2) $f(x)=\dfrac{1}{1+x^2}$，$x\in[-2,2]$；

(3) $f(x)=\mathrm{e}^{x^2}-1$，$[-1,1]$.

2. 验证拉格朗日中值定理对函数 $f(x)=x^3$，$x\in[-1,2]$的正确性，并求出相对应的点 ξ.

3. 应用拉格朗日中值定理证明 $\dfrac{b-a}{b}<\ln\dfrac{b}{a}<\dfrac{b-a}{a}$，其中 $0<a<b$.

3.2 罗 必 达 法 则

如果当 $x\to x_0$（或 $x\to\infty$）时，函数 $f(x)$ 与 $F(x)$ 都趋于零或无穷大，则称 $\lim\limits_{\substack{x\to x_0\\(x\to\infty)}}\dfrac{f(x)}{F(x)}$ 为

未定式，并分别简记为"$\dfrac{0}{0}$"或"$\dfrac{\infty}{\infty}$"型. 罗必达法则是求不定式的一种有效方法.

3.2.1 "$\dfrac{0}{0}$"型未定式

罗必达法则 1：如果函数 $f(x)$ 与 $F(x)$ 满足以下条件：

(1) 在点 x_0 的某一邻域内（点 x_0 可除外）有定义，$\lim\limits_{x\to x_0}f(x)=0$，$\lim\limits_{x\to x_0}F(x)=0$；

(2) $f'(x)$，$F'(x)$ 在该邻域内存在，且 $F'(x)\neq0$；

(3) $\lim\limits_{x\to x_0}\dfrac{f'(x)}{F'(x)}=A$ 存在（或为 ∞），

则

$$\lim_{x\to x_0}\frac{f(x)}{F(x)}=\lim_{x\to x_0}\frac{f'(x)}{F'(x)}=A \quad (\text{或为}\infty)$$

法则 1 告诉我们，当 $x\to x_0$ 时，如果 $\dfrac{f(x)}{F(x)}$ 为"$\dfrac{0}{0}$"型未定式，那么在上述条件下，要计

算极限 $\lim\limits_{x\to x_0}\dfrac{f(x)}{F(x)}$，可化为计算极限 $\lim\limits_{x\to x_0}\dfrac{f'(x)}{F'(x)}$. 如果 $\dfrac{f'(x)}{F'(x)}$ 当 $x\to x_0$ 时仍属"$\dfrac{0}{0}$"型，且 $f'(x)$

和 $F'(x)$ 仍满足罗必达法则条件，则可连续应用罗必达法则进行计算，即

$$\lim_{x\to x_0}\frac{f(x)}{F(x)}=\lim_{x\to x_0}\frac{f'(x)}{F'(x)}=\lim_{x\to x_0}\frac{f''(x)}{F''(x)}$$

注意：对于 $x\to\infty$ 时的"$\dfrac{0}{0}$"型未定式，上述法则也同样适用.

例 1 求 $\lim\limits_{x\to-2}\dfrac{x^3+3x^2+2x}{x^2-x-6}$.

解　原式为"$\dfrac{0}{0}$"型，故根据罗必达法则

$$原式 = \lim_{x \to -2} \frac{(x^3 + 3x^2 + 2x)'}{(x^2 - x - 6)'} = \lim_{x \to -2} \frac{3x^2 + 6x + 2}{2x - 1} = -\frac{2}{5}$$

例 2　求 $\lim\limits_{x \to 0} \dfrac{e^x - e^{-x} - 2x}{x - \sin x}$.

解　原式为"$\dfrac{0}{0}$"型未定式，由罗必达法则有

$$\lim_{x \to 0} \frac{e^x - e^{-x} - 2x}{x - \sin x} \overset{\frac{0}{0}}{=} \lim_{x \to 0} \frac{e^x + e^{-x} - 2}{1 - \cos x} \overset{\frac{0}{0}}{=} \lim_{x \to 0} \frac{e^x - e^{-x}}{\sin x} \overset{\frac{0}{0}}{=} \lim_{x \to 0} \frac{e^x + e^{-x}}{\cos x} = 2$$

例 3　计算 $\lim\limits_{x \to 0} \dfrac{x + \sin x}{\ln(1 + x)}$.

解法 1　原式为"$\dfrac{0}{0}$"型未定式，利用罗必达法则，得

$$原式 = \lim_{x \to 0} \frac{1 + \cos x}{\dfrac{1}{1 + x}} = \lim_{x \to 0} (1 + x)(1 + \cos x) = 2$$

解法 2　利用等价无穷小量代换：当 $x \to 0$ 时 $\ln(1 + x) \sim x$，则

$$原式 = \lim_{x \to 0} \frac{x + \sin x}{x} = \lim_{x \to 0} \left(1 + \frac{\sin x}{x}\right)$$

$$= \lim_{x \to 0} 1 + \lim_{x \to 0} \frac{\sin x}{x} = 1 + 1 = 2$$

这种算法较直接使用罗必达法则更为简便.

例 4　计算 $\lim\limits_{x \to +\infty} \dfrac{\dfrac{\pi}{2} - \arctan x}{\dfrac{1}{x}}$.

解

$$\lim_{x \to +\infty} \frac{\dfrac{\pi}{2} - \arctan x}{\dfrac{1}{x}} \overset{\frac{0}{0}}{=} \lim_{x \to +\infty} \frac{-\dfrac{1}{1 + x^2}}{-\dfrac{1}{x^2}} = \lim_{x \to +\infty} \frac{x^2}{1 + x^2} = \lim_{x \to +\infty} \frac{1}{1 + \dfrac{1}{x^2}} = 1$$

3.2.2　"$\dfrac{\infty}{\infty}$"型未定式

上例中使用一次罗必达法则后出现了"$\dfrac{\infty}{\infty}$"的极限；对于"$\dfrac{\infty}{\infty}$"型的未定式，也有相应的罗必达法则.

罗必达法则 2：设函数 $f(x)$ 与 $F(x)$ 满足以下条件：

(1) 在点 x_0 的某一邻域内（点 x_0 可除外）有定义，且 $\lim\limits_{x \to x_0} f(x) = \infty$，$\lim\limits_{x \to x_0} F(x) = \infty$；

（2）$f'(x)$、$F'(x)$ 在该邻域内存在，且 $F'(x) \neq 0$；

（3）$\lim\limits_{x \to x_0} \dfrac{f'(x)}{F'(x)} = A$ 存在（或为 ∞），

则

$$\lim_{x \to x_0} \frac{f(x)}{F(x)} = \lim_{x \to x_0} \frac{f'(x)}{F'(x)} = A \quad （\text{或为} \infty）$$

注意：对于 $x \to \infty$ 时的"$\dfrac{\infty}{\infty}$"型未定式，上述法则也同样适用；且当 $f'(x)$ 和 $F'(x)$ 仍满足罗必达法则条件时，则可连续应用罗必达法则进行计算.

例 5　求（1）$\lim\limits_{x \to 0^+} \dfrac{\ln \cot x}{\ln x}$，（2）$\lim\limits_{x \to +\infty} \dfrac{e^x}{x^2}$.

解　（1）此式为"$\dfrac{\infty}{\infty}$"型未定式，由罗必达法则 2 得

$$\lim_{x \to 0^+} \frac{\ln \cot x}{\ln x} \overset{\frac{\infty}{\infty}}{=\!=} \lim_{x \to 0^+} \frac{\dfrac{1}{\cot x}(-\csc^2 x)}{\dfrac{1}{x}} = \lim_{x \to 0^+} \frac{-x}{\sin x \cos x} = -1$$

（2）此式为"$\dfrac{\infty}{\infty}$"型未定式，由罗必达法则 2 得

$$\lim_{x \to +\infty} \frac{e^x}{x^2} \overset{\frac{\infty}{\infty}}{=\!=} \lim_{x \to +\infty} \frac{e^x}{2x} \overset{\frac{\infty}{\infty}}{=\!=} \lim_{x \to +\infty} \frac{e^x}{2} = +\infty$$

例 6　求 $\lim\limits_{x \to +\infty} \dfrac{\ln(1 + e^x)}{\sqrt{1 + x^2}}$.

解　此式为"$\dfrac{\infty}{\infty}$"型未定式，由罗必达法则 2 得

$$\lim_{x \to +\infty} \frac{\ln(1 + e^x)}{\sqrt{1 + x^2}} \overset{\frac{\infty}{\infty}}{=\!=} \lim_{x \to +\infty} \frac{\dfrac{e^x}{1 + e^x}}{\dfrac{x}{\sqrt{1 + x^2}}} = \lim_{x \to +\infty} \frac{e^x}{1 + e^x} \frac{\sqrt{1 + x^2}}{x} = \lim_{x \to +\infty} \frac{1}{1 + e^{-x}} \sqrt{1 + x^{-2}} = 1$$

上例告诉我们，使用罗必达法则的过程中有时可以通过适当变形来简化计算.

例 7　求：（1）$\lim\limits_{x \to \frac{\pi}{2}} \dfrac{\sec x}{\tan x}$，（2）$\lim\limits_{x \to \infty} \dfrac{x - \sin x}{x}$.

解　（1）此式为"$\dfrac{\infty}{\infty}$"型未定式，但由罗必达法则不能求出极限，因为

$$\lim_{x \to \frac{\pi}{2}} \frac{\sec x}{\tan x} = \lim_{x \to \frac{\pi}{2}} \frac{\sec x \tan x}{\sec^2 x} = \lim_{x \to \frac{\pi}{2}} \frac{\tan x}{\sec x} = \lim_{x \to \frac{\pi}{2}} \frac{\sec^2 x}{\sec x \tan x} = \lim_{x \to \frac{\pi}{2}} \frac{\sec x}{\tan x}$$

显然出现循环现象，故不能用罗必达法则求解. 可以将函数化简后计算.

$$\lim_{x \to \frac{\pi}{2}} \frac{\sec x}{\tan x} = \lim_{x \to \frac{\pi}{2}} \frac{\cos x}{\cos x \sin x} = \lim_{x \to \frac{\pi}{2}} \frac{1}{\sin x} = 1$$

（2）此式也为"$\dfrac{\infty}{\infty}$"型未定式，使用罗必达法则也不能求出极限，因为

$$\lim_{x\to\infty}\frac{x-\sin x}{x}\overset{\frac{\infty}{\infty}}{=\!=\!=}\lim_{x\to\infty}\frac{1-\cos x}{1}=\exists\quad\text{（不存在）}$$

事实上，

$$\lim_{x\to\infty}\frac{x-\sin x}{x}=\lim_{x\to\infty}\left(1-\frac{\sin x}{x}\right)=\lim_{x\to\infty}\left(1-\frac{1}{x}\sin x\right)=1$$

上两例告诉我们，罗必达法则不是万能的，在使用法则的过程中必须注意检查条件是否满足.

3.2.3　其他类型的未定式

其他类型的未定型式的极限问题是指"$0\cdot\infty$"型、"$\infty-\infty$"型、"0^{0}"型、"∞^{0}"型和"1^{∞}"型等的未定式，解决这类未定式问题的方法是经过适当的变形，将它们化为"$\dfrac{0}{0}$"型或"$\dfrac{\infty}{\infty}$"型的未定型式，然后使用罗必达法则来计算.

1. "$0\cdot\infty$"型未定式

如果 $\lim\limits_{x\to x_{0}}f(x)=0$，$\lim\limits_{x\to x_{0}}F(x)=\infty$，则称 $\lim\limits_{x\to x_{0}}[f(x)\cdot F(x)]$ 为"$0\cdot\infty$"型未定式.

将 $\lim\limits_{x\to x_{0}}[f(x)\cdot F(x)]$ 变形：

$$\lim_{x\to x_{0}}[f(x)\cdot F(x)]=\lim_{x\to x_{0}}\frac{F(x)}{\dfrac{1}{f(x)}}$$

或

$$\lim_{x\to x_{0}}[f(x)\cdot F(x)]=\lim_{x\to x_{0}}\frac{f(x)}{\dfrac{1}{F(x)}}$$

前者化为"$\dfrac{\infty}{\infty}$"型，后者化为"$\dfrac{0}{0}$"型. 至于将"$0\cdot\infty$"型是化为"$\dfrac{0}{0}$"型还是化为"$\dfrac{\infty}{\infty}$"型，要看哪种形式便于计算来决定.

例 8　求 $\lim\limits_{x\to\infty}x\left(\cos\dfrac{1}{x}-1\right)$.

解　原式 $=\lim\limits_{x\to\infty}\dfrac{\cos\dfrac{1}{x}-1}{\dfrac{1}{x}}=\lim\limits_{t\to0}\dfrac{\cos t-1}{t}=\lim\limits_{t\to0}(-\sin t)=0\quad$（令 $\dfrac{1}{x}=t$）

2. "$\infty-\infty$"型未定式

如果 $\lim\limits_{x\to x_{0}}f(x)=\infty$，$\lim\limits_{x\to x_{0}}F(x)=\infty$，则称 $\lim\limits_{x\to x_{0}}[f(x)-F(x)]$ 为"$\infty-\infty$"型未定式.

对于"$\infty-\infty$"型未定式，常见的求解方法是将函数变形，化为"$\dfrac{0}{0}$"型或"$\dfrac{\infty}{\infty}$"型，再用罗必达法则求之. 需要指出这里的"$\infty-\infty$"是两个函数必须同趋于正无穷大量或同趋于负无穷大量.

例 9 求 $\lim\limits_{x\to 0}\left(\dfrac{1}{x^2}-\cot^2 x\right)$.

解 $\lim\limits_{x\to 0}\left(\dfrac{1}{x^2}-\cot^2 x\right)=\lim\limits_{x\to 0}\dfrac{\sin^2 x-x^2\cos^2 x}{x^2\sin^2 x}$（化简为乘积形式）

$$=\lim_{x\to 0}\frac{\sin x+x\cos x}{\sin x}\cdot\frac{\sin x-x\cos x}{x^2\sin x}\quad\text{（用四则运算法则）}$$

$$=\lim_{x\to 0}\frac{\sin x+x\cos x}{\sin x}\cdot\lim_{x\to 0}\frac{\sin x-x\cos x}{x^2\sin x}\text{（均为}\tfrac{0}{0}\text{型，用罗比达法则）}$$

$$=\lim_{x\to 0}\frac{\cos x+\cos x-x\sin x}{\cos x}\cdot\lim_{x\to 0}\frac{\cos x-\cos x+x\sin x}{2x\sin x+x^2\cos x}$$

$$=\lim_{x\to 0}\left(2-\frac{x\sin x}{\cos x}\right)\lim_{x\to 0}\frac{\sin x}{2\sin x+x\cos x}$$

$$=2\lim_{x\to 0}\frac{\sin x}{2\sin x+x\cos x}\quad\text{（“}\tfrac{0}{0}\text{”型，用罗比达法则）}$$

$$=2\lim_{x\to 0}\frac{\cos x}{2\cos x+\cos x-x\sin x}\quad\text{（不是“}\tfrac{0}{0}\text{”型，可直接求出极限）}$$

$$=2\times\frac{1}{3}=\frac{2}{3}$$

3. 指数型未定式

幂指函数 $y=u^v$ 的极限问题，如"0^0"型、"∞^0"型和"1^∞"型等的未定式，可以先考虑化为 $y=u^v=\mathrm{e}^{v\ln u}$ 的形式，再利用"$\dfrac{0}{0}$"型或"$\dfrac{\infty}{\infty}$"型的未定式的求法来确定其极限.

例 10 求 $\lim\limits_{x\to 1}x^{\frac{1}{1-x}}$.

解 令 $y=x^{\frac{1}{1-x}}$，等式两边取对数得

$$\ln y=\frac{1}{1-x}\ln x$$

两边取极限，得

$$\lim_{x\to 1}\ln y=\lim_{x\to 1}\frac{\ln x}{1-x}=\lim_{x\to 1}\frac{\frac{1}{x}}{-1}=-1$$

即

$$\ln(\lim_{x\to 1}y)=-1$$

化为指数式，得

$$\lim_{x \to 1} y = e^{-1}$$

罗必达法则使用时应注意以下几点：

(1) 必须是"$\dfrac{0}{0}$"型或"$\dfrac{\infty}{\infty}$"型未定式才能使用该法则.

(2) 罗必达法则可以连续使用，但每次使用前需验证是否为"$\dfrac{0}{0}$"型或"$\dfrac{\infty}{\infty}$"型.

(3) 罗必达法则讲的是极限 $\lim \dfrac{f(x)}{g(x)}$ 存在的充分条件，不是充要条件. 罗必达法则指出，如果 $\lim\limits_{x \to x_0} \dfrac{f'(x)}{g'(x)}$ 存在且等于 A（或为 ∞），那么 $\lim\limits_{x \to x_0} \dfrac{f(x)}{g(x)}$ 才存在且等于 A（或为 ∞），但反过来则不一定成立. 事实上 $\lim\limits_{x \to x_0} \dfrac{f'(x)}{g'(x)}$ 不存在或求不出来时，$\lim\limits_{x \to x_0} \dfrac{f(x)}{g(x)}$ 却可能存在，这时就不能用罗必达法则，需要改用其它方法.

习题 3 - 2

1. 求下列函数的极限：

(1) $\lim\limits_{x \to 1} \dfrac{x^3 - 2x + 1}{4x^3 - 4}$

(2) $\lim\limits_{x \to +\infty} \dfrac{\ln x}{x}$

(3) $\lim\limits_{x \to 0} \dfrac{e^x - e^{-x}}{\sin x}$

(4) $\lim\limits_{x \to \frac{\pi}{2}^+} \dfrac{\ln\left(x - \dfrac{\pi}{2}\right)}{\tan x}$

2. 求下列函数的极限：

(1) $\lim\limits_{x \to 0} \dfrac{x - \sin x}{x^3}$

(2) $\lim\limits_{x \to 0^+} \left(\dfrac{1}{x} - \dfrac{1}{e^x - 1}\right)$

(3) $\lim\limits_{x \to +\infty} x\left(\dfrac{\pi}{2} - \arctan x\right)$

(4) $\lim\limits_{x \to 0^+} (\sin x)^x$

(5) $\lim\limits_{x \to 0} (1 + \sin x)^{\frac{1}{x}}$

(6) $\lim\limits_{x \to 0^+} \left(\ln \dfrac{1}{x}\right)^x$

3.3　函数单调性的判定法

3.3.1　函数单调性的判定

由函数单调性的定义来判断函数单调性，对于一些函数来说是很困难的. 用导数的方法则可以很方便地来判断函数的单调性.

如果函数 $y=f(x)$ 在区间 $[a,b]$ 上单调增加,那么它的图像是一条沿 x 轴正向上升的曲线,这时,曲线上各点处切线的倾斜角都是锐角,它们的切线斜率 $f'(x)$ 都是正的,即 $f'(x)>0$,如图 3-4 所示;同理,如果函数 $y=f(x)$ 在区间 $[a,b]$ 上单调减少,那么它的图像是一条沿 x 轴正向下降的曲线,这时,曲线上各点切线的倾斜角都是钝角,它们的切线斜率 $f'(x)$ 都是负的,即 $f'(x)<0$,如图 3-5 所示.

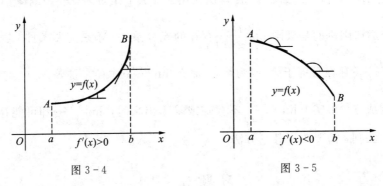

图 3-4　　　　　　　　　图 3-5

由此可见,函数的单调性与导数的符号有着密切的联系. 我们给出利用导数判定函数单调性的方法,即有下面的定理:

定理　设函数 $y=f(x)$ 在闭区间 $[a,b]$ 上连续,在开区间 (a,b) 内可导:

(1) 若对于任意的 $x\in(a,b)$,有 $f'(x)>0$,则 $y=f(x)$ 在 (a,b) 内为单调增加;

(2) 若对于任意的 $x\in(a,b)$,有 $f'(x)<0$,则 $y=f(x)$ 在 (a,b) 内为单调减少.

这个结论同样适用于开区间 (a,b) 或无限区间.

应用此定理,就可以根据导数符号来判定函数的单调性. 应当注意,函数的单调性是一个区间上的性质,自然也要由导数在这一区间上的符号来判定,而不能由一点处的导数符号来判定函数在这一区间上的这一性态.

例 1　判定函数 $y=e^x-x-1$ 的单调性.

解　函数的定义域为 $(-\infty,+\infty)$,导数为 $y'=e^x-1$,且 $y'|_{x=0}=f'(0)=0$.

当 $x\in(-\infty,0)$ 时,$y'<0$,所以函数 $y=e^x-x-1$ 在区间 $(-\infty,0)$ 内单调减少;

当 $x\in(0,+\infty)$ 时,$y'>0$,所以函数 $y=e^x-x-1$ 在区间 $(0,+\infty)$ 内单调增加.

由此例看到,点 $x=0$ 是函数 $y=e^x-x-1$ 单调减少区间与单调增加区间的分界点.

例 2　确定函数 $y=x^{\frac{2}{3}}$ 的单调区间.

解　函数的定义域为 $(-\infty,+\infty)$,由于 $y'=\dfrac{2}{3}x^{-\frac{1}{3}}$,所以有

当 $x=0$ 时,y' 不存在;

当 $x\in(-\infty,0)$ 时,$y'<0$,故函数 $y=x^{\frac{2}{3}}$ 在区间 $(-\infty,0)$ 内单调减少;

当 $x\in(0,+\infty)$ 时,$y'>0$,故函数 $y=x^{\frac{2}{3}}$ 在区间 $(0,+\infty)$ 内单调增加.

由例 1、例 2 可以看出,有些函数在其定义区间上并不是单调的,但用导数等于零的点或导数不存在的点划分定义区间后,就可以使函数在各个子区间上都单调.

定义 若函数 $y=f(x)$ 在 (a,b) 内可导,则把 $f'(x)=0$ 的点叫做驻点;$f'(x)$ 不存在的点叫做尖点.

例 3 求函数 $f(x)=2x^3-9x^2+12x-3$ 的单调区间.

解 函数的定义域为 $(-\infty,+\infty)$,在定义域内连续且可导,其导数:

$$f'(x)=6x^2-18x+12=6(x-1)(x-2)$$

令 $f'(x)=0$,解得驻点为 $x_1=1$,$x_2=2$. 这两点将定义域 $(-\infty,+\infty)$ 分为 3 个子区间.

考察 $f'(x)$ 在区间 $(-\infty,1)$、$(1,2)$、$(2,+\infty)$ 内的符号,以确定函数的单调性. 列表如下:

x	$(-\infty,1)$	1	$(1,2)$	2	$(2,+\infty)$
$f'(x)$	+	0	−	0	+

由上表可知,函数 $f(x)$ 的单调增加区间为 $(-\infty,1)$,$(2,+\infty)$,单调减少区间为 $(1,2)$.

求函数单调区间的一般步骤是:

(1) 求出函数的定义域;

(2) 求出函数 $f(x)$ 的导数 $f'(x)$;

(3) 求出 $f'(x)=0$ 和 $f'(x)$ 不存在的点;

(4) 用步骤(3)中求出的点将函数的定义域分成若干个小区间;

(5) 判断 $f'(x)$ 在每个小区间的符号,即可求出函数单调区间.

3.3.2 利用函数单调性证明不等式

利用导数判定函数的单调性可以用来证明一些不等式. 利用函数的单调性证明不等式的关键在于构造适当的辅助函数,并研究它在指定区间内的单调性.

例 4 证明不等式:当 $x>0$ 时,$x>\ln(1+x)$.

证明 设函数 $f(x)=x-\ln(1+x)$,则我们只需证明 $x>0$ 时,$f(x)>0$ 就可以了.

因为

$$f'(x)=1-\frac{1}{1+x}=\frac{x}{1+x}$$

显然,当 $x>0$ 时,$f'(x)>0$,所以当 $x>0$ 时,函数 $f(x)$ 是单调增加的;因此,

$$f(x)>f(0)=0, \quad 即\ f(x)=x-\ln(1+x)>0, \quad 所以,$$

$$x>\ln(1+x)$$

证毕.

例 5 证明不等式 $\dfrac{x}{1+x}<\ln(x+1)<x(x>0)$.

证明 （1）令函数 $f(x)=\ln(x+1)-\dfrac{x}{1+x}$，因为 $f(x)$ 在区间 $(0,+\infty)$ 内连续，而当 $x>0$ 时，有

$$f'(x)=\frac{1}{1+x}-\frac{1+x-x}{(1+x)^2}=\frac{1}{1+x}-\frac{1}{(1+x)^2}=\frac{x}{(1+x)^2}>0$$

且 $f(0)=0$，所以 $f(x)$ 在区间 $(0,+\infty)$ 内是单调增加的，因此，当 $x>0$ 时恒有 $f(x)>f(0)=0$，即

$$\ln(x+1)>\frac{x}{1+x}$$

（2）设 $\varphi(x)=\ln(x+1)-x$，当 $x>0$ 时

$$\varphi'(x)=\frac{1}{1+x}-1<0$$

所以 $\varphi(x)$ 在区间 $(0,+\infty)$ 内是单调减少的，因此，当 $x>0$ 时恒有 $\varphi(x)<\varphi(0)=0$，即

$$\ln(x+1)<x$$

综上所述可知

$$\frac{x}{1+x}<\ln(x+1)<x \quad (x>0)$$

利用单调性证明不等式 $:g(x)>h(x)(x>a$ 或 $a<x<b)$ 的步骤如下：

（1）用不等式两端相减构造出函数 $f(x)=g(x)-h(x)$；

（2）求出函数 $f(x)$ 的导数 $f'(x)$；

（3）在区间 (a,x) 或 (a,b) 上证明 $f'(x)>0$ 和 $f(a)\geqslant0$；

（4）得出 $f(x)>f(a)\geqslant0$，从而证明不等式 $g(x)>h(x)$.

习题 3-3

1. 判断函数 $f(x)=x-\ln(1+x^2)$ 的单调性.

2. 判断函数 $y=x^3-2x^2+x$ 的单调性.

3. 确定下列函数的单调区间：

（1）$y=2x^3-6x^2-18x+7$；

（2）$y=(x+1)^{\frac{2}{3}}(x-5)^2$；

（3）$y=\sin x-\cos x\left(-\dfrac{\pi}{2}\leqslant x\leqslant\dfrac{\pi}{2}\right)$.

4. 证明不等式：

(1) 当 $x>0$ 时，$1+\dfrac{1}{2}x>\sqrt{1+x}$；

(2) 当 $x>1$ 时，$e^x>ex$；

(3) 当 $x>4$ 时，$2^x>x^2$.

3.4　函数的极值及其求法

3.4.1　函数极值的定义

从上节的讨论可以看到，有些函数在某些点左、右邻近的单调性不一样，这样的点在应用上有重要意义，下面就对它做一般性的讨论，这就是函数的极值问题.

定义　设 $y=f(x)$ 在点 x_0 的某邻域内有定义，对于该邻域内任何异于 x_0 的点 x，恒有：

(1) $f(x)<f(x_0)$ 成立，则称 $f(x_0)$ 是函数 $f(x)$ 的一个极大值；

(2) $f(x)>f(x_0)$ 成立，则称 $f(x_0)$ 是函数 $f(x)$ 的一个极小值.

函数的极大值和极小值统称为极值，使函数取得极值的点 x_0 统称为极值点.

例如，在图 $3-6$ 中，$f(c_1)$ 和 $f(c_4)$ 是函数 $f(x)$ 的极大值，c_1 和 c_4 是 $f(x)$ 的极大值点；$f(c_2)$ 和 $f(c_5)$ 是函数 $f(x)$ 的极小值，c_2 和 c_5 是 $f(x)$ 的极小值点.

注意：

(1) 极值是指函数值，而极值点是指自变量的值，两者不应混淆；

(2) 函数的极值概念是局部性的，它只是与极值点近旁的所有点的函数值相比较为较大或较小，并不意味着它在函数的整个定义域内最大或最小. 因此，在整个区间上函数的极大值不一定比极小值大，极小值不一定比极大值小.

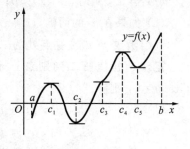

图 $3-6$

(3) 函数的极值点一定出现在区间内部，区间端点不能成为极值点；而使函数取得最大值、最小值的点可能在区间内部，也可能是区间的端点.

3.4.2　函数极值的判定和求法

由图 $3-6$ 可知，在函数取得极值处，曲线的切线是水平的，即在极值点处函数的导数为零. 但曲线上有水平切线的地方，函数却不一定取得极值. 例如，在点 c_3 处，曲线具有水平切线，这时 $f'(c_3)=0$，但 $f(c_3)$ 并不是极值. 下面我们给出函数取得极值的条件.

定理 1（极值的必要条件） 设 $y=f(x)$ 在点 x_0 处可导，且 x_0 为 $f(x)$ 的极值点，则函数在点 x_0 的导数一定为零，即 $f'(x_0)=0$.

定理 1 说明可导函数的极值点必定是驻点，但函数的驻点并不一定是极值点，例如 $x=0$ 是函数 $f(x)=x^3$ 的驻点；但 $x=0$ 不是它的极值点. 反过来在不是函数的驻点处，函数也可能取得极值，例如 $y=|x|$，它在点 $x=0$ 处不可导，但是 $x=0$ 却是它的极小值点，极小值为 $f(0)=0$，如图 3-7 所示.

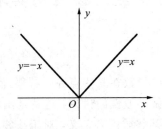

图 3-7

当我们求出函数的驻点后，怎样判别它们是否为极值点呢？如果是极值点，又怎样进一步判定是极大值点还是极小值点呢？这个问题由下面的定理给出判定方法.

定理 2（极值第一判别法） 设 $y=f(x)$ 在点 x_0 的某邻域内可导，且 $f'(x_0)=0$，则有：

(1) 当 $x<x_0$ 时，$f'(x)>0$；当 $x>x_0$ 时，$f'(x)<0$，则 $f(x)$ 在 x_0 处取得极大值；

(2) 当 $x<x_0$ 时，$f'(x)<0$；当 $x>x_0$ 时，$f'(x)>0$，则 $f(x)$ 在 x_0 处取得极小值；

(3) 如果在 x_0 的两侧，$f'(x)$ 符号不变，则 x_0 不是 $f(x)$ 的极值点.

利用函数 $f(x)$ 在驻点处的二阶导数也可判定 $f(x)$ 在驻点处取得极大值还是极小值.

定理 3（极值第二判别法） 设 $f(x)$ 在 x_0 处具有二阶导数 $f''(x_0)$，且 $f'(x_0)=0$，$f''(x_0)\neq0$，则有：

(1) 当 $f''(x_0)<0$ 时，x_0 为 $f(x)$ 的极大值点；

(2) 当 $f''(x_0)>0$ 时，x_0 为 $f(x)$ 的极小值点；

(3) 当 $f''(x_0)=0$ 时，此判别法失效.

综合上面三个定理，给出求函数 $f(x)$ 在所讨论区间内的极值点和极值的步骤如下：

(1) 求 $y=f(x)$ 的定义域及 $f'(x)$；

(2) 求出 $f'(x)=0$ 及函数 $f(x)$ 的导数不存在的点；

(3) 考察每个驻点或导数不存在的点左右两侧 $f'(x)$ 的符号，以确定该驻点是否为极值点，是极大值还是极小值，或用驻点处二阶导数值判定；

(4) 求出各极值点处的函数值，即得函数 $f(x)$ 的全部极值.

例 1 求函数 $y=2x^3-9x^2+12x-3$ 的极值.

解 （1）函数的定义域为 $(-\infty, +\infty)$.

(2) 导数　　　　　　$y'=6x^2-18x+12=6(x-1)(x-2)$

令 $y'=0$，得驻点 $x_1=1$，$x_2=2$.

(3) 这两个根把 $(-\infty，+\infty)$ 分成三个区间 $(-\infty，1)$、$(1，2)$、$(2，+\infty)$，列表考察函数的极值情况：

x	$(-\infty，1)$	1	$(1，2)$	2	$(2，+\infty)$
y'	+	0	−	0	+
y	↗	极大	↘	极小	↗

注：表中符号"↗"和"↘"分别表示函数 $f(x)$ 在相应区间内是单调增加还是单调减少.

由定理可知，函数 $y=2x^3-9x^2+12x-3$ 在 $x=1$ 处取得极大值，且 $f(1)=2$；在 $x=2$ 处取得极小值，且 $f(2)=1$.

例 2　求函数 $f(x)=\dfrac{1}{3}x^3-x^2-8x$ 的极值.

解　函数的定义域为 $(-\infty，+\infty)$，求导数 $f'(x)=x^2-2x-8$，$f''(x)=2x-2$ 令 $f'(x)=0$，得驻点 $x_1=4$，$x_2=-2$.

当 $x_1=4$ 时，$f''(4)=2\times4-2=6>0$，故在该点取得极小值，极小值为 $f(4)=-\dfrac{80}{3}$；

当 $x_2=-2$ 时，$f''(-2)=-6<0$，故在该点取得极大值，极大值为 $f(-2)=\dfrac{28}{3}$.

综上所述，函数 $f(x)=\dfrac{1}{3}x^3-x^2-8x$ 的极大值为 $\dfrac{28}{3}$，极小值为 $-\dfrac{80}{3}$.

例 3　设 $f(x)=xe^{-x}$，求函数 $f(x)$ 的极值.

解法 1　(1) 求导数：$f'(x)=e^{-x}(1-x)$.

(2) 求驻点：令 $f'(x)=0$，得 $x=1$.

(3) 判定：因为 $x<1$ 时，$f'(x)>0$；$x>1$ 时，$f'(x)<0$，所以 $x=1$ 为 $f(x)$ 的极大值点，$f(x)$ 的极大值为 $f(1)=e^{-1}$.

解法 2　　　　　　$f'(x)=e^{-x}(1-x)$，$f''(x)=(-2+x)e^{-x}$

令 $f'(x)=0$，得驻点 $x=1$. 因为

$$f''(1)=-e^{-1}<0$$

故 $x=1$ 为 $f(x)$ 的极大值点，且 $f(x)$ 的极大值为 $f(1)=e^{-1}$.

例 4　求函数 $f(x)=(x^2-1)^3+1$ 的极值.

解　(1) 函数的定义域为 $(-\infty，+\infty)$.

(2) 求导数：$f'(x)=6x(x^2-1)^2$，$f''(x)=6(x^2-1)(5x^2-1)$.

（3）令 $f'(x)=0$，得驻点 $x=0$，$x=1$，$x=-1$，列表考察函数的极值情况如下：

x	$(-\infty,-1)$	-1	$(-1,0)$	0	$(0,1)$	1	$(1,+\infty)$
$f'(x)$	$-$	0	$-$	0	$+$	0	$+$
$f''(x)$		0		$+$		0	
$f(x)$	$\searrow$	非极值	$\searrow$	极小值0	$\nearrow$	非极值	$\nearrow$

由表可知此函数的极小值为 $f(0)=0$，在驻点 $x=1$ 及 $x=-1$ 处，$f'(x)$ 左右符号不变，故该函数不取得极值；且 $f''(\pm1)=0$，即二阶导数判定法在此失效.

习题 3-4

1. 求下列函数的极值点和极值：

（1）$y=x^2-\dfrac{1}{2}x^4$ （2）$y=x+\tan x$

（3）$y=2-(x-9)^{\frac{2}{3}}$ （4）$y=\arctan x-\dfrac{1}{2}\ln(1+x^2)$

2. 试确定 a 的值，使函数 $f(x)=a\sin x+\dfrac{1}{3}\sin3x$ 在 $\dfrac{\pi}{3}$ 处取得极值，指出它是极大值还是极小值，并求出此极值.

3. 求下列函数在指定区间的极值：

（1）$f(x)=2x^3+3x^2-12x+1$，$x\in(0,2)$；

（2）$f(x)=\dfrac{x}{1+x^2}$，$x\in\left(-\dfrac{3}{2},\dfrac{1}{2}\right)$；

（3）$f(x)=\sin x\cos x$，$x\in(0,\pi)$.

3.5 函数的最大值和最小值

在生产实践及科学实验中，常遇到诸如求质量最好、用料最省、效益最高、成本最低、利润最大、投入最小等问题，这类问题在数学上常常归结为求函数的最大值或最小值问题.

函数的最大值和最小值统称为最值. 最大值和最小值反应的是函数在一个区间上的整体性质；而极值是函数在一点处的局部性质，因此，一个函数可以有几个极大值、几个极小值，甚至函数的一个极大值比其一个极小值还要小，而最大值和最小值不存在此情况.

3.5.1　函数的最值的求法

由第 1 章闭区间上连续函数的性质可知，若函数 $y=f(x)$ 在 $[a,b]$ 上连续，则 $y=f(x)$ 在 $[a,b]$ 上必有最大值和最小值.

函数的最值与函数的极值虽然是不同的概念，但它们之间具有如下的关系：

一个函数的极值只能在给定的区间内取得，不会在区间的端点取得；但最值却可以在区间内部，也可以在端点处取得.

最大值和最小值是函数在定义区间上所有极大值和极小值与端点函数值比较（如果端点有定义的话）后，所取的最大者和最小者. 如果函数的最大值或最小值是在区间内部获得的，那么这个最大值或最小值一定也是函数的极大值或极小值.

求函数 $y=f(x)$ 在闭区间 $[a,b]$ 上最大值或最小值的方法如下：

(1) 求出函数在 (a,b) 内的所有驻点和导数不存在的点；

(2) 求出以上各点处的函数值以及区间端点处的函数值；

(3) 比较各函数值，最大者为最大值，最小者为最小值.

例 1　求函数 $f(x)=\dfrac{1}{3}x^3-x$ 在区间 $[-3,3]$ 上的最大值和最小值.

解　$$f'(x)=x^2-1=(x-1)(x+1)$$

令 $f'(x)=0$，可得 $f(x)$ 的驻点为 $x_1=-1$，$x_2=1$. 函数 $f(x)$ 在这些点及端点的函数值为：

$$f(-3)=-6,\ f(3)=6,\ f(1)=-\frac{2}{3},\ f(-1)=\frac{2}{3}$$

比较可得：函数在 $x=3$ 时取得最大值为 $f_{max}=f(3)=6$；

函数在 $x=-3$ 时取得最小值为 $f_{min}=f(-3)=-6$.

3.5.2　函数最值在实际问题中的应用

在实际问题中，如果函数 $y=f(x)$ 在某开区间内只有一个驻点 x_0，而且从实际问题中又可以知道函数在该开区间内必有最大值或最小值，那么 $f(x_0)$ 就是要求的最大值或最小值，而不必去验证；而当函数 $y=f(x)$ 在该开区间内有多于一个的驻点时就需要重新判定.

实际问题求最值的步骤如下：

(1) 设变量，建立目标函数；

(2) 求导数，找驻点；

(3) 求出极值即为函数的最值.

例 2　要做一个容积为 V 的有盖圆柱形容器，应怎样设计尺寸，才能使所用材料最省？

解 设容器底半径为 r，高为 h，表面积为 S，则目标函数

$$S = 2\pi r^2 + 2\pi rh$$

由圆柱体的体积公式 $V = \pi r^2 h$ 得

$$h = \frac{V}{\pi r^2}$$

所以

$$S = 2\pi r^2 + \frac{2V}{r} \quad (0 < r < +\infty)$$

$$S' = 4\pi r - \frac{2V}{r^2} = \frac{2(2\pi r^3 - V)}{r^2}$$

令 $S' = 0$，得驻点

$$r = \sqrt[3]{\frac{V}{2\pi}}$$

因为表面积确有最小值，现只有唯一的驻点，故为最小值点. 即当圆柱形容器半径 $r = \sqrt[3]{\dfrac{V}{2\pi}}$，$h = \dfrac{V}{\pi r^2} = 2r$ 时，能使所用材料最省.

例 3 某工厂每月生产 x 吨产品，产品的总成本 $C(x) = \dfrac{1}{3}x^3 - 7x^2 + 111x + 40$（万元），产品的价格为 $p = 100 - x$（万元/吨）. 若每月生产的产品均可售出，试求出月生产多少吨产品，可获得最大利润，最大利润是多少？

解 设利润函数为 $L(x)$，销售收入函数为 $R(x)$，于是 $R(x) = xp = 100x - x^2$，

$$L(x) = R(x) - C(x) = -\frac{1}{3}x^3 + 6x^2 - 11x - 40 \quad (x \geqslant 0)$$

因为 $L'(x) = -(x-1)(x-11)$，令 $L'(x) = 0$，得两个驻点 $x_1 = 1$，$x_2 = 11$.

又 $L''(x) = -2x + 12$，而 $L''(1) = 10 > 0$，$L''(11) = -10 < 0$，故 $x = 11$ 是极大值点，从而是利润函数 $L(x)$ 的最大值点. 极小值不合题意，舍去. 故每月产量为 11 吨时，可获最大利润，这时最大利润为 $121\dfrac{1}{3}$ 万元.

例 4 欲围一个面积为 $150\ \text{m}^2$ 的矩形场地，所用材料的造价其正面是每平方米 6 元，其余三面是每平方米 3 元. 问场地的长、宽各为多少米时，才能使所用材料费最省？

解 设所围矩形场地正面长为 x，另一边长为 y，则矩形场地面积 $xy = 150$，$y = \dfrac{150}{x}$. 设四面围墙高相同，都是 h（h 为常数）. 则四面围墙所使用材料的费用 $f(x)$ 为

$$f(x) = 6xh + 3(2yh) + 3xh = 9xh + 6h \cdot \frac{150}{x} = 9h\left(x + \frac{100}{x}\right)$$

$$f'(x) = 9h\left(1 - \frac{100}{x^2}\right)$$

令 $f'(x)=0$ 得驻点 $x_1=10$，$x_2=-10$（舍掉）.

由于驻点唯一，由实际意义可知，问题的最小值存在，因此当正面墙长为 10 m，侧面长为 15 m 时所用材料费最省.

注意：题目中没有给出围墙的高 h，但是由计算可以看到当确定围墙高度之后，所使用材料费的多少仅与正面墙长 x 有关. 因此所给问题本质是与围墙的高无关的问题.

习题 3 - 5

1. 求下列函数在指定区间上的最大值与最小值：

(1) $y=2x^3-3x^2$，$x\in[-1,4]$　　　　(2) $y=x+\sqrt{x}$，$x\in[0,4]$

(3) $y=x+\dfrac{1}{x}$，$x\in[\dfrac{1}{2},2]$

2. 欲用围墙围成面积为 216 cm³ 的一块矩形土地，并在正中用一堵墙将其隔成两块，问这块土地的长和宽选取多大尺寸时，才能使所使用的建筑材料最省？

3. 要做一底面为长方形的带盖的箱子，其体积为 72 cm³，两底边之比为 2∶1，问边长为多少时用料最省？

3.6　曲线的凹凸性与拐点

我们研究了函数的单调性和极值，这对描绘函数的图形有很大的作用，但仅仅知道这些，还不能准确地描绘函数的图形. 例如，函数 $y=x^2$ 和 $y=\sqrt{x}$，它们在 $[0,1]$ 上，虽然都是单调递增的，但是，它们的图形却有完全不同的弯曲状态，如图 3 - 8 所示. $\overgroup{OBA}$ 是向下凹的曲线弧；$\overgroup{OCA}$ 是向上凸的曲线弧. 下面我们就来研究曲线的凹凸性及拐点.

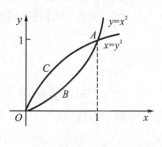

图 3 - 8

3.6.1　曲线的凹凸性及其判别法

1. 曲线凹凸性的定义

观察图 3 - 9 不难得出：当曲线 $f(x)$ 在区间 (a,b) 内向下凹时，其各点处切线总是位于曲线下方；当曲线 $f(x)$ 在区间 (a,b) 内向上凸时，其各点处切线总是位于曲线的上方.

定义 1　设函数 $f(x)$ 在闭区间 $[a,b]$ 上连续，在开区间 (a,b) 内可导，那么

(1) 当曲线总是位于切线上方时，称曲线 $f(x)$ 是凹的；

(2) 当曲线总是位于切线下方时，称曲线 $f(x)$ 是凸的.

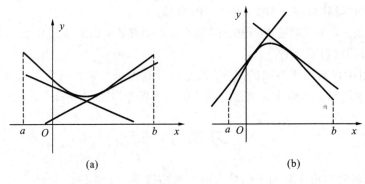

(a)   (b)

图 3 - 9

2. 曲线凹凸性的判定

定理：设函数 $f(x)$ 在区间 (a, b) 内具有二阶导数 $f''(x)$，则

(1) 当 $f''(x) > 0$ 时，曲线 $f(x)$ 在区间 (a, b) 内是凹的；

(2) 当 $f''(x) < 0$ 时，曲线 $f(x)$ 在区间 (a, b) 内是凸的.

例 1 判断曲线 $y = x^2$ 的凹凸性.

解 函数 $y = x^2$ 的定义域为 $(-\infty, +\infty)$，且

$$y' = 2x, \quad y'' = 2$$

因为 $y'' > 0$，所以函数 $y = x^2$ 在定义域内是凹的.

例 2 判断曲线 $y = \ln x$ 的凹凸性.

解 函数 $y = \ln x$ 的定义域为 $(0, +\infty)$，因为

$$y' = \frac{1}{x}, \quad y'' = -\frac{1}{x^2} < 0$$

所以，在区间 $(0, +\infty)$ 内，曲线 $y = \ln x$ 是凸的.

例 3 判定函数 $y = \arctan x$ 的凹凸性.

解 函数 $y = \arctan x$ 的定义域为 $(-\infty, +\infty)$，且

$$y' = \frac{1}{1+x^2}, \quad y'' = -\frac{2x}{(1+x^2)^2}$$

当 $x < 0$ 时，$y'' > 0$，所以曲线 $y = \arctan x$ 在区间 $(-\infty, 0)$ 上是凹的；当 $x > 0$ 时，$y'' < 0$，所以曲线 $y = \arctan x$ 在区间 $(0, +\infty)$ 上是凸的.

3.6.2 曲线的拐点以及判定

1. 曲线的拐点

由例 3 可以看见，曲线 $y = \arctan x$ 上的点 $(0, 0)$ 是该曲线的图形由凹到凸的分界点，这一点就是所谓的拐点. 一般地，有如下的定义：

定义 2 连续曲线弧上凹与凸的分界点称为曲线 $f(x)$ 的拐点.

注意：因为拐点是曲线上的点，所以拐点必须用横坐标和纵坐标$(x_0, f(x_0))$同时表示.

2. 曲线拐点的判定

由曲线凹凸性及拐点的定义可知，在拐点左右近旁 $f''(x)$ 必定改变符号，因此，在拐点处必有 $f''(x_0)=0$；但是反过来不成立，即：使 $f''(x_0)=0$ 的点$(x_0, f(x_0))$是拐点的必要条件，而不是充分条件.

综上所述，判定曲线 $y=f(x)$ 的凹凸性和拐点的步骤是：

(1) 确定函数的定义域；

(2) 求出该函数的二阶导数 $f''(x)$；

(3) 求出使 $f''(x)=0$ 及 $f''(x)$ 不存在的点；

(4) 考察 $f''(x)$ 在各部分区间的符号，判定曲线的凹凸性并求出拐点.

例 4　求曲线 $y=x^3-3x^2$ 的凹凸区间及拐点.

解　函数 $y=x^3-3x^2$ 的定义域为$(-\infty, +\infty)$，且

$$y'=3x^2-6x$$
$$y''=6x-6$$

令 $y''=0$，解得 $x=1$.

用 $x=1$，将定义域分成两个区间，列表如下：

x	$(-\infty, 1)$	1	$(1, +\infty)$
y''	$-$	0	$+$
y	$\cap$	拐点$(1, -2)$	$\cup$

注：表中符号"$\cup$"和"$\cap$"分别表示函数 $f(x)$ 在相应区间的凹凸性.

因此，曲线在$(-\infty, 1)$内是凸的，在$(1, +\infty)$内是凹的，$(1, -2)$是曲线的拐点.

例 5　求曲线 $y=\sqrt[3]{x}$ 的拐点.

解　函数的定义域为$(-\infty, +\infty)$，且

$$y'=\frac{1}{3\sqrt[3]{x^2}}, \quad y''=-\frac{2}{9x\sqrt[3]{x^2}}$$

$x=0$ 是 y'' 不存在的点，列表讨论如下：

x	$(-\infty, 0)$	0	$(0, +\infty)$
y''	$+$	不存在	$-$
y	$\cup$	0	$\cap$

由上表可知，$(0，+\infty)$是曲线的上凸区间，$(-\infty，0)$是曲线的下凹区间，因此，凹凸区间的分界点$(0，0)$是曲线的拐点，此例说明，y''不存在的点也可能是拐点.

习题 3－6

1. 求下列函数的凹凸区间及拐点：

(1) $y=\ln(1+x^2)$ 　　　　　　　(2) $y=x^3-6x^2+x-1$

(3) $y=xe^{-x}$ 　　　　　　　　(4) $y=(x-2)^{\frac{2}{3}}$

2. 求函数$y=\dfrac{x^3}{(1+x)^3}$的凹凸区间及拐点.

3. 点$(0，1)$是曲线$y=ax^3-bx^2+c$的拐点，求a、b、c的值.

4. 已知$(1，3)$为曲线$y=ax^3+bx^2$的拐点，求a、b的值，并求出该曲线的凹凸区间.

3.7　函数图形的描绘

利用函数的单调性、极值点、曲线的凹凸性、拐点等知识可以描绘出函数的图形的基本性态. 为了更准确地描绘出函数的图形，下面我们先介绍曲线的渐近线.

3.7.1　曲线的渐近线

定义：若$\lim\limits_{x\to+\infty}f(x)=b$或$\lim\limits_{x\to-\infty}f(x)=b(b$为常数$)$，则称直线$y=b$为曲线$y=f(x)$的水平渐近线；若$\lim\limits_{x\to x_0^+}f(x)=\infty$，或$\lim\limits_{x\to x_0^-}f(x)=\infty$，则称直线$x=x_0$为曲线$y=f(x)$的垂直渐近线.

例1　求函数$y=\dfrac{x}{x-1}$的渐近线.

解　因为$\lim\limits_{x\to\infty}\dfrac{x}{x-1}=1$，所以直线$y=1$为曲线$y=\dfrac{x}{x-1}$的水平渐近线；

又因为$\lim\limits_{x\to1}\dfrac{x}{x-1}=\infty$，所以直线$x=1$为曲线$y=\dfrac{x}{x-1}$的垂直渐近线，如图3－10所示.

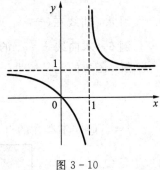

图 3－10

3.7.2　函数图形的描绘

综合可得描绘函数图形的一般步骤是：

(1) 确定函数的定义域，并讨论函数的有界性、周期性、奇偶性等；

（2）求 $f'(x)$、$f''(x)$，解出 $f'(x)=0$ 及 $f''(x)=0$ 在定义域内的全部实根及一阶、二阶导数不存在的点，将定义域分成几个分区间；

（3）列表讨论 $f'(x)$、$f''(x)$ 的符号，从而确定函数的单调性、凹凸性、极值和拐点；

（4）计算一些必要的辅助点；

（5）讨论曲线的渐近线；

（6）描出函数的图形.

例 2　描绘函数 $y=x^3-x^2-x+1$ 的图形.

解　函数的定义域为 $(-\infty,+\infty)$，且
$$y'=3x^2-2x-1=(3x+1)(x-1)$$
$$y''=6x-2=2(3x-1)$$

令 $y'=0$，得驻点 $x_1=-\dfrac{1}{3}$，$x_2=1$；令 $y''=0$，得 $x=\dfrac{1}{3}$. 列表如下：

x	$\left(-\infty,-\dfrac{1}{3}\right)$	$-\dfrac{1}{3}$	$\left(-\dfrac{1}{3},\dfrac{1}{3}\right)$	$\dfrac{1}{3}$	$\left(\dfrac{1}{3},1\right)$	1	$(1,+\infty)$
y'	+	0	−	−	−	0	+
y''	−	−	−	0	+	+	+
y	⤴	极大值	⤵	拐点	⤵	极小值	⤴

注：表中符号"⤴"表示单调递增上凸；"⤵"表示单调递减上凸；

　　表中符号"⤵"表示单调递减下凹；"⤴"表示单调递增下凹.

计算特殊点：$f\left(-\dfrac{1}{3}\right)=\dfrac{32}{27}$（极大值），$f\left(\dfrac{1}{3}\right)=\dfrac{16}{27}$（拐点），$f(1)=0$（极小值），$f(0)=1$，$f(-1)=0$，$f\left(\dfrac{3}{2}\right)=\dfrac{5}{8}$. 函数无渐近线. 描绘出函数的图形，如图 3-11 所示.

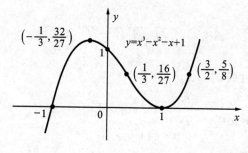

图 3-11

例 3 描绘函数 $y = e^{-\frac{x^2}{2}}$ 的图形.

解 函数的定义域为 $(-\infty, +\infty)$，且 $f(x)$ 为偶函数，因此，图形关于 y 轴对称.

又由于 $\lim\limits_{x \to \infty} e^{-\frac{x^2}{2}} = 0$，因此，$y = 0$ 为曲线 $y = e^{-\frac{x^2}{2}}$ 的水平渐近线.

求导数

$$y' = -x e^{-\frac{x^2}{2}}$$

$$y'' = e^{-\frac{x^2}{2}}(x^2 - 1)$$

令 $y' = 0$，得 $x = 0$；令 $y'' = 0$，得 $x = \pm 1$.

列表分析如下：

x	0	$(0, 1)$	1	$(1, +\infty)$
$f'(x)$	0	$-$	$-$	$-$
$f''(x)$	$-$	$-$	0	$+$
$f(x)$	极大	$\searrow$	拐点	$\searrow$

计算特殊点：极大值 $f(0) = 1$，拐点 $f(1) = e^{-\frac{1}{2}}$，图形如图 3-12 所示.

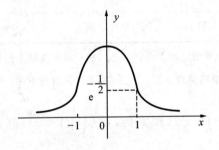

图 3-12

习题 3-7

1. 求下列函数的渐近线：

(1) $y = \dfrac{1}{x^2 - 4x + 5}$

(2) $y = \dfrac{1}{(x+2)^3}$

(3) $y = e^{\frac{1}{x}}$

(4) $y = x e^{x-2}$

2. 描绘下列函数的图形：

(1) $y = x^3 - 6x^2 - 15x + 1$

(2) $y = \ln(1 + x^2)$

本 章 小 结

一、拉格朗日中值定理

若函数 $y=f(x)$ 满足：① 在闭区间 $[a,b]$ 上连续；② 在开区间 (a,b) 内可导，则在开区间 (a,b) 内至少存在一点 $\xi(a<\xi<b)$，使得

$$f(b)-f(a)=f'(\xi)(b-a).$$

特别是如果函数 $y=f(x)$ 在 $[a,b]$ 上连续，在 (a,b) 内可导，且导数 $f'(x)$ 恒为零，则在 (a,b) 内 $f(x)$ 是一个常数；若在 (a,b) 内恒有 $f'(x)=g'(x)$，则在 (a,b) 内必有 $f(x)=g(x)+C$，其中 C 为某个常数.

注意：(1) 定理中的条件都是充分条件，如果其中一个条件不具备，结论就不一定成立，所以在闭区间上应用中值定理时，必须考察函数 $y=f(x)$ 在该区间上是否满足所有条件.

(2) 在几何上，曲线 $y=f(x)$ 在点 $(\xi,f(\xi))$ 处的切线恰好平行于曲线在区间两端点的连线(弦).

二、函数的单调性与极值

1. 函数的单调性的判别法

设函数 $y=f(x)$ 在 $[a,b]$ 上连续，在 (a,b) 内可导：

(1) 若对于任意的 $x\in(a,b)$，有 $f'(x)>0$，则 $y=f(x)$ 在 (a,b) 内为单调增加函数；

(2) 若对于任意的 $x\in(a,b)$，有 $f'(x)<0$，则 $y=f(x)$ 在 (a,b) 内为单调减少函数.

2. 函数的极值及其求法

(1) 极值点：设 $y=f(x)$ 在点 x_0 的某邻域内有定义，如果对于该邻域内任何异于 x_0 的点 x，恒有 $f(x)<f(x_0)$ 成立，则称 $f(x_0)$ 是函数 $f(x)$ 的一个极大值，点 x_0 称为 $f(x)$ 的一个极大值点；如果对于该邻域内任何异于 x_0 的点 x，恒有 $f(x)>f(x_0)$ 成立，则称 $f(x_0)$ 是函数 $f(x)$ 的一个极小值，点 x_0 称为 $f(x)$ 的一个极小值点. 函数的极大值和极小值统称为极值，使函数取得极值的极大值点与极小值点统称为极值点.

(2) 极值的必要条件：设 $y=f(x)$ 在点 x_0 处可导，且 x_0 为 $f(x)$ 的极值点，则 $f'(x_0)=0$. 使 $f'(x_0)=0$ 的点称为驻点；可导函数的极值点必定是驻点，但函数的驻点并不一定是极值点.

(3) 极值的第一充分条件：设函数 $y=f(x)$ 在点 x_0 的某邻域内可导，如果当 $x<x_0$ 时，$f'(x)>0$；当 $x>x_0$ 时，$f'(x)<0$，则 x_0 为 $f(x)$ 的极大值点. 如果当 $x<x_0$ 时，$f'(x)<0$；当 $x>x_0$ 时，$f'(x)>0$，则 x_0 为 $f(x)$ 的极小值点. 如果在 x_0 的两侧，$f'(x)$ 符号不变，则

x_0 不是 $f(x)$ 的极值点.

(4) 极值的第二充分条件：设 $f(x)$ 在 x_0 具有二阶导数 $f''(x_0)$，且 $f'(x_0)=0$，$f''(x_0)\neq0$，则有：当 $f''(x_0)<0$ 时，x_0 为 $f(x)$ 的极大值点；当 $f''(x_0)>0$ 时，x_0 为 $f(x)$ 的极小值点；当 $f''(x_0)=0$ 时，此判别法失效.

3. 函数的最大值和最小值

求函数 $y=f(x)$ 在 $[a,b]$ 内的最大值与最小值的一般方法：如下

(1) 求出 $f(x)$ 在 (a,b) 内的所有驻点、导数不存在的点；

(2) 求出上述各点及区间两个端点 $x=a$、$x=b$ 处的函数值；

(3) 比较这些函数值的大小，其中最大者就是函数的最大值，最小者就是最小值.

三、曲线的凹凸和拐点

1. 曲线的凹凸性

设函数 $f(x)$ 在区间 (a,b) 内具有二阶导数 $f''(x)$，则：

(1) 当 $f''(x)>0$ 时，曲线 $f(x)$ 在区间 (a,b) 内是凹的；

(2) 当 $f''(x)<0$ 时，曲线 $f(x)$ 在区间 (a,b) 内是凸的.

2. 曲线拐点的判定

曲线的凹凸分界点称为曲线拐点；曲线拐点的判定：

(1) 如果点 $(x_0,f(x_0))$ 是曲线 $y=f(x)$ 的拐点，则有 $f''(x_0)=0$（拐点的必要条件）.

(2) 如果在点 x_0 的两侧 $f''(x)$ 为异号时，那么点 $(x_0,f(x_0))$ 为曲线 $y=f(x)$ 的一个拐点（拐点的充分条件）.（注意 $f''(x_0)$ 可以不存在）

四、罗必达法则

1. "$\dfrac{0}{0}$"型和"$\dfrac{\infty}{\infty}$"型函数的极限

如果函数 $f(x)$ 与 $F(x)$ 满足以下条件：

(1) $\lim\limits_{x\to x_0}f(x)=0$，$\lim\limits_{x\to x_0}F(x)=0$（或 $\lim\limits_{x\to x_0}f(x)=\infty$，$\lim\limits_{x\to x_0}F(x)=\infty$）；

(2) $f'(x)$，$F'(x)$ 在该邻域内存在，且 $F'(x)\neq0$；

(3) $\lim\limits_{x\to x_0}\dfrac{f'(x)}{F'(x)}=A$ 存在（或为 ∞），则

$$\lim\limits_{x\to x_0}\frac{f(x)}{F(x)}=\lim\limits_{x\to x_0}\frac{f'(x)}{F'(x)}=A（或为\infty）$$

2. 其他类型的不定式

"$0\cdot\infty$"型和"$\infty-\infty$"型等要先化成"$\dfrac{0}{0}$"型或"$\dfrac{\infty}{\infty}$"型，再用罗必达法则计算.

使用罗必达法则时应注意以下几点：

(1) 必须是"$\dfrac{0}{0}$"型或"$\dfrac{\infty}{\infty}$"型未定式才能使用该法则;

(2) 罗必达法则可以连续使用,但每次使用前需验证是否为"$\dfrac{0}{0}$"型或"$\dfrac{\infty}{\infty}$"型;

(3) 罗必达法则不是万能的,即 $\lim\limits_{x \to x_0}\dfrac{f'(x)}{g'(x)}$ 不存在或求不出来时,$\lim\limits_{x \to x_0}\dfrac{f(x)}{g(x)}$ 却可能存在,这时就不能用罗必达法则,须改用其他方法.

世界数学家简介 3 ·+·

★　拉 格 朗 日　★

约瑟夫·拉格朗日(Joseph Lagrange,1736 年 1 月 25 日—1813 年 4 月 10 日),法国籍意大利裔数学家和天文学家.拉格朗日曾为普鲁士腓特烈大帝在柏林工作了 20 年,被腓特烈大帝称做"欧洲最伟大的数学家",后受法国国王路易十六的邀请定居巴黎直至去世.拉格朗日一生才华横溢,在数学、物理和天文等领域做出了很多重大的贡献.他的成就包括著名的拉格朗日中值定理,创立了拉格朗日力学等.

拉格朗日在数学、力学和天文学三个学科中都有重大历史性贡献,但他主要是数学家,研究力学和天文学的目的是表明数学分析的威力.拉格朗日全部著作、论文、学术报告记录、学术通讯超过 500 篇.他最突出的贡献是在把数学分析的基础脱离几何与力学方面起了决定性的作用,使数学更为独立,而不仅只是其他学科的工具.同时,在使天文学力学化、力学分析化上拉格朗日也起了历史性作用,使力学和天文学(天体力学)更深入地发展.在他的时代,数学分析学等分支刚刚起步,欠缺严密性和标准形式,但这不足以妨碍他取得大量的成果.

拉格朗日的学术生涯主要在 18 世纪后半期.当时数学、物理学和天文学是自然科学主体.数学的主流是由微积分发展起来的数学分析,以欧洲大陆为中心;物理学的主流是力学;天文学的主流是天体力学.数学分析的发展使力学和天体力学深化,而力学和天体力学的课题又成为数学分析发展的动力.当时的自然科学代表人物都在此三个学科做出了历史性的重大贡献.

拉格朗日把大量时间花在代数方程和超越方程的解法上,做出了有价值的贡献,推动了代数学的发展.在数论方面,拉格朗日也显示出非凡的才能,他还证明了圆周率的无理性.

近百余年来,数学领域的许多新成就都可以直接或间接地溯源于拉格朗日的工作.所以他在数学史上被认为是对分析数学的发展产生全面影响的数学家之一,被誉为"欧洲最伟大的数学家".

第4章 不 定 积 分

内容提要： 微积分学主要研究微分和积分，微分学的基本问题是：已知一个函数，求它的导数．积分学的基本问题是：已知一个函数的导数，求出这个函数；积分分为不定积分和定积分两大部分．本章将研究不定积分的概念、性质和基本积分方法．

学习要求： 能复述原函数的定义，知道不定积分的概念、性质，掌握基本积分方法，记住基本积分公式，会求简单函数的不定积分．

4.1 不定积分的概念

4.1.1 原函数与不定积分的概念

设质点作直线运动，其运动的方程为 $s=s(t)$，那么质点的运动速度 $v=s'(t)$，这就是已知一个函数，求这个函数的导数的问题．但是，在物理学中经常需要解决相反的问题：已知作直线运动的质点在任一时刻的速度 $v(t)$，求质点的运动方程 $s=s(t)$，即由 $s'(t)=v(t)$ 求函数 $s(t)$．这就是由已知某函数的导数求原来函数的问题，从而引出原函数的概念．

定义1 如果在区间 I 上，对任一 $x \in I$，都有

$$F'(x)=f(x) \quad 或 \quad \mathrm{d}F(x)=f(x)\mathrm{d}x$$

则称 $F(x)$ 是 $f(x)$ 在区间 I 上的一个原函数．

例如，$(\sin x)'=\cos x$，那么 $\sin x$ 就是 $\cos x$ 的一个原函数．又如 $(x^2)'=2x$，那么 x^2 是 $2x$ 的一个原函数．

研究原函数，首先要解决原函数的存在性问题，如果存在，原函数是否唯一？事实上，并不是每个函数都存在原函数，我们有如下定理：

原函数存在定理 如果函数 $f(x)$ 在区间 I 上连续，那么在区间 I 上存在可导函数 $F(x)$，使对任一 $x \in I$ 都有

$$F'(x)=f(x)$$

也就是说：连续函数一定有原函数．

关于原函数有以下两点说明：

(1) 如果 $f(x)$ 有一个原函数，那么 $f(x)$ 就有无穷多个原函数．

事实上，如果函数 $f(x)$ 在区间 I 上有原函数 $F(x)$，那么

$$[F(x)+C]'=F'(x)=f(x)$$

故 $F(x)+C$(C 是任意常数)也是 $f(x)$ 的原函数,即 $f(x)$ 有无穷多个原函数.

(2) $f(x)$ 的任意两个原函数相差一个常数.

如果函数 $F(x)$ 是 $f(x)$ 在区间 I 上的一个原函数,而 $G(x)$ 是 $f(x)$ 在 I 上的另一个原函数.由于

$$[G(x)-F(x)]'=G'(x)-F'(x)=f(x)-f(x)=0$$

所以

$$G(x)-F(x)=C_0 \qquad (C_0 \text{ 为某个常数})$$

这表明 $f(x)$ 的任意两个原函数只相差一个常数.因此 $f(x)$ 的全体原函数可表示为

$$F(x)+C \qquad (C \text{ 是任意常数})$$

由此我们引进不定积分的概念.

定义 2　函数 $f(x)$ 的全体原函数 $F(x)+C$ 称为 $f(x)$ 的不定积分,记为 $\int f(x)\mathrm{d}x$,即

$$\int f(x)\mathrm{d}x = F(x)+C$$

其中记号"$\int$"称为积分号,$f(x)$ 称为被积函数,x 称为积分变量,$f(x)\mathrm{d}x$ 称为被积表达式,C 称为积分常数.

由定义知,上述求质点的运动方程问题,就是求速度 $v(t)$ 的不定积分,即

$$s(t) = \int v(t)\mathrm{d}t$$

根据定义,要求函数 $f(x)$ 的不定积分,就是求函数 $f(x)$ 的全体原函数.实际上只要求出 $f(x)$ 的一个原函数,再加上任意常数 C 即可.

例 1　求 $\int x^4 \mathrm{d}x$.

解　因 $\left(\dfrac{x^5}{5}\right)'=x^4$,故 $\dfrac{x^5}{5}$ 是 x^4 的一个原函数,所以

$$\int x^4 \mathrm{d}x = \frac{x^5}{5}+C$$

例 2　求 $\int \dfrac{1}{1+x^2}\mathrm{d}x$

解　因 $(\arctan x)'=\dfrac{1}{1+x^2}$,故 $\arctan x$ 是 $\dfrac{1}{1+x^2}$ 的一个原函数,所以

$$\int \frac{1}{1+x^2}\mathrm{d}x = \arctan x + C$$

例 3　求 $\int \dfrac{1}{x}\mathrm{d}x$.

解　当 $x>0$ 时,$(\ln x)'=\dfrac{1}{x}$,所以 $\ln x$ 是 $\dfrac{1}{x}$ 在 $(0,+\infty)$ 内的一个原函数,因此在

$(0，+\infty)$内

$$\int \frac{1}{x}\mathrm{d}x = \ln x + C$$

当 $x<0$ 时，因 $[\ln(-x)]' = \frac{1}{-x} \cdot (-x)' = \frac{1}{x}$，所以 $\ln(-x)$ 是 $\frac{1}{x}$ 在 $(-\infty，0)$ 内的一个原函数，因此在 $(-\infty，0)$ 内

$$\int \frac{1}{x}\mathrm{d}x = \ln(-x) + C$$

把在 $x>0$ 及 $x<0$ 内的结果合起来，可写作

$$\int \frac{1}{x}\mathrm{d}x = \ln |x| + C \quad (x \neq 0)$$

4.1.2 不定积分的几何意义

函数 $f(x)$ 的原函数的图形称为 $f(x)$ 的积分曲线．因此不定积分 $\int f(x)\mathrm{d}x = F(x) + C$，在几何上表示一族积分曲线，这族积分曲线中的任何一条曲线对应于横坐标 x 处的点的切线都互相平行，且切线的斜率等于 $f(x)$，如图 4-1 所示．

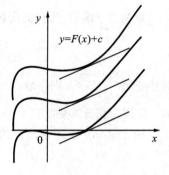

图 4-1

例 4 设曲线过点 $(1，2)$，且其上任一点处的切线斜率为 $2x$，求此曲线的方程．

解 设所求的曲线方程为 $y=f(x)$．依题意，曲线上任一点 $(x，y)$ 处的切线斜率为 $2x$，因此 $y'=f'(x)=2x$，即 $f(x)$ 是 $2x$ 的一个原函数．所以

$$\int 2x\,\mathrm{d}x = x^2 + C$$

故

$$f(x) = x^2 + C$$

即曲线方程为 $y=x^2+C$．又曲线过点 $(1，2)$，所以 $C=1$．

因此，所求曲线方程为

$$y = x^2 + 1$$

函数 $f(x)$ 的原函数的图形称为 $f(x)$ 的积分曲线．例 4 就是求函数 $2x$ 的一条过点 $(1，2)$ 的积分曲线．如图 4-2 所示．

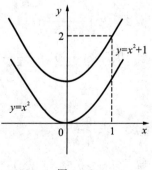

图 4-2

4.1.3 不定积分的性质

设下列被积函数的原函数均存在,则不定积分有如下性质:

性质 1 $\left[\int f(x)\mathrm{d}x\right]' = f(x)$ 或 $\mathrm{d}\left[\int f(x)\mathrm{d}x\right] = f(x)\mathrm{d}x$

性质 2 $\int f'(x)\mathrm{d}x = f(x) + C$ 或 $\int \mathrm{d}f(x) = f(x) + C$

性质 3 $\int [f(x) \pm g(x)]\mathrm{d}x = \int f(x)\mathrm{d}x \pm \int g(x)\mathrm{d}x$

性质 4 $\int kf(x)\mathrm{d}x = k\int f(x)\mathrm{d}x$ ($k \neq 0$ 为常数)

4.1.4 不定积分的基本积分公式

不定积分运算与求导运算一般是可逆运算,因此根据基本导数公式可以得到相应的积分公式,罗列如下(通常称为基本积分表),它们是不定积分的基础,必须熟记.

(1) $\int k\mathrm{d}x = kx + C$($k$ 为常数)

(2) $\int x^\mu \mathrm{d}x = \dfrac{1}{\mu+1}x^{\mu+1} + C$($\mu \neq -1$)

(3) $\int \dfrac{1}{x}\mathrm{d}x = \ln|x| + C$

(4) $\int \mathrm{e}^x \mathrm{d}x = \mathrm{e}^x + C$

(5) $\int a^x \mathrm{d}x = \dfrac{a^x}{\ln a} + C$($a > 0$,$a \neq 1$)

(6) $\int \sin x\,\mathrm{d}x = -\cos x + C$

(7) $\int \cos x\,\mathrm{d}x = \sin x + C$

(8) $\int \dfrac{1}{\cos^2 x}\mathrm{d}x = \int \sec^2 x\,\mathrm{d}x = \tan x + C$

(9) $\int \dfrac{1}{\sin^2 x}\mathrm{d}x = \int \csc^2 x\,\mathrm{d}x = -\cot x + C$

(10) $\int \sec x \tan x\,\mathrm{d}x = \sec x + C$

(11) $\int \csc x \cot x\,\mathrm{d}x = -\csc x + C$

(12) $\int \dfrac{1}{1+x^2}\mathrm{d}x = \arctan x + C$

(13) $\int \dfrac{1}{\sqrt{1-x^2}}\mathrm{d}x = \arcsin x + C$

例 5 求:(1) $\int x^2 \sqrt{x}\mathrm{d}x$,(2) $\int \dfrac{1}{x^2 \sqrt[3]{x}}\mathrm{d}x$.

解 (1) $\int x^2 \sqrt{x}\mathrm{d}x = \int x^{\frac{5}{2}}\mathrm{d}x = \dfrac{1}{\frac{5}{2}+1}x^{\frac{5}{2}+1} + C = \dfrac{2}{7}x^{\frac{7}{2}} + C = \dfrac{2}{7}x^3 \sqrt{x} + C$

(2) $\int \dfrac{1}{x^2 \sqrt[3]{x}}\mathrm{d}x = \int x^{-\frac{7}{3}}\mathrm{d}x = \dfrac{1}{-\frac{7}{3}+1}x^{-\frac{7}{3}+1} + C = -\dfrac{3}{4}x^{-\frac{4}{3}} + C = -\dfrac{3}{4x\sqrt[3]{x}} + C$

例 6　求 $\int \dfrac{(x-2)^2}{\sqrt{x}}\mathrm{d}x$.

解　$\displaystyle\int \dfrac{(x-2)^2}{\sqrt{x}}\mathrm{d}x = \int \dfrac{x^2-4x+4}{\sqrt{x}}\mathrm{d}x = \int (x^{\frac{3}{2}} - 4x^{\frac{1}{2}} + 4x^{-\frac{1}{2}})\mathrm{d}x$

$\qquad\qquad = \displaystyle\int x^{\frac{3}{2}}\mathrm{d}x - 4\int x^{\frac{1}{2}}\mathrm{d}x + 4\int x^{-\frac{1}{2}}\mathrm{d}x = \dfrac{2}{5}x^{\frac{5}{2}} - \dfrac{8}{3}x^{\frac{3}{2}} + 8\sqrt{x} + C$

例 7　求 $\int \left(\dfrac{2}{x} - 5\cos x\right)\mathrm{d}x$.

解　$\displaystyle\int \left(\dfrac{2}{x} - 5\cos x\right)\mathrm{d}x = 2\int \dfrac{1}{x}\mathrm{d}x - 5\int \cos x\,\mathrm{d}x = 2\ln|x| - 5\sin x + C$

例 8　求 $\int \dfrac{x^4}{1+x^2}\mathrm{d}x$.

解　$\displaystyle\int \dfrac{x^4}{1+x^2}\mathrm{d}x = \int \dfrac{(x^4-1)+1}{1+x^2}\mathrm{d}x = \int \left(x^2 - 1 + \dfrac{1}{1+x^2}\right)\mathrm{d}x$

$\qquad\qquad = \displaystyle\int x^2\,\mathrm{d}x - \int \mathrm{d}x + \int \dfrac{1}{1+x^2}\mathrm{d}x = \dfrac{1}{3}x^3 - x + \arctan x + C$

例 9　求 $\int (\mathrm{e}^x - 3\sin x)\,\mathrm{d}x$.

解　$\displaystyle\int (\mathrm{e}^x - 3\sin x)\mathrm{d}x = \int \mathrm{e}^x\,\mathrm{d}x - 3\int \sin x\,\mathrm{d}x = \mathrm{e}^x + 3\cos x + C$

例 10　求 $\int \sin^2 \dfrac{x}{2}\,\mathrm{d}x$.

解　$\displaystyle\int \sin^2 \dfrac{x}{2}\,\mathrm{d}x = \int \dfrac{1-\cos x}{2}\mathrm{d}x = \dfrac{1}{2}\int \mathrm{d}x - \dfrac{1}{2}\int \cos \mathrm{d}x = \dfrac{x}{2} - \dfrac{1}{2}\sin x + C$

例 11　求 $\int \tan^2 x\,\mathrm{d}x$.

解　$\displaystyle\int \tan^2 x\,\mathrm{d}x = \int (\sec^2 x - 1)\mathrm{d}x = \int \sec^2 x\,\mathrm{d}x - \int \mathrm{d}x = \tan x - x + C$

习题 $4-1$

1. 填空题:

(1) 函数 $\sin x$ 是函数____的原函数, 函数 $\sin x$ 的一个原函数是____.

(2) 若 $\int f(x)\mathrm{d}x = x\ln x + c$, 则 $f'(x) = $ _____.

(3) $\mathrm{d}\displaystyle\int \mathrm{e}^{-x^2}\mathrm{d}x = $ _____.

(4) $\int (\sin x)'\mathrm{d}x = $ _____.

(5) $\int \cos x \mathrm{d}x =$ _____ .

2. 求下列不定积分：

(1) $\int \dfrac{1}{\sqrt{x}}\mathrm{d}x$　　　　　(2) $\int \dfrac{1}{x^2}\mathrm{d}x$　　　　　(3) $\int x^2\sqrt{x}\mathrm{d}x$

(4) $\int (\mathrm{e}^x - 3x^2 + 1)\mathrm{d}x$　　　(5) $\int (x-1)^2\mathrm{d}x$　　　(6) $\int \dfrac{x^2-1}{x^2+1}\mathrm{d}x$

(7) $\int \dfrac{(x-1)^2}{\sqrt{x}}\mathrm{d}x$　　　(8) $\int \sin^2\dfrac{x}{2}\mathrm{d}x$　　　(9) $\int \cot^2 x\mathrm{d}x$

(10) $\int \dfrac{\mathrm{d}x}{\cos 2x - 1}$

3. 已知某质点在时刻 t 的速度 $v = 5t + 2$，且当 $t=0$ 时路程 $s=8$. 求此质点的运动方程.

4. 求经过点 $(2,5)$，且其切线斜率为 $2x$ 的曲线方程.

4.2　换 元 积 分 法

利用基本积分表中的公式和不定积分的性质只能求出一些比较简单的不定积分，本节介绍一种利用中间变量的代换求不定积分的方法，称为换元积分法，简称换元法.

4.2.1　第一类换元积分法

给出这个法则之前，先看一个例子.

引例　求 $\int \cos 2x\mathrm{d}x$.

解
$$\int \cos 2x\mathrm{d}x = \frac{1}{2}\int \cos 2x\mathrm{d}(2x)$$

令 $2x = u$，把 u 看做新的积分变量，便可应用积分表中的公式：
$$\int \cos 2x\mathrm{d}x = \frac{1}{2}\int \cos u\mathrm{d}u = \frac{1}{2}\sin u + C$$

再把 u 换成 $2x$，得
$$\int \cos 2x\mathrm{d}x = \frac{1}{2}\sin 2x + C$$

容易验证，$\frac{1}{2}\sin 2x$ 确是 $\cos 2x$ 的一个原函数. 应当注意：$\int \cos 2x\mathrm{d}x \neq \sin 2x + C$.

我们给出第一类换元积分法，也称凑微分法.

定理 1　设 $f(u)$ 具有原函数，$u = \varphi(x)$ 可导，则有换元公式

$$\int f[\varphi(x)]\,\varphi'(x)\mathrm{d}x = \int f[\varphi(x)]\mathrm{d}\varphi(x) \xrightarrow{\ \text{令}\ u=\varphi(x)\ } \int f(u)\mathrm{d}u$$

$$= F(u) + C \xrightarrow{\ \text{回代}\ u=\varphi(x)\ } F[\varphi(x)] + C$$

可见，第一类换元法的关键在于将被积函数的一部分凑到微分里，选择一个适当的函数 $\varphi(x)=u$ 作为新的积分变量，把所求的积分变形为基本积分表中已有的形式.

例 1 求 $\displaystyle\int \frac{\mathrm{d}x}{1-2x}$.

解
$$\int \frac{\mathrm{d}x}{1-2x} = -\frac{1}{2}\int \frac{\mathrm{d}(1-2x)}{1-2x} \quad (\text{令}\ 1-2x=u)$$

$$= -\frac{1}{2}\int \frac{\mathrm{d}u}{u} = -\frac{1}{2}\ln|u| + C = -\frac{1}{2}\ln|1-2x| + C$$

例 2 求 $\displaystyle\int \frac{\mathrm{d}x}{a^2-x^2}$.

解 $\displaystyle\int \frac{\mathrm{d}x}{a^2-x^2} = \frac{1}{2a}\int\left(\frac{1}{a+x}+\frac{1}{a-x}\right)\mathrm{d}x = \frac{1}{2a}\left[\int \frac{\mathrm{d}(a+x)}{a+x} - \int \frac{\mathrm{d}(a-x)}{a-x}\right]$

$$= \frac{1}{2a}[\ln|a+x| - \ln|a-x|] + C = \frac{1}{2a}\ln\left|\frac{a+x}{a-x}\right| + C$$

例 3 求 $\displaystyle\int 2x\mathrm{e}^{x^2}\mathrm{d}x$.

解 $\displaystyle\int 2x\mathrm{e}^{x^2}\mathrm{d}x = \int \mathrm{e}^{x^2}\mathrm{d}(x^2) = \mathrm{e}^{x^2} + C$

例 4 求 $\displaystyle\int \cos x\,\sqrt{\sin x}\,\mathrm{d}x$.

解 $\displaystyle\int \cos x\,\sqrt{\sin x}\,\mathrm{d}x = \int \sqrt{\sin x}\,\mathrm{d}(\sin x) = \frac{2}{3}\sin^{\frac{3}{2}}x + C = \frac{2}{3}\sqrt{\sin^3 x} + C$

例 5 求 $\displaystyle\int \frac{\sqrt[3]{4+3\ln x}}{x}\mathrm{d}x$.

解 $\displaystyle\int \frac{\sqrt[3]{4+3\ln x}}{x}\mathrm{d}x = \int (4+3\ln x)^{\frac{1}{3}}\mathrm{d}(\ln x) = \int (4+3\ln x)^{\frac{1}{3}} \cdot \frac{1}{3}\mathrm{d}(4+3\ln x)$

$$= \frac{1}{4}(4+3\ln x)^{\frac{4}{3}} + C$$

例 6 求 $\displaystyle\int \frac{1}{a^2+x^2}\mathrm{d}x\ (a>0)$.

解 $\displaystyle\int \frac{1}{a^2+x^2}\mathrm{d}x = \int \frac{1}{a^2} \cdot \frac{1}{1+\left(\frac{x}{a}\right)^2}\mathrm{d}x = \frac{1}{a}\int \frac{1}{1+\left(\frac{x}{a}\right)^2}\mathrm{d}\left(\frac{x}{a}\right) = \frac{1}{a}\arctan\frac{x}{a} + C$

同理可推出

$$\int \frac{1}{\sqrt{a^2-x^2}}dx = \arcsin\frac{x}{a} + C \quad (a > 0)$$

例 7　求 $\int \sin^3 x\,dx$.

解
$$\int \sin^3 x\,dx = \int \sin^2 x \cdot \sin x\,dx = -\int (1-\cos^2 x)d(\cos x)$$
$$= -\int d(\cos x) + \int \cos^2 x\,d(\cos x)$$
$$= -\cos x + \frac{1}{3}\cos^3 x + C$$

例 8　求 $\int \frac{1}{x^2+2x-8}dx$.

解　$\int \frac{1}{x^2+2x-8}dx = \int \frac{1}{(x+1)^2-9}d(x+1) = \frac{1}{6}\ln\left|\frac{3-(x+1)}{3+(x+1)}\right| + C$
$$= \frac{1}{6}\ln\left|\frac{2-x}{4+x}\right| + C$$

例 9　求 $\int \frac{dx}{x^2-2x+5}$.

解　$\int \frac{dx}{x^2-2x+5} = \int \frac{1}{(x-1)^2+4}d(x-1) = \frac{1}{2}\arctan\frac{x-1}{2} + C$

4.2.2　第二类换元积分法(去根号法)

定理 2　设 $x=\varphi(t)$ 单调可导，且 $\varphi'(t)\neq 0$，若 $\int f[\varphi(t)]\,\varphi'(t)dt = F(t) + C$，则

$$\int f(x)dx = \int f[\varphi(t)]\,\varphi'(t)dt = F(t) + C = F[\varphi^{-1}(x)] + C$$

第二类换元法的关键是恰当地选择一个 $x=\varphi(t)$，将 x 的微分写出来，使被积函数转变为基本积分表中已有的形式.

1. 根式代换

例 10　求 $\int \frac{1}{1+\sqrt{x}}dx$.

解　为去掉根号，可设 $\sqrt{x}=t$，则 $x=t^2$，于是

$$\int \frac{1}{1+\sqrt{x}}dx = \int \frac{1}{1+t}d(t^2) = 2\int \frac{t}{1+t}dt = 2\int\left(1-\frac{1}{1+t}\right)dt = 2t - 2\ln|1+t| + C$$
$$= 2\sqrt{x} - 2\ln(1+\sqrt{x}) + C$$

例 11　求 $\int \frac{1}{\sqrt{x}+\sqrt[3]{x}}dx$.

解 为去掉根号，可设 $x = t^6$（两个根指数的最小公倍数），则 $\mathrm{d}x = 6t^5\,\mathrm{d}t$，于是

$$\int \frac{1}{\sqrt{x} + \sqrt[3]{x}}\mathrm{d}x = \int \frac{6t^5}{t^3 + t^2}\,\mathrm{d}t = 6\int \left(t^2 - t + 1 - \frac{1}{t+1}\right)\mathrm{d}t$$

$$= 6\left(\frac{t^3}{3} - \frac{t^2}{2} + t - \ln|t+1|\right) + C$$

$$= 2\sqrt{x} - 3\sqrt[3]{x} + 6\sqrt[6]{x} - 6\ln(\sqrt[6]{x} + 1) + C$$

例 12 求 $\displaystyle\int \frac{1}{\sqrt{\mathrm{e}^x - 1}}\mathrm{d}x.$

解 设 $\sqrt{\mathrm{e}^x - 1} = t$，则 $x = \ln(1 + t^2)$，$\mathrm{d}x = \dfrac{2t}{1 + t^2}\mathrm{d}t$，于是

$$\int \frac{1}{\sqrt{\mathrm{e}^x - 1}}\mathrm{d}x = 2\int \frac{1}{1 + t^2}\mathrm{d}t = 2\arctan t + C = 2\arctan \sqrt{\mathrm{e}^x - 1} + C$$

2. 三角代换

当被积函数中含有如下二次根式时，可考虑使用三角恒等式代换，具体方法是：

(1) 被积函数中含有 $\sqrt{a^2 - x^2}$ $(a > 0)$ 时，令 $x = a\sin\theta$，x，a，θ 关系如图 4-3 所示；

(2) 被积函数中含有 $\sqrt{a^2 + x^2}$ $(a > 0)$ 时，令 $x = a\tan\theta$，x，a，θ 关系如图 4-4 所示；

(3) 被积函数中含有 $\sqrt{x^2 - a^2}$ $(a > 0)$ 时，令 $x = a\sec\theta$，x，a，θ 关系如图 4-5 所示.

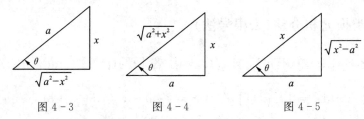

图 4-3　　　　图 4-4　　　　图 4-5

例 13 求 $\displaystyle\int \frac{x^2}{\sqrt{1 - x^2}}\mathrm{d}x.$

解 设 $x = \sin\theta$，$\mathrm{d}x = \cos\theta\mathrm{d}\theta$，由图 4-3 可知，$\sqrt{1 - x^2} = \cos\theta$，于是

$$\int \frac{x^2}{\sqrt{1 - x^2}}\mathrm{d}x = \int \frac{\sin^2\theta\cos\theta}{\cos\theta}\mathrm{d}\theta = \int \frac{1 - \cos 2\theta}{2}\mathrm{d}\theta = \frac{1}{2}\theta - \frac{1}{4}\sin 2\theta + C$$

$$= \frac{1}{2}\theta - \frac{1}{2}\sin\theta\cos\theta + C$$

$$= \frac{1}{2}\arcsin x - \frac{x}{2}\sqrt{1 - x^2} + C$$

例 14 求 $\displaystyle\int \frac{1}{\sqrt{x^2 - a^2}}\mathrm{d}x\,(a > 0).$

解 设 $x = a\sec\theta$，则 $\mathrm{d}x = a\sec\theta\tan\theta\,\mathrm{d}\theta$，$\sqrt{x^2-a^2} = a\tan\theta$，于是

$$\int \frac{1}{\sqrt{x^2-a^2}}\mathrm{d}x = \int \frac{a\sec\theta\tan\theta}{a\tan\theta}\,\mathrm{d}\theta = \int \sec\theta\,\mathrm{d}\theta = \ln|\sec\theta+\tan\theta| + C$$

$$= \ln\left|\frac{x}{a} + \frac{\sqrt{x^2-a^2}}{a}\right| + C$$

$$= \ln|x + \sqrt{x^2-a^2}| + C$$

下面一些积分可以由换元积分法求出，它们可以作为基本积分公式使用（为统一记忆，编号接 4.1.4 小节积分公式编号）：

(14) $\displaystyle\int \tan x\,\mathrm{d}x = -\ln|\cos x| + C$ (15) $\displaystyle\int \cot x\,\mathrm{d}x = \ln|\sin x| + C$

(16) $\displaystyle\int \sec x\,\mathrm{d}x = \ln|\sec x + \tan x| + C$ (17) $\displaystyle\int \csc x\,\mathrm{d}x = \ln|\csc x - \cot x| + C$

(18) $\displaystyle\int \frac{1}{a^2+x^2}\mathrm{d}x = \frac{1}{a}\arctan\frac{x}{a} + C$ (19) $\displaystyle\int \frac{1}{x^2-a^2}\mathrm{d}x = \frac{1}{2a}\ln\left|\frac{x-a}{x+a}\right| + C$

(20) $\displaystyle\int \frac{1}{\sqrt{a^2-x^2}}\mathrm{d}x = \arcsin\frac{x}{a} + C$ (21) $\displaystyle\int \frac{1}{\sqrt{x^2+a^2}}\mathrm{d}x = \ln(x + \sqrt{x^2+a^2}) + C$

(22) $\displaystyle\int \frac{1}{\sqrt{x^2-a^2}}\mathrm{d}x = \ln|x + \sqrt{x^2-a^2}| + C$

习题 4-2

1. 填空题：

(1) $\mathrm{d}(3x) = ($ $)\mathrm{d}x$ (2) $\mathrm{d}(\mathrm{e}^{2x}) = ($ $)\mathrm{d}x$

(3) $x^3\,\mathrm{d}x = ($ $)\mathrm{d}(x^4)$ (4) $x\mathrm{d}x = ($ $)\mathrm{d}(ax+b)$

(5) $\dfrac{1}{x}\mathrm{d}x = ($ $)\mathrm{d}(2\ln|x|)$ (6) $\mathrm{d}(\arctan x) = ($ $)\mathrm{d}(x)$

(7) $\sin x\,\mathrm{d}x = ($ $)\mathrm{d}(\cos x)$ (8) $\dfrac{1}{\sqrt{1-x^2}}\mathrm{d}x = \mathrm{d}($ $)$

2. 求下列不定积分：

(1) $\displaystyle\int (3-4x)^5\,\mathrm{d}x$ (2) $\displaystyle\int \mathrm{e}^{-x}\,\mathrm{d}x$ (3) $\displaystyle\int \frac{1}{1-3x}\mathrm{d}x$

(4) $\displaystyle\int \frac{1}{\sqrt{5x+2}}\,\mathrm{d}x$ (5) $\displaystyle\int (3+4x)^{-5}\,\mathrm{d}x$ (6) $\displaystyle\int \mathrm{e}^{3x}\,\mathrm{d}x$

(7) $\displaystyle\int \frac{\sin(\ln x)}{x}\mathrm{d}x$ (8) $\displaystyle\int \frac{\sin\frac{1}{x}}{x^2}\mathrm{d}x$ (9) $\displaystyle\int \frac{\cos\sqrt{x}}{\sqrt{x}}\,\mathrm{d}x$

$(10) \displaystyle\int e^x \sin e^x \, dx$ $\qquad (11) \displaystyle\int \sin x \, e^{\cos x} \, dx$ $\qquad (12) \displaystyle\int \cot x \, dx$

4.3 分 部 积 分 法

通过前面内容的学习，利用基本积分法和换元积分法可以解决大量的不定积分计算问题，但是诸如 $\displaystyle\int x \cos x \, dx$，$\displaystyle\int x e^x \, dx$，$\displaystyle\int x \ln x \, dx$ 等不定积分就无法用上述方法求出．本节将介绍另一种基本积分方法 —— 分部积分法．

定理 设函数 $u = u(x)$，$v = v(x)$ 有连续导数，则 $\displaystyle\int u \, dv = uv - \int v \, du$．

事实上，由于 $(uv)' = u'v + uv'$，即

$$uv' = (uv)' - u'v \tag{1}$$

上式两边求不定积分，得

$$\int uv' \, dx = uv - \int u'v \, dx \tag{2}$$

这就是分部积分公式，也可写成

$$\int u \, dv = uv - \int v \, du \tag{3}$$

分部积分公式表明：当我们求 $\displaystyle\int uv' \, dx = \int u \, dv$ 有困难时，可以转化为求 $\displaystyle\int u'v \, dx = \int v \, du$；使用分部积分公式的关键在于，恰当地选择 u 与 dv．通常是把欲求的被积函数分成两部分：一部分作为 u；另一部分与 dx 凑在一起作为 dv．

下面举一些例子说明如何运用这个重要公式．

例 1 求 $\displaystyle\int x \cos x \, dx$．

解 选择 $\cos x$ 与 dx 凑成微分，即 $\cos x \, dx = d(\sin x)$，这里 $u = x$，$dv = \cos x \, dx$，则 $v = \sin x$，因此

$$\int x \cos x \, dx = \int x \, d(\sin x) = x \sin x - \int \sin x \, dx = x \sin x + \cos x + C$$

假如选择 x 与 dx 凑成微分 $x \, dx = \dfrac{1}{2} d(x^2)$，即 $u = \cos x$，$v = x^2$，那么

$$\int x \cos x \, dx = \frac{x^2}{2} \cos x + \int \frac{x^2}{2} \sin x \, dx$$

由于 $\displaystyle\int \frac{x^2}{2} \sin x \, dx$ 比原积分更不好求，所以这样选择不合适．所以，应用分部积分法时，恰当选取 u 和 dv 是一个关键，一般要考虑以下两点：① v 要容易求得；② $\displaystyle\int v \, du$ 要比 $\displaystyle\int u \, dv$

容易积出.

例 2 求 $\int x\mathrm{e}^x\,\mathrm{d}x$.

解 设 $u=x$, $\mathrm{d}v=\mathrm{e}^x\mathrm{d}x$, 则 $\mathrm{d}u=\mathrm{d}x$, $v=\mathrm{e}^x$, 那么

$$\int x\mathrm{e}^x\,\mathrm{d}x = x\mathrm{e}^x - \int \mathrm{e}^x\,\mathrm{d}x = x\mathrm{e}^x - \mathrm{e}^x + C = \mathrm{e}^x(x-1) + C$$

例 3 求 $\int x\ln x\,\mathrm{d}x$.

解 设 $u=\ln x$, $\mathrm{d}v=x\mathrm{d}x$, 那么 $v=\dfrac{x^2}{2}$, 则

$$\int x\ln x\,\mathrm{d}x = \frac{1}{2}\int \ln x\,\mathrm{d}(x^2) = \frac{1}{2}\left[x^2\ln x - \int x^2\,\mathrm{d}(\ln x)\right]$$

$$= \frac{1}{2}x^2\ln x - \frac{1}{2}\int x^2\cdot\frac{1}{x}\,\mathrm{d}x = \frac{1}{2}x^2\ln x - \frac{1}{4}x^2 + C$$

例 4 求 $\int x^2\mathrm{e}^x\,\mathrm{d}x$.

解 设 $u=x^2$, $\mathrm{d}v=\mathrm{e}^x\,\mathrm{d}x$, 则 $\mathrm{d}u=2x\mathrm{d}x$, $v=\mathrm{e}^x$, 那么

$$\int x^2\mathrm{e}^x\,\mathrm{d}x = x^2\mathrm{e}^x - 2\int x\mathrm{e}^x\,\mathrm{d}x$$

由上例知, 对 $\int x\mathrm{e}^x\mathrm{d}x$ 再进行一次分部积分法即可, 因此

$$\int x^2\mathrm{e}^x\,\mathrm{d}x = x^2\mathrm{e}^x - 2\int x\mathrm{e}^x\,\mathrm{d}x = x^2\mathrm{e}^x - 2(x\mathrm{e}^x - \mathrm{e}^x) + C = \mathrm{e}^x(x^2 - 2x + 2) + C$$

例 5 求 $\int \ln x\,\mathrm{d}x$.

解 设 $u=\ln x$, $\mathrm{d}v=\mathrm{d}x$, 则 $\mathrm{d}u=\dfrac{1}{x}\mathrm{d}x$, $v=x$, 那么

$$\int \ln x\,\mathrm{d}x = x\ln x - \int x\cdot\frac{1}{x}\,\mathrm{d}x = x\ln x - x + C$$

例 6 求 $\int \arctan x\,\mathrm{d}x$.

解 设 $u=\arctan x$, $\mathrm{d}v=\mathrm{d}x$, 即 $v=x$, 则

$$\int \arctan x\,\mathrm{d}x = x\arctan x - \int x\,\mathrm{d}(\arctan x) = x\arctan x - \int \frac{x}{1+x^2}\,\mathrm{d}x$$

$$= x\arctan x - \frac{1}{2}\ln(1+x^2) + C$$

根据以上几个例子, 可以归纳出 u、v 的选取原则:

（1）当被积函数是幂函数与指数函数、三角函数的乘积时, 将幂函数选为 u, 其余作为 $\mathrm{d}v$, 然后应用分部积分公式进行积分.

（2）当被积函数是幂函数与对数函数、反三角函数的乘积时，将对数函数、反三角函数选为 u，其余作为 dv，然后应用分部积分公式进行积分.

有时，在反复使用分部积分法后，又回到原来所求的积分，这时也有可能求出结果.

例 7 求 $I = \int e^{ax} \cos bx \, dx$. 这种类型的积分选哪一个函数为 u 都可以，一次分部积分后

$$I = \frac{e^{ax}}{b} \sin bx - \frac{a}{b} \int e^{ax} \sin bx \, dx$$

对第二个积分再应用分部积分法（注意 u、v 的选择应与第一次相同）：

$$\int e^{ax} \sin bx \, dx = -\frac{e^{ax}}{b} \cos bx + \frac{a}{b} \int e^{ax} \cos bx \, dx$$

右端的积分就是原来的积分 I. 于是得到

$$I = \frac{e^{ax}}{b} \sin bx + \frac{a}{b^2} e^{ax} \cos bx - \frac{a^2}{b^2} I$$

把含有 I 的项移在一端：

$$\left(1 + \frac{a^2}{b^2}\right) I = \frac{e^{ax}}{b^2} (a \cos bx + b \sin bx)$$

两端除以 I 的系数，并加上任意常量，即得

$$I = \frac{e^{ax}}{a^2 + b^2} (a \cos bx + b \sin bx) + C$$

在积分的过程中有时还要兼用换元法与分部积分法. 此不再赘述.

习题 4 - 3

求下列不定积分：

(1) $\int x \sin x \, dx$

(2) $\int e^x \sin x \, dx$

(3) $\int x^2 \cos x \, dx$

(4) $\int \arcsin x \, dx$

(5) $\int x^2 \ln x \, dx$

(6) $\int x \sin 2x \, dx$

本 章 小 结

一、不定积分的概念

1. 原函数的概念

如果在区间 I 上，对任一 $x \in I$，都有 $F'(x) = f(x)$（或 $dF(x) = f(x)dx$），则称 $F(x)$

是 $f(x)$ 在区间 I 上的一个原函数；如果函数 $f(x)$ 有原函数，那么它就有无穷多个原函数，并且其中任意两个原函数的差为常数；如果函数 $f(x)$ 在某一个区间上连续，则函数 $f(x)$ 在该区间上的原函数必定存在. 也就是说，连续函数一定有原函数，并且原函数也是连续的.

2. 不定积分的概念

函数 $f(x)$ 的全体原函数 $F(x)+C$ 称为 $f(x)$ 的不定积分，记为 $\int f(x)\mathrm{d}x$，即 $\int f(x)\mathrm{d}x = F(x)+C$；它在几何上表示一族积分曲线，这族积分曲线中的任何一条曲线对应于横坐标 x 处的点的切线都互相平行，且切线的斜率等于 $f(x)$.

导数与积分互为逆运算，由导数基本公式即可得到基本积分公式.

二、不定积分的性质

1. 不定积分的性质

(1) $\left[\int f(x)\mathrm{d}x\right]' = f(x)$ 或 $\mathrm{d}\left[\int f(x)\mathrm{d}x\right] = f(x)\mathrm{d}x$；

(2) $\int f'(x)\mathrm{d}x = f(x)+C$ 或 $\int \mathrm{d}f(x) = f(x)+C$；

(3) $\int [f(x) \pm g(x)]\mathrm{d}x = \int f(x)\mathrm{d}x \pm \int g(x)\mathrm{d}x$；

(4) $\int kf(x)\mathrm{d}x = k\int f(x)\mathrm{d}x (k \neq 0,$ 且为常数$)$.

2. 直接积分法

直接积分法是直接应用积分性质与基本积分公式求得积分. 它是其他一些积分法的基础，直接积分法的实质，就是直接利用基本运算法则把被积表达式化为基本积分公式直接写出结果. 但在具体运算时，常要对被积函数经过适当的代数或三角的恒等变形才能实现.

三、换元积分法

换元积分法的实质是把一个不能直接运用基本积分公式的被积函数，通过适当的变量代换，使它变成可以直接运用积分公式的形式，然后再由积分公式求出积分.

1. 第一类换元法(凑微分法)

设 $F(u)$ 为 $f(u)$ 的原函数，$u = \varphi(x)$ 可微，则

$$\int f[\varphi(x)]\varphi'(x)\mathrm{d}x = \left[\int f(u)\mathrm{d}u\right] \quad (\text{其中 } u = \varphi(x))$$

"凑微分法"的特点是先"凑"微分再求积分，即将被积函数看做两部分的乘积，其中一

部分与 $\mathrm{d}x$ 凑起来称为中间变量 u 的微分 $\mathrm{d}u$，而另一部分可以表示为 u 的函数 $f(u)$，使 $\int f(u)\mathrm{d}u$ 可以用积分公式求出；然后回代中间变量.

2. 第二类换元积分法（变量代换法）

设 $x=\psi(t)$ 是单调的可导函数，且 $\psi'(t)\neq 0$，又设 $f[\psi(t)]\psi'(t)$ 具有原函数，则

$$\int f(x)\mathrm{d}x = \left[\int f[\psi(t)]\psi'(t)\mathrm{d}t\right]_{t=\psi^{-1}(x)}$$

其中 $t=\psi^{-1}(x)$ 为 $x=\psi(t)$ 的反函数.

(1) 第二类换元积分法主要解决被积函数中带有根式的某些积分. 主要类型有代数代换和三角代换.

(2) 在利用第一类换元积分时，通过凑微分，新变量 u 可不必明显地标出，而进行第二类换元积分时，新变量则必须明显地引进，即"设"和"回代"这两个步骤不可省略. 做三角代换时，"回代"时变量间的关系放到直角三角形中比较清楚.

(3) 第一类换元积分法与第二类换元积分法实际上是同一个公式的两个方面，即

$$\int f[\varphi(x)]\varphi'(x)\mathrm{d}x \xupdownarrow[\text{第二类换元法（}u=\varphi(x)\text{）}]{\text{第一类换元法（令 }\varphi(x)=u\text{）}} \int f(u)\mathrm{d}u$$

四、分部积分法

设函数 $u=u(x)$，$v=v(x)$ 有连续导数，则分部积分公式为

$$\int uv'\mathrm{d}x = uv - \int vu'\mathrm{d}x \quad \text{或} \quad \int u\mathrm{d}v = uv - \int v\mathrm{d}u$$

(1) 分部积分法的关键是正确地选取 u 和 $\mathrm{d}v$. 选择 u 和 $\mathrm{d}v$ 需考虑：v 要容易求得；要使 $\int v\mathrm{d}u$ 比 $\int u\mathrm{d}v$ 容易积出.

(2) u 的选取原则：通常按照"反、对、幂、三、指"的顺序，排在前面的令为 u，排在后面的为 $\mathrm{d}v$；其中"反"表示反三角函数，"对"表示对数函数，"幂"表示幂函数，"三"表示三角函数，"指"表示指数函数.

世界数学家简介 4 ·-··-··-··-··-··-··-··-··-··-··-··-··-··-·

★ 牛 顿 ★

艾萨克·牛顿(Isaac Newton，1643 年 1 月 4 日至 1727 年 3 月 31 日)，著名英国物理学家、数学家、天文学家和哲学家，同时是英国当时炼金术热衷者. 他在 1687 年 7 月 5 日发表的《自然哲学的数学原理》里提出的万有引力定律以及他的牛顿运动三大定律是经典力学的基

石. 牛顿还和莱布尼茨各自独立地发明了微积分. 他总共留下了 50 多万字的炼金术手稿和 100 多万字的神学手稿. 他是英国皇家学会会员；他在 1687 年发表的论文《自然哲学的数学原理》里, 对万有引力和三大运动定律进行了描述, 这些描述奠定了此后三个世纪里物理世界的科学观点, 并成为了现代工程学的基础. 他通过论证开普勒行星运动定律与他的引力理论间的一致性, 展示了地面物体与天体的运动都遵循着相同的自然定律, 从而消除了对太阳中心说的最后一丝疑虑, 并推动了科学革命. 在力学上, 牛顿阐明了动量和角动量守恒的原理；在光学上, 他发明了反射式望远镜, 并基于对三棱镜将白光发散成可见光谱的观察, 发展出了颜色理论. 他还系统地表述了冷却定律, 并研究了音速. 在数学上, 微积分的创立是牛顿最卓越的数学成就. 牛顿为解决运动问题, 创立了和物理概念直接联系的数学理论, 牛顿称之为"流数术". 它所处理的一些具体问题, 如切线问题、求积问题、瞬时速度问题以及函数的极大和极小值问题等, 在牛顿前已经得到人们的研究了. 但牛顿超越了前人, 他站在了更高的角度, 对以往分散的结论加以综合, 将自古希腊以来求解无限小问题的各种技巧统一为两类普通的算法——微分和积分, 并确立了这两类运算的互逆关系, 从而完成了微积分发明中最关键的一步, 为近代科学发展提供了最有效的工具, 开辟了数学上的一个新纪元.

　　牛顿与戈特弗里德·莱布尼茨分享了发展出微积分学的荣誉. 他也证明了广义二项式定理, 提出了"牛顿法"以趋近函数的零点, 并为幂级数的研究做出了贡献. 二项式定理在组合理论、开高次方、高阶等差数列求和, 以及差分法中有广泛的应用. 二项式级数展开式是研究级数论、函数论、数学分析、方程理论的有力工具. 牛顿对解析几何与综合几何等都有重大贡献. 他在 1736 年出版的《解析几何》中引入了曲率中心, 给出密切线圆（或称曲线圆）的概念, 提出曲率公式及计算曲线的曲率方法. 并将自己的许多研究成果总结成论文《三次曲线枚举》, 于 1704 年发表. 此外, 他的数学工作还涉及数值分析、概率论和初等数论等众多领域. 在 2005 年, 皇家学会进行的一场"谁是科学史上最有影响力的人"的民意调查中, 牛顿被认为是比阿尔伯特·爱因斯坦更具影响力的科学家.

第5章　定积分及其应用

内容提要：定积分产生于实践，反过来又在实践中有着广泛的应用；许多几何、物理、经济问题中的量都可以用定积分来描述和计算．本章首先从实际问题出发引出定积分的概念，讨论定积分的性质与计算方法，然后介绍广义积分，定积分在几何、物理方面的一些应用．

学习要求：能复述定积分的定义、性质与计算方法；知道广义积分的概念，能运用定积分求简单的几何、物理问题．

5.1　定积分的概念

5.1.1　引例

1. 曲边梯形的面积

在直角坐标系中，由连续曲线 $y=f(x)$、x 轴及直线 $x=a$、$x=b$ 所围成的图形称为曲边梯形，如图 5-1 所示．那么曲边梯形的面积如何计算呢？

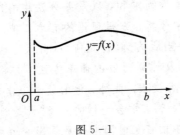

图 5-1

在一般情况下，$y=f(x)$ 不是常量，也就是说曲边梯形是不规则的图形，这正是问题的困难所在．曲边梯形的面积可以运用极限的思想求解，即首先把 $[a,b]$ 划分为很多的小区间，在每一个小区间上对应的小曲边梯形可以用同底的小矩形面积来近似代替（小矩形的高可用该区间上的任一点所对应的曲线上点的纵坐标来代替），然后把所有小矩形面积相加便得整个曲边梯形面积的近似值．显然对于区间 $[a,b]$，如果分得越细，曲边梯形面积的近似程度越好．而要得到曲边梯形的精确值，只要使每一个小区间的长度都趋于零，取近似值的极限即可．上述分析可以概括为："分割、近似、求和、取极限"．求曲边梯形面积的具体做法是：

（1）分割：在区间 $[a,b]$ 中任意插入 $n-1$ 个分点，使

$$a = x_0 < x_1 < x_2 < \cdots < x_i < \cdots < x_{n-1} < x_n = b$$

这些分点将$[a, b]$分成 n 个小区间：$[x_0, x_1]$，$[x_1, x_2]$，$\cdots$，$[x_{n-1}, x_n]$；这些小区间的长度依次记为 $\Delta x_1 = x_1 - x_0$，$\Delta x_2 = x_2 - x_1$，$\cdots$，$\Delta x_n = x_n - x_{n-1}$. 过每个分点 x_1，x_2，$\cdots$，x_{n-1} 作平行于 y 轴的直线段，就把曲边梯形划分为 n 个小曲边梯形了，如图 5-2 所示.

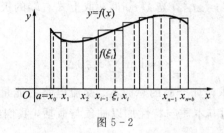

图 5-2

（2）近似代替：在每个小区间上任取一点 $\xi_i (x_{i-1} \leqslant \xi_i \leqslant x_i)$，$f(\xi_i)$ 就是曲线上点 $(\xi_i, f(\xi_i))$ 的纵坐标，用小矩形的面积 $f(\xi_i) \Delta x_i$ 近似代替小曲边梯形的面积，即

$$\Delta S_i \approx f(\xi_i) \Delta x_i \quad (i = 1, 2, \cdots, n)$$

（3）求和：用 n 个小矩形的面积之和来近似代替曲边梯形的面积，即

$$S \approx f(\xi_1) \Delta x_1 + f(\xi_2) \Delta x_2 + \cdots + f(\xi_n) \Delta x_n = \sum_{i=1}^{n} f(\xi_i) \Delta x_i$$

（4）取极限：为保证所有的小区间的长度随小区间的个数 n 无限增加而无限缩小，令 $\lambda = \max\limits_{1 \leqslant i \leqslant n} \{\Delta x_i\}$，则当 $\lambda \to 0$ 时，就得到曲边梯形面积的精确值，即

$$S = \lim_{\lambda \to 0} \sum_{i=1}^{n} f(\xi_i) \Delta x_i$$

2. 变速直线运动的路程

设一质点沿直线作变速运动，其速度是时间 t 的连续函数 $v(t)$. 求质点由时刻 T_1 到时刻 T_2 这段时间内所经过的路程 S.

在匀速直线运动中，有公式：路程＝速度×时间. 但对于变速直线运动，由于速度不是常数，而是随时间变化的变量，就不能用上式来计算路程，我们同样可以运用求曲边梯形的面积的方法来求变速直线运动的路程.

（1）分割：在时间间隔$[T_1, T_2]$中任意插入 $n-1$ 个分点，使

$$T_1 = t_0 < t_1 < t_2 < \cdots < t_{n-1} < t_n = T_2$$

这些分点将$[T_1, T_2]$分成 n 个小时间间隔区间，即$[t_0, t_1]$，$[t_1, t_2]$，$\cdots$，$[t_{n-1}, t_n]$，这些小时间间隔区间的时长依次记为 $\Delta t_1 = t_1 - t_0$，$\Delta t_2 = t_2 - t_1$，$\cdots$，$\Delta t_n = t_n - t_{n-1}$.

（2）近似代替：在每个小时间间隔区间中任取一个时刻 $\xi_i (t_{i-1} \leqslant \xi_i \leqslant t_i)$，以 ξ_i 时刻的速度 $v(\xi_i)$ 近似代替质点在$[t_{i-1}, t_i]$上各个时刻的速度，于是得质点在$[t_{i-1}, t_i]$这段时间内所经过的路程的近似值，即

$$\Delta S_i \approx v(\xi_i)\Delta t_i \quad (i=1,\ 2,\ \cdots,\ n)$$

（3）求和：用 n 段部分路程的近似值之和近似代替变速直线运动的路程 S，即

$$S \approx v(\xi_1)\Delta t_1 + v(\xi_2)\Delta t_2 + \cdots + v(\xi_n)\Delta t_n = \sum_{i=1}^{n} v(\xi_i)\Delta t_i$$

（4）取极限：记 $\lambda = \max\limits_{1\leqslant i\leqslant n}\{\Delta t_i\}$，当 $\lambda\to0$ 时，取上式右端的极限就得到变速直线运动的路程 S 的精确值，即

$$S = \lim_{\lambda\to0}\sum_{i=1}^{n} v(\xi_i)\Delta t_i$$

用类似的方法还可以求诸如产品的总成本、交流电路的能量等实际中的应用问题．抽去这些问题的实际意义，对其本质与特性加以抽象与概括，我们给出定积分的定义：

5.1.2 定积分的定义

定义 设函数 $f(x)$ 在 $[a,b]$ 上有界，做以下步骤：

（1）分割：在 $[a,b]$ 中任意插入 $n-1$ 个分点，使 $a=x_0<x_1<x_2<\cdots<x_{n-1}<x_n=b$；把 $[a,b]$ 分成 n 个小区间 $[x_{i-1},\ x_i]$，并记每个小区间的长度为：$\Delta x_i=x_i-x_{i-1}$，$i=1$，2，$\cdots$，n．

（2）近似代替：在每个小区间 $[x_{i-1},\ x_i]$ 上任取一点 ξ_i，作乘积：$f(\xi_i)\Delta x_i$，$i=1$，2，$\cdots$，n．

（3）求和：$\sum\limits_{i=1}^{n} f(\xi_i)\Delta x_i$．

（4）取极限：记 $\lambda = \max\limits_{1\leqslant i\leqslant n}\{\Delta x_i\}$，取极限：$\lim\limits_{\lambda\to0}\sum\limits_{i=1}^{n} f(\xi_i)\Delta x_i$．

如果对 $[a,b]$ 任意分割，ξ_i 在 $[x_{i-1},\ x_i]$ 上任意选取，极限 $\lim\limits_{\lambda\to0}\sum\limits_{i=1}^{n} f(\xi_i)\Delta x_i$ 都存在，则称此极限值为 $f(x)$ 在 $[a,b]$ 上的定积分，记作 $\int_a^b f(x)\mathrm{d}x$，即

$$\int_a^b f(x)\mathrm{d}x = \lim_{\lambda\to0}\sum_{i=1}^{n} f(\xi_i)\Delta x_i$$

其中 $f(x)$ 称为被积函数，$f(x)\mathrm{d}x$ 称为被积表达式，x 称为积分变量，a 称为积分下限，b 称为积分上限，$[a,b]$ 称为积分区间．

根据定积分的定义，前面所举的例子可以用定积分表述如下：

（1）曲线 $y=f(x)$（$f(x)\geqslant0$）和直线 $x=a$、$x=b$、$y=0$ 所围图形的面积

$$A = \int_a^b f(x)\mathrm{d}x$$

（2）质点以速度 $v=v(t)$ 作直线运动，从时刻 T_1 到时刻 T_2 所通过的路程为

$$S = \int_{T_1}^{T_2} v(t)\,\mathrm{d}t$$

关于定积分，我们强调说明以下几点：

(1) 定积分与不定积分是两个截然不同的概念. 定积分是一个数值，它与被积函数 $f(x)$ 及积分区间 $[a, b]$ 有关，而与积分变量取什么字母无关，因此，有

$$\int_a^b f(x)\,\mathrm{d}x = \int_a^b f(t)\,\mathrm{d}t = \int_a^b f(u)\,\mathrm{d}u$$

(2) 当 $a = b$ 时，规定

$$\int_a^a f(x)\,\mathrm{d}x = 0$$

(3) 当 $a > b$ 时，规定

$$\int_a^b f(x)\,\mathrm{d}x = -\int_b^a f(x)\,\mathrm{d}x$$

5.1.3　定积分的几何意义

由引例 1 可知，在闭区间 $[a, b]$ 上，如果 $f(x) \geqslant 0$，则 $\int_a^b f(x)\,\mathrm{d}x$ 表示曲线 $y = f(x)$ 和直线 $x = a$、$x = b$、$y = 0$ 所围成的曲边梯形的面积；当 $f(x) \leqslant 0$ 时，则 $\int_a^b f(x)\,\mathrm{d}x$ 表示由曲线 $y = f(x)$ 和直线 $x = a$、$x = b$、$y = 0$ 所围成的图形的面积的负值；在闭区间 $[a, b]$ 上，如果 $f(x)$ 既取得正值又取得负值时，$\int_a^b f(x)\,\mathrm{d}x$ 表示介于 x 轴和函数 $f(x)$ 的图形及直线 $x = a$、$x = b$ 之间的各部分图形的面积的代数和，其中在 x 轴上方的部分图形的面积规定为正，x 轴下方的面积规定为负，见图 5-3. 即

$$\int_a^b f(x)\,\mathrm{d}x = A_1 - A_2 + A_3$$

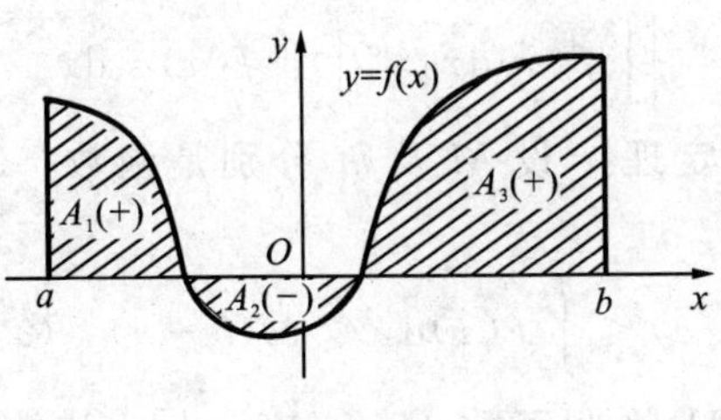

图 5-3

5.1.4　定积分的性质

在给出定积分性质前，均认定所讨论的函数 $f(x)$、$g(x)$ 在指定区间上可积. 关于函数

$f(x)$ 的可积性，我们有如下定理：

定理 若函数 $f(x)$ 在区间 $[a,b]$ 上连续或只有有限个第一类间断点，则 $f(x)$ 在区间 $[a,b]$ 上可积.

由上述定理可知，一切初等函数在其定义域内都是可积的.

由定积分的定义知，定积分是一个和式的极限. 因此，由极限的运算法则容易推出以下一些关于定积分的简单性质.

性质 1 两个函数的和(差)的积分等于两函数积分的和(差)，即

$$\int_a^b [f(x) \pm g(x)]\mathrm{d}x = \int_a^b f(x)\mathrm{d}x \pm \int_a^b g(x)\mathrm{d}x$$

该性质对于任意有限个函数也成立.

性质 2 被积函数的常数因子可以提到积分号外面，即

$$\int_a^b kf(x)\mathrm{d}x = k\int_a^b f(x)\mathrm{d}x \quad (k \text{ 为常数})$$

性质 3 定积分的积分区间具有可加性，即

$$\int_a^b f(x)\mathrm{d}x = \int_a^c f(x)\mathrm{d}x + \int_c^b f(x)\mathrm{d}x$$

当 c 介于 a,b 之间，或不介于 a,b 之间时，上式都成立.

性质 4 如果在 $[a,b]$ 上，$f(x) \equiv 1$，则

$$\int_a^b 1\mathrm{d}x = \int_a^b \mathrm{d}x = b - a$$

性质 5 如果在 $[a,b]$ 上，$f(x) \geqslant 0$，则

$$\int_a^b f(x)\mathrm{d}x \geqslant 0 \quad (a < b)$$

推论 1 如果在 $[a,b]$ 上，$f(x) \leqslant g(x)$，则

$$\int_a^b f(x)\mathrm{d}x \leqslant \int_a^b g(x)\mathrm{d}x$$

推论 2

$$\left| \int_a^b f(x)\mathrm{d}x \right| \leqslant \int_a^b | f(x) | \mathrm{d}x$$

性质 6(定积分的估值定理) 设 M 及 m 分别是函数 $f(x)$ 在 $[a,b]$ 的最大值及最小值，则

$$m(b-a) \leqslant \int_a^b f(x)\mathrm{d}x \leqslant M(b-a) \quad (a < b)$$

性质 7(定积分中值定理) 如果函数 $f(x)$ 在 $[a,b]$ 上连续，则在 $[a,b]$ 上至少存在一点 ξ，使

$$\int_a^b f(x)\mathrm{d}x = f(\xi)(b-a) \quad (a \leqslant \xi \leqslant b)$$

性质 7 的几何解释为：在区间 $[a,b]$ 上至少存在一点 ξ，使得以 $[a,b]$ 为底边，以曲线

$y = f(x)$ 为曲边的曲边梯形的面积等于同一底边、而高为 $f(\xi)$ 的一个矩形的面积，如图 5-4 所示.

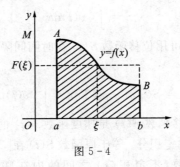

图 5-4

例 1　估计积分值 $\int_1^2 x^4 \, dx$ 的大小.

解　令 $f(x) = x^4$，因 $x \in [1, 2]$，则 $f'(x) = 4x^3 > 0$，所以 $f(x)$ 在 $[1, 2]$ 上单调增加，$f(x)$ 在 $[1, 2]$ 上的最小值 $m = f(1) = 1$，最大值 $M = f(2) = 16$. 所以有

$$1 \cdot (2 - 1) \leqslant \int_1^2 x^4 \, dx \leqslant 16 \cdot (2 - 1)$$

即

$$1 \leqslant \int_1^2 x^4 \, dx \leqslant 16$$

例 2　比较 $\int_0^1 e^x \, dx$ 与 $\int_0^1 (1 + x) \, dx$ 的大小.

解　令 $f(x) = e^x - (1 + x)$，因 $x \in [0, 1]$，则 $f'(x) = e^x - 1 \geqslant 0$（仅当 $x = 0$ 时等号成立），所以 $f(x)$ 在 $[0, 1]$ 上单调递增，即 $x > 0$ 时，$f(x) > f(0) = 0$，故在 $(0, 1)$ 内 $e^x > 1 + x$，所以

$$\int_0^1 e^x \, dx > \int_0^1 (1 + x) \, dx$$

习题 5-1

利用定积分的几何意义，求下列定积分：

(1) $\int_0^2 2x \, dx$　　　　(2) $\int_{-\pi}^{\pi} \sin x \, dx$　　　　(3) $\int_0^2 \sqrt{4 - x^2} \, dx$

5.2　牛顿-莱布尼茨公式

上一节我们介绍了定积分的概念与基本性质，但是如果应用定积分的定义，即通过计

算和式的极限来求定积分,难度非常大. 这就需要通过其他途径解决定积分的计算问题.

我们知道,物体以变速 $v(t)$ 作直线运动时,它在时间间隔 $[T_1, T_2]$ 上所经过的路程为

$$S = \int_{T_1}^{T_2} v(t) \mathrm{d}t$$

从另一角度来说,路程 S 可用位移函数 $S(t)$ 在时间间隔 $[T_1, T_2]$ 上的改变量来表示,即

$$S = S(T_2) - S(T_1) = \int_{T_1}^{T_2} v(t) \mathrm{d}t$$

由于 $S'(t) = v(t)$,即位移函数 $S(t)$ 是速度函数 $v(t)$ 的一个原函数,所以上式说明:速度函数 $v(t)$ 在 $[T_1, T_2]$ 上的定积分,等于原函数 $S(t)$ 在 $[T_1, T_2]$ 上的改变量. 这个实例使我们看到了定积分与原函数(不定积分)之间的内在联系. 对于一般函数 $f(x)$,设 $F'(x) = f(x)$,是否也有 $\int_a^b f(x) \mathrm{d}x = F(b) - F(a)$ 呢?回答一般是肯定的.

5.2.1 微积分基本公式

定理 1 如果函数 $F(x)$ 是 $[a, b]$ 上的连续函数 $f(x)$ 的任意一个原函数,则

$$\int_a^b f(x) \mathrm{d}x = F(x) \Big|_a^b = F(b) - F(a)$$

这个公式揭示了定积分与被积函数的原函数即不定积分之间的关系,它给定积分的计算提供了有效而简单的方法. 上述公式也称为牛顿－莱布尼茨公式. 它揭示了定积分与不定积分之间的内在联系,把定积分的计算问题转化成求原函数的问题,是联系微分学与积分学的桥梁,在微积分学中具有极其重要的意义.

例 1 计算 $\int_0^1 x^2 \mathrm{d}x$.

解 由于 $\dfrac{1}{3} x^3$ 是 x^2 的一个原函数,所以根据牛顿-莱布尼茨公式,有

$$\int_0^1 x^2 \mathrm{d}x = \frac{1}{3} x^3 \Big|_0^1 = \frac{1}{3} \cdot 1^3 - \frac{1}{3} \cdot 0^3 = \frac{1}{3}$$

例 2 计算 $\int_0^{\frac{\pi}{4}} \cos x \, \mathrm{d}x$.

解 $\sin x$ 是 $\cos x$ 的一个原函数,根据牛顿－莱布尼茨公式,有

$$\int_0^{\frac{\pi}{4}} \cos x \, \mathrm{d}x = \sin x \Big|_0^{\frac{\pi}{4}} = \sin \frac{\pi}{4} - \sin 0 = \frac{\sqrt{2}}{2}$$

例 3 计算 $\int_{-1}^{\sqrt{3}} \dfrac{12}{1 + x^2} \mathrm{d}x$.

解 $\int_{-1}^{\sqrt{3}} \dfrac{12}{1 + x^2} \mathrm{d}x = 12 \arctan x \Big|_{-1}^{\sqrt{3}} = 12 [\arctan \sqrt{3} - \arctan(-1)] = 7\pi$

5.2.2　变上限的定积分

设函数 $f(x)$ 在区间 $[a, b]$ 上连续，x 为区间 $[a, b]$ 上的任意一点，则 $f(x)$ 在 $[a, x]$ 上连续，因此，定积分 $\int_a^x f(x)\mathrm{d}x$ 存在，但是它的值随上限 x 的变化而变化. 称此积分为变上限的定积分，也称为积分上限函数，记为 $\Phi(x)$，即

$$\Phi(x) = \int_a^x f(x)\mathrm{d}x$$

这里定积分的上限是 x，而积分变量也是 x，由于定积分与积分变量所用字母无关，为了避免混淆起见，我们将积分变量换成 t，于是写成

$$\Phi(x) = \int_a^x f(t)\mathrm{d}t \quad (a \leqslant x \leqslant b)$$

从几何上看，$\Phi(x) = \int_a^x f(t)\mathrm{d}t$ 表示区间 $[a, x]$ 上曲边梯形的面积，如图 5-5 所示.

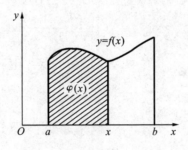

图 5-5

积分上限函数 $\Phi(x)$ 具有下面的重要性质：

定理 2　如果函数 $y = f(x)$ 在区间 $[a, b]$ 上连续，则积分上限函数 $\Phi(x) = \int_a^x f(t)\mathrm{d}t$ 是 $f(x)$ 在 $[a, b]$ 上的一个原函数，即

$$\Phi'(x) = \frac{\mathrm{d}}{\mathrm{d}x}\int_a^x f(t)\mathrm{d}t = f(x)(a \leqslant x \leqslant b)$$

推论　设 $f(x)$ 在 $[a, b]$ 上连续，$\varphi(x)$ 在 $[a, b]$ 上可导，则

$$\frac{\mathrm{d}}{\mathrm{d}x}\int_a^{\varphi(x)} f(t)\mathrm{d}t = f[\varphi(x)]\varphi'(x)$$

定理 2 说明了连续函数一定存在原函数，它揭示了定积分与原函数之间的联系，从而才有可能利用原函数来计算定积分.

例 4　求 $\dfrac{\mathrm{d}}{\mathrm{d}x}\int_1^x \mathrm{e}^t \sin t\,\mathrm{d}t$.

解
$$\frac{\mathrm{d}}{\mathrm{d}x}\int_1^x \mathrm{e}^t \sin t\,\mathrm{d}t = \mathrm{e}^x \sin x$$

例 5 求 $\dfrac{\mathrm{d}}{\mathrm{d}x}\displaystyle\int_x^0 \ln(1+t^2)\,\mathrm{d}t$.

解
$$\frac{\mathrm{d}}{\mathrm{d}x}\int_x^0 \ln(1+t^2)\,\mathrm{d}t = -\frac{\mathrm{d}}{\mathrm{d}x}\int_0^x \ln(1+t^2)\,\mathrm{d}t = -\ln(1+x^2)$$

例 6 设 $\varphi(x) = \displaystyle\int_0^{\sqrt{x}} \sin t^2\,\mathrm{d}t$，求 $\varphi'(x)$.

解
$$\varphi'(x) = \frac{\mathrm{d}}{\mathrm{d}x}\left(\int_0^{\sqrt{x}} \sin t^2\,\mathrm{d}t\right) = \sin(\sqrt{x})^2 \cdot (\sqrt{x})' = \frac{1}{2\sqrt{x}}\sin x$$

习题 5−2

1. 计算下列定积分：

(1) $\displaystyle\int_1^2 x^3\,\mathrm{d}x$

(2) $\displaystyle\int_{\frac{\sqrt{3}}{3}}^{\sqrt{3}} \frac{1}{1+x^2}\,\mathrm{d}x$

(3) $\displaystyle\int_0^2 \sqrt{x}\,x^3\,\mathrm{d}x$

(4) $\displaystyle\int_1^3 \left(1+\frac{1}{x^2}\right)\,\mathrm{d}x$

2. 计算下列定积分：

(1) $\displaystyle\int_{-2}^1 |x|\,\mathrm{d}x$

(2) $\displaystyle\int_0^{2\pi} |\sin x|\,\mathrm{d}x$

5.3 定积分的计算方法

5.3.1 定积分的换元积分法

定理 设函数 $f(x)$ 在区间 $[a,b]$ 上连续，而 $x=\varphi(t)$ 满足：

(1) 函数 $x=\varphi(t)$ 在区间 $[\alpha,\beta]$ 上是单值的，且有连续导数；

(2) 当 $\alpha \leqslant t \leqslant \beta$ 时，$\varphi(t)$ 满足：$a \leqslant \varphi(t) \leqslant b$，且 $\varphi(\alpha)=a$，$\varphi(\beta)=b$，则

$$\int_a^b f(x)\,\mathrm{d}x = \int_\alpha^\beta f[\varphi(t)]\varphi'(t)\,\mathrm{d}t$$

上式称为定积分的换元积分公式. 由此定理可知，通过变换 $x=\varphi(t)$ 把原来的积分变量 x 换成新变量 t 时，在求出原函数后可以不必像计算不定积分那样把它变回原变量 x 的函数，只要根据 $x=\varphi(t)$，相应变动积分上下限即可，即换元就要换限.

例 1 求定积分 $\displaystyle\int_0^8 \frac{\mathrm{d}x}{1+\sqrt[3]{x}}$.

解 令 $\sqrt[3]{x} = t$，$x = t^3$，则 $dx = 3t^2 dt$，且 $x = 0$ 时，$t = 0$；$x = 8$ 时，$t = 2$，于是

$$\int_0^8 \frac{dx}{1 + \sqrt[3]{x}} = \int_0^2 \frac{3t^2 dt}{1 + t} = 3\left[\frac{1}{2}t^2 - t + \ln(1 + t)\right]\Big|_0^2 = 3\ln 3$$

例 2 计算 $\int_0^a \sqrt{a^2 - x^2}\, dx\,(a > 0)$.

解 设 $x = a\sin t$，则 $dx = a\cos t\, dt$，当 $x = 0$ 时，$t = 0$；$x = a$ 时，$t = \frac{\pi}{2}$，于是

$$\int_0^a \sqrt{a^2 - x^2}\, dx = \int_0^{\frac{\pi}{2}} \sqrt{a^2 - a^2\sin^2 t}\, a\cos t\, dt = a^2 \int_0^{\frac{\pi}{2}} \cos^2 t\, dt$$

$$= \left[\frac{1}{2}a^2\left(t + \frac{1}{2}\sin 2t\right)\right]\Big|_0^{\frac{\pi}{2}} = \frac{1}{4}\pi a^2$$

例 3 计算 $\int_0^{\frac{\pi}{2}} \cos^5 x \sin x\, dx$.

解 设 $t = \cos x$，则 $dt = -\sin x\, dx$，当 $x = 0$ 时，$t = 1$；当 $x = \frac{\pi}{2}$ 时，$t = 0$. 于是

$$\int_0^{\frac{\pi}{2}} \cos^5 x \sin x\, dx = -\int_1^0 t^5\, dt = \int_0^1 t^5\, dt = \frac{t^6}{6}\Big|_0^1 = \frac{1}{6}$$

在例 3 中，如果我们不明显地写出新变量 t，那么，定积分的上、下限就不要改变.

$$\int_0^{\frac{\pi}{2}} \cos^5 x \sin x\, dx = -\int_0^{\frac{\pi}{2}} \cos^5 x\, d(\cos x) = -\frac{\cos^6 x}{6}\Big|_0^{\frac{\pi}{2}} = -\left(0 - \frac{1}{6}\right) = \frac{1}{6}$$

即定积分使用凑微分法时可以不用换积分限，这样做定积分的计算会更简洁些.

例 4 试证：若 $f(x)$ 在对称区间 $[-a, a]$ 上连续，则

(1) 当 $f(x)$ 为奇函数时，$\int_{-a}^a f(x)\, dx = 0$；

(2) 当 $f(x)$ 为偶函数时，$\int_{-a}^a f(x)\, dx = 2\int_0^a f(x)\, dx$.

证 因为

$$\int_{-a}^a f(x)\, dx = \int_{-a}^0 f(x)\, dx + \int_0^a f(x)\, dx$$

对积分式 $\int_{-a}^0 f(x)\, dx$ 作变换 $x = -t$，则有

$$\int_{-a}^0 f(x)\, dx = -\int_a^0 f(-t)\, dt = \int_0^a f(-x)\, dx$$

从而

$$\int_{-a}^a f(x)\, dx = \int_0^a [f(-x) + f(x)]\, dx$$

(1) 若 $f(x)$ 为奇函数，即 $f(-x) = -f(x)$，从而有

$$\int_{-a}^{a} f(x)\,dx = \int_{0}^{a} [f(-x) + f(x)]\,dx = 0$$

(2) 若 $f(x)$ 为偶函数，即 $f(-x) = f(x)$，从而有

$$\int_{-a}^{a} f(x)\,dx = \int_{0}^{a} [f(-x) + f(x)]\,dx = 2\int_{0}^{a} f(x)\,dx$$

例 5 计算 (1) $\displaystyle\int_{-\frac{\pi}{2}}^{\frac{\pi}{2}} \frac{x + \cos x}{1 + \sin^2 x}\,dx$；(2) $\displaystyle\int_{0}^{\pi} \frac{x \sin x}{1 + \cos^2 x}\,dx$.

解 (1) $\displaystyle\int_{-\frac{\pi}{2}}^{\frac{\pi}{2}} \frac{x + \cos x}{1 + \sin^2 x}\,dx = \int_{-\frac{\pi}{2}}^{\frac{\pi}{2}} \frac{x}{1 + \sin^2 x}\,dx + \int_{-\frac{\pi}{2}}^{\frac{\pi}{2}} \frac{\cos x}{1 + \sin^2 x}\,dx$

$$= 0 + 2\int_{0}^{\frac{\pi}{2}} \frac{\cos x}{1 + \sin^2 x}\,dx$$

$$= 2[\arctan(\sin x)]\Big|_{0}^{\frac{\pi}{2}} = \frac{\pi}{2}$$

(2) $\displaystyle\int_{0}^{\pi} \frac{x \sin x}{1 + \cos^2 x}\,dx = \int_{0}^{\frac{\pi}{2}} \frac{x \sin x}{1 + \cos^2 x}\,dx + \int_{\frac{\pi}{2}}^{\pi} \frac{x \sin x}{1 + \cos^2 x}\,dx$

在等式右边第二积分式中作变换 $x = \pi - t$，有

$$\int_{\frac{\pi}{2}}^{\pi} \frac{x \sin x}{1 + \cos^2 x}\,dx = -\int_{\frac{\pi}{2}}^{0} \frac{(\pi - t)\sin t}{1 + \cos^2 t}\,dt = \int_{0}^{\frac{\pi}{2}} \frac{(\pi - x)\sin x}{1 + \cos^2 x}\,dx$$

于是

$$\int_{0}^{\pi} \frac{x \sin x}{1 + \cos^2 x}\,dx = \pi \int_{0}^{\frac{\pi}{2}} \frac{\sin x}{1 + \cos^2 x}\,dx = -\pi \arctan(\cos x)\Big|_{0}^{\frac{\pi}{2}} = \frac{\pi^2}{4}$$

5.3.2 定积分的分部积分法

如果函数 $u = u(x)$ 和 $v = v(x)$ 在区间 $[a, b]$ 上具有连续导数，则
$$(uv)' = u'v + uv'$$

即

$$uv' = (uv)' - u'v$$

上式两边取 x 由 a 到 b 的定积分，得

$$\int_{a}^{b} uv'\,dx = \int_{a}^{b} (uv)'\,dx - \int_{a}^{b} u'v\,dx$$

即

$$\int_{a}^{b} u\,dv = uv\Big|_{a}^{b} - \int_{a}^{b} v\,du$$

这就是定积分的分部积分公式. 式中，$u(x)$、$v(x)$ 的选择原则与不定积分相同.

例 6 计算 $\displaystyle\int_{1}^{e} \ln x\,dx$.

解　令 $u = \ln x$, $v = x$, $\mathrm{d}u = \dfrac{1}{x}\mathrm{d}x$, 则

$$\int_1^{\mathrm{e}} \ln x\,\mathrm{d}x = x\ln x\,\Big|_1^{\mathrm{e}} - \int_1^{\mathrm{e}} x\,\frac{1}{x}\,\mathrm{d}x = \mathrm{e} - x\,\Big|_1^{\mathrm{e}} = 1$$

例 7　计算 $\displaystyle\int_0^{\pi} x^2 \cos x\,\mathrm{d}x$.

解　令 $u = x^2$, $\mathrm{d}v = \cos x\,\mathrm{d}x$, 则 $\mathrm{d}u = 2x\,\mathrm{d}x$, $v = \sin x$, 于是

$$\int_0^{\pi} x^2 \cos x\,\mathrm{d}x = \int_0^{\pi} x^2\,\mathrm{d}\sin x = (x^2 \sin x)\,\Big|_0^{\pi} - \int_0^{\pi} 2x \sin x\,\mathrm{d}x = -2\int_0^{\pi} x \sin x\,\mathrm{d}x$$

再次用分部积分公式，得

$$\int_0^{\pi} x^2 \cos x\,\mathrm{d}x = 2\int_0^{\pi} x\,\mathrm{d}(\cos x) = 2\left[(x\cos x)\,\Big|_0^{\pi} - \int_0^{\pi} \cos x\,\mathrm{d}x\right]$$

$$= 2\left[(x\cos x)\,\big|_0^{\pi} - \sin x\,\big|_0^{\pi}\right] = -2\pi$$

例 8　计算 $\displaystyle\int_0^{\frac{1}{2}} \arcsin x\,\mathrm{d}x$.

解
$$\int_0^{\frac{1}{2}} \arcsin x\,\mathrm{d}x = (x\arcsin x)\,\Big|_0^{\frac{1}{2}} - \int_0^{\frac{1}{2}} x\,\mathrm{d}(\arcsin x)$$

$$= \frac{1}{2} \cdot \frac{\pi}{6} - \int_0^{\frac{1}{2}} \frac{x}{\sqrt{1-x^2}}\,\mathrm{d}x = \frac{\pi}{12} + \frac{1}{2}\int_0^{\frac{1}{2}} (1-x^2)^{-\frac{1}{2}}\,\mathrm{d}(1-x^2)$$

$$= \frac{\pi}{12} + \sqrt{1-x^2}\,\Big|_0^{\frac{1}{2}} = \frac{\pi}{12} + \frac{\sqrt{3}}{2} - 1$$

从上面几个例题可知：定积分的分部积分法与不定积分的分部积分法基本相同，只是在积分过程中，每一步都应写上积分限.

习题 5 - 3

计算下列定积分：

(1) $\displaystyle\int_0^4 \frac{1}{1+\sqrt{x}}\,\mathrm{d}x$

(2) $\displaystyle\int_1^5 \frac{\sqrt{x-1}}{x}\,\mathrm{d}x$

(3) $\displaystyle\int_0^1 \sqrt{4-x^2}\,\mathrm{d}x$

(4) $\displaystyle\int_1^{\mathrm{e}} x\ln x\,\mathrm{d}x$

(5) $\displaystyle\int_0^1 x\mathrm{e}^{-x}\,\mathrm{d}x$

(6) $\displaystyle\int_0^{\frac{\pi}{2}} x\sin x\,\mathrm{d}x$

5.4　广　义　积　分

定积分存在有两个必要条件，即积分区间有限与被积函数有界. 但在实际问题中，经

常遇到积分区间无限或被积函数无界等情形的积分，这类积分被称为广义积分.

5.4.1 无限区间上的广义积分

定义1 设函数 $f(x)$ 在 $[a,+\infty)$ 上连续，取 $t>a$，极限 $\lim\limits_{t\to+\infty}\int_a^t f(x)\mathrm{d}x$ 称为 $f(x)$ 在 $[a,+\infty)$ 上的广义积分，记作 $\int_a^{+\infty} f(x)\mathrm{d}x = \lim\limits_{t\to+\infty}\int_a^t f(x)\mathrm{d}x$；当极限 $\lim\limits_{t\to+\infty}\int_a^t f(x)\mathrm{d}x$ 存在时称广义积分 $\int_a^{+\infty} f(x)\mathrm{d}x$ 收敛，否则称广义积分 $\int_a^{+\infty} f(x)\mathrm{d}x$ 发散.

类似地，可以定义无穷区间 $(-\infty,b]$ 上的广义积分和 $(-\infty,+\infty)$ 上的广义积分.

$$\int_{-\infty}^{b} f(x)\mathrm{d}x = \lim\limits_{t\to-\infty}\int_t^b f(x)\mathrm{d}x$$

$$\int_{-\infty}^{+\infty} f(x)\mathrm{d}x = \int_{-\infty}^{c} f(x)\mathrm{d}x + \int_{c}^{+\infty} f(x)\mathrm{d}x$$

其中 c 为任意实数，此时，$\int_{-\infty}^{c} f(x)\mathrm{d}x$ 与 $\int_{c}^{+\infty} f(x)\mathrm{d}x$ 都收敛时，$\int_{-\infty}^{+\infty} f(x)\mathrm{d}x$ 才收敛.

由牛顿－莱布尼兹公式，若 $F(x)$ 是 $f(x)$ 在 $[a,+\infty)$ 上的一个原函数，且 $\lim\limits_{x\to+\infty}F(x)$ 存在，则广义积分

$$\int_a^{+\infty} f(x)\mathrm{d}x = \lim\limits_{x\to+\infty}F(x) - F(a)$$

为了书写方便，当 $\lim\limits_{x\to+\infty}F(x)$ 存在时，常记 $F(+\infty) = \lim\limits_{x\to+\infty}F(x)$，即

$$\int_a^{+\infty} f(x)\mathrm{d}x = F(x)\Big|_a^{+\infty} = F(+\infty) - F(a)$$

另外两种类型的广义积分收敛时也可类似地记为

$$\int_{-\infty}^{b} f(x)\mathrm{d}x = F(x)\Big|_{-\infty}^{b} = F(b) - F(-\infty)$$

$$\int_{-\infty}^{+\infty} f(x)\mathrm{d}x = F(x)\Big|_{-\infty}^{+\infty} = F(+\infty) - F(-\infty)$$

注意：当 $F(+\infty)$ 和 $F(-\infty)$ 有一个不存在时，广义积分 $\int_{-\infty}^{+\infty} f(x)\mathrm{d}x$ 发散.

上述广义积分统称为积分区间为无穷的广义积分，也简称无穷限积分.

例1 计算无穷限积分 $\int_0^{+\infty} \mathrm{e}^{-x}\mathrm{d}x$.

解 $\int_0^{+\infty} \mathrm{e}^{-x}\mathrm{d}x = \lim\limits_{t\to+\infty}\int_0^t \mathrm{e}^{-x}\mathrm{d}x = \lim\limits_{t\to+\infty}(-\mathrm{e}^{-x})\Big|_0^t = \lim\limits_{t\to+\infty}(-\mathrm{e}^{-t}+1) = 1$

此积分在几何上表示在区间 $[0,+\infty)$ 上，e^{-x} 曲线和 x 轴之间图形的面积，如图 $5-6$ 所示.

例 2　计算 $\displaystyle\int_{-\infty}^{+\infty}\frac{1}{1+x^2}\mathrm{d}x$.

解　$\displaystyle\int_{-\infty}^{+\infty}\frac{1}{1+x^2}\mathrm{d}x=\arctan x\Big|_{-\infty}^{+\infty}=\frac{\pi}{2}-\left(-\frac{\pi}{2}\right)=\pi$

例 3　证明广义积分 $\displaystyle\int_{1}^{+\infty}\frac{\mathrm{d}x}{x^p}$ 当 $p>1$ 时收敛，当

$p\leqslant 1$ 时发散.

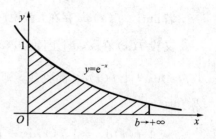

图 5-6

证　当 $p=1$ 时，

$$\int_{1}^{+\infty}\frac{1}{x^p}\mathrm{d}x=\int_{1}^{+\infty}\frac{1}{x}\mathrm{d}x=(\ln x)\Big|_{1}^{+\infty}=+\infty$$

当 $p\neq 1$ 时，

$$\int_{1}^{+\infty}\frac{1}{x^p}\mathrm{d}x=\left(\frac{x^{1-p}}{1-p}\right)\Big|_{1}^{+\infty}=\begin{cases}+\infty,\ p<1\\[2mm]\dfrac{1}{p-1},\ p>1\end{cases}$$

因此，当 $p>1$ 时，该广义积分收敛，其值为 $\dfrac{1}{p-1}$；当 $p\leqslant 1$ 时，该广义积分发散.

例 4　试讨论广义积分 $\displaystyle\int_{0}^{+\infty}x\sin x\,\mathrm{d}x$ 的敛散性.

解　因为

$$\lim_{t\to+\infty}\int_{0}^{t}x\sin x\,\mathrm{d}x=\lim_{t\to+\infty}\int_{0}^{t}x\mathrm{d}(-\cos x)=\lim_{t\to+\infty}(-x\cos x+\sin x)\Big|_{0}^{t}$$
$$=\lim_{t\to+\infty}(-t\cos t+\sin t)$$

上述极限不存在，所以 $\displaystyle\int_{0}^{+\infty}x\sin x\,\mathrm{d}x$ 发散.

5.4.2　无界函数的广义积分

定义 2　设函数 $f(x)$ 在 $(a,b]$ 上连续，而 $\lim\limits_{x\to a+0}f(x)=\infty$. 取 $\varepsilon>0$，$\lim\limits_{\varepsilon\to 0^+}\displaystyle\int_{a+\varepsilon}^{b}f(x)\mathrm{d}x$ 叫做函数 $f(x)$ 在 $(a,b]$ 上的广义积分，记作

$$\int_{a}^{b}f(x)\mathrm{d}x=\lim_{\varepsilon\to 0^+}\int_{a+\varepsilon}^{b}f(x)\mathrm{d}x$$

当 $\lim\limits_{\varepsilon\to 0^+}\displaystyle\int_{a+\varepsilon}^{b}f(x)\mathrm{d}x$ 存在时称广义积分 $\displaystyle\int_{a}^{b}f(x)\mathrm{d}x$ 收敛，否则，就说 $\displaystyle\int_{a}^{b}f(x)\mathrm{d}x$ 发散.

类似地，设 $f(x)$ 在 $[a,b)$ 上连续，而 $\lim\limits_{x\to b-0}f(x)=\infty$，取 $\varepsilon>0$，$\lim\limits_{\varepsilon\to 0^+}\displaystyle\int_{a}^{b-\varepsilon}f(x)\mathrm{d}x$ 叫做函数 $f(x)$ 在 $[a,b)$ 上的广义积分，记作

$$\int_{a}^{b}f(x)\mathrm{d}x=\lim_{\varepsilon\to 0^+}\int_{a}^{b-\varepsilon}f(x)\mathrm{d}x$$

若 $\lim\limits_{\varepsilon \to 0^+} \int_a^{b-\varepsilon} f(x)\mathrm{d}x$ 存在，就说广义积分 $\int_a^b f(x)\mathrm{d}x$ 收敛，否则，就说 $\int_a^b f(x)\mathrm{d}x$ 发散.

又设 $f(x)$ 在 $[a,b]$ 上除点 $c(a < c < b)$ 外连续，而 $\lim\limits_{x \to c} f(x) = \infty$. 如果两个广义积分 $\int_a^c f(x)\mathrm{d}x$ 与 $\int_c^b f(x)\mathrm{d}x$ 都收敛，则称上述两积分之和为函数 $f(x)$ 在 $[a,b]$ 上的广义积分，即

$$\int_a^b f(x)\mathrm{d}x = \int_a^c f(x)\mathrm{d}x + \int_c^b f(x)\mathrm{d}x = \lim_{\varepsilon_1 \to 0^+} \int_a^{c-\varepsilon_1} f(x)\mathrm{d}x + \lim_{\varepsilon_2 \to 0^+} \int_{c+\varepsilon_2}^b f(x)\mathrm{d}x$$

这时称广义积分收敛；否则，就说广义积分 $\int_a^b f(x)\mathrm{d}x$ 发散.

例 5　计算广义积分 $\int_0^a \dfrac{\mathrm{d}x}{\sqrt{a^2 - x^2}}(a > 0)$.

解　因为

$$\lim_{x \to a-0} \frac{1}{\sqrt{a^2 - x^2}} = +\infty$$

所以 $x = a$ 为被积函数的无穷间断点，于是

$$\int_0^a \frac{\mathrm{d}x}{\sqrt{a^2 - x^2}} = \lim_{\varepsilon \to 0^+} \int_0^{a-\varepsilon} \frac{\mathrm{d}x}{\sqrt{a^2 - x^2}}$$

$$= \lim_{\varepsilon \to 0^+} \arcsin \frac{a - \varepsilon}{a} - \arcsin 0$$

$$= \arcsin 1 = \frac{\pi}{2}$$

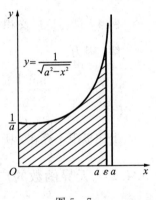

图 5 - 7

这个广义积分值在几何上表示位于曲线 $y = \dfrac{1}{\sqrt{a^2 - x^2}}$ 之下，x 轴之上，直线 $x = 0$ 与 $x = a$ 之间的图形面积，如图 5 - 7 所示.

例 6　讨论广义积分 $\int_{-1}^1 \dfrac{1}{x^2}\mathrm{d}x$ 的敛散性.

解　因为被积函数 $f(x) = \dfrac{1}{x^2}$ 在积分区间 $[-1,1]$ 上除 $x = 0$ 外连续，且 $\lim\limits_{x \to 0} \dfrac{1}{x^2} = \infty$，所以 $x = 0$ 是被积函数的无穷间断点，于是

$$\int_{-1}^1 \frac{1}{x^2}\mathrm{d}x = \int_{-1}^0 \frac{1}{x^2}\mathrm{d}x + \int_0^1 \frac{1}{x^2}\mathrm{d}x$$

$$= \lim_{\varepsilon \to 0^+} \int_{-1}^{0-\varepsilon} \frac{1}{x^2}\mathrm{d}x + \lim_{\varepsilon \to 0^+} \int_{0+\varepsilon}^1 \frac{1}{x^2}\mathrm{d}x$$

由于

$$\lim_{\varepsilon\to 0^+}\int_{-1}^{0-\varepsilon}\frac{1}{x^2}dx=\lim_{\varepsilon\to 0^+}\left(-\frac{1}{x}\right)\Big|_{-1}^{-\varepsilon}=\lim_{\varepsilon\to 0^+}\left(\frac{1}{\varepsilon}-1\right)=+\infty$$

所以广义积分 $\int_{-1}^{0}\frac{1}{x^2}dx$ 发散，因而广义积分 $\int_{-1}^{1}\frac{1}{x^2}dx$ 也发散.

注意：若该题未注意到 $x=0$ 是无穷间断点，而直接利用定积分计算，有 $\int_{-1}^{1}\frac{1}{x^2}dx=$ $\left(-\frac{1}{x}\right)\Big|_{-1}^{1}=-1-1=-2$，则出现错误，故在积分计算中一定要注意检查被积函数在积分区间上是否有无穷间断点.

例 7 证明广义积分 $\int_{0}^{1}\frac{dx}{x^q}$ 当 $q<1$ 时收敛，当 $q\geqslant 1$ 时发散.

证 当 $q=1$ 时，

$$\int_{0}^{1}\frac{dx}{x^q}=\int_{0}^{1}\frac{1}{x}dx=\lim_{\varepsilon\to 0^+}\int_{\varepsilon}^{1}\frac{1}{x}dx=\lim_{\varepsilon\to 0^+}\ln x\Big|_{\varepsilon}^{1}=+\infty$$

当 $q\neq 1$ 时，

$$\int_{0}^{1}\frac{dx}{x^q}=\lim_{\varepsilon\to 0^+}\left(\frac{x^{1-q}}{1-q}\right)\Big|_{\varepsilon}^{1}=\begin{cases}\frac{1}{1-q}, & q<1\\ +\infty, & q>1\end{cases}$$

因此，当 $q<1$ 时，该广义积分收敛，其值为 $\frac{1}{1-q}$；当 $q\geqslant 1$ 时，该广义积分发散.

例 8 求广义积分 $\int_{0}^{+\infty}\frac{1}{\sqrt{x}}e^{-\sqrt{x}}dx$.

分析 广义积分 $\int_{0}^{+\infty}\frac{1}{\sqrt{x}}e^{-\sqrt{x}}dx$，它是一个定积分区间为无穷的广义积分，并且 $f(x)=\frac{1}{\sqrt{x}}e^{-\sqrt{x}}$ 除 0 点外，在积分区间上连续，且 $\lim_{x\to 0^+}\frac{1}{\sqrt{x}}e^{-\sqrt{x}}=\infty$，故广义积分既是无限区间的广义积分，又是无界函数的广义积分，因此本题要分成两种广义积分来计算.

解
$$\int_{0}^{+\infty}\frac{1}{\sqrt{x}}e^{-\sqrt{x}}dx=\int_{0}^{1}\frac{1}{\sqrt{x}}e^{-\sqrt{x}}dx+\int_{1}^{+\infty}\frac{1}{\sqrt{x}}e^{-\sqrt{x}}dx$$
$$=\lim_{\varepsilon\to 0^+}\int_{\varepsilon}^{1}\frac{1}{\sqrt{x}}e^{-\sqrt{x}}dx+\lim_{t\to\infty}\int_{1}^{t}\frac{1}{\sqrt{x}}e^{-\sqrt{x}}dx$$
$$=\lim_{\varepsilon\to 0^+}\int_{\varepsilon}^{1}(-2)e^{-\sqrt{x}}d(-\sqrt{x})+\lim_{t\to\infty}\int_{1}^{t}(-2)e^{-\sqrt{x}}d(-\sqrt{x})$$
$$=\lim_{\varepsilon\to 0^+}\left[(-2e^{-\sqrt{x}})\Big|_{\varepsilon}^{1}\right]+\lim_{t\to\infty}\left[(-2e^{-\sqrt{x}})\Big|_{1}^{t}\right]$$
$$=\lim_{\varepsilon\to 0^+}(-2e^{-1}+2e^{-\sqrt{\varepsilon}})+\lim_{t\to\infty}(-2e^{-\sqrt{t}}+2e^{-1})$$
$$=-2e^{-1}+2+0+2e^{-1}=2$$

该广义积分既是无限区间的广义积分，又是无界函数的广义积分，可简称为混合型的广义积分.

习题 5 - 4

计算下列广义积分，指出它们的敛散性：

(1) $\int_1^{+\infty} \dfrac{1}{x^4} \mathrm{d}x$ 　　　　(2) $\int_1^{+\infty} \dfrac{1}{\sqrt{x}} \mathrm{d}x$ 　　　　(3) $\int_2^{+\infty} \dfrac{1}{x\ln x} \mathrm{d}x$

(4) $\int_{-\infty}^{+\infty} \dfrac{1}{x^2+2x+2} \mathrm{d}x$ 　　(5) $\int_1^2 \dfrac{x}{\sqrt{x-1}} \mathrm{d}x$ 　　(6) $\int_0^2 \dfrac{1}{(1-x)^2} \mathrm{d}x$

5.5　定积分的应用

定积分的应用十分广泛，本节着重介绍定积分在几何与物理上的应用.

5.5.1　定积分的微元法

定积分的定义告诉我们，定积分是用极限的思想解决实际问题的，其基本方法是"分割、近似、求和、取极限". 即

(1) 分割：将所求量 F 的定义域 $[a,b]$ 任意分成 n 个小区间，即

$$a = x_0 < x_1 \cdots < x_n = b$$

(2) 近似：在每个小区间 $[x_{i-1}, x_i]$ 上任取一点 ξ_i，作为 F 在此小区间上的近似值，即

$$\Delta F_i \approx f(\xi_i)\Delta x_i \quad (i = 1, 2, \cdots, n)$$

(3) 求和：求出 F 在整个区间 $[a,b]$ 上的近似值

$$F = \sum_{i=1}^n \Delta F_i \approx \sum_{i=1}^n f(\xi_i)\Delta x_i$$

(4) 取极限：取 $\lambda = \max\limits_{1 \leqslant i \leqslant n}(\Delta x_i) \to 0$ 时的极限，得到 F 在 $[a,b]$ 上的精确值，即积分

$$F = \lim_{\lambda \to 0} \sum_{i=1}^n f(\xi_i)\Delta x_i = \int_a^b f(x)\mathrm{d}x$$

在上述四个步骤中，第二步最为关键，因为它直接决定了最后的积分表达式. 在实际的应用中，通常将上述四步简化为以下两步：

(1) 在 $[a,b]$ 上任取一个子区间 $[x, x+\mathrm{d}x]$，求出 F 在此区间上的部分量 ΔF_i 的近似值，称为 F 的元素，记为

$$\mathrm{d}F = f(x)\mathrm{d}x$$

(2) 将元素 $\mathrm{d}F$ 在 $[a,b]$ 上积分（无限累加），得

$$F = \int_a^b dF = \int_a^b f(x)dx$$

上述方法称为定积分的微元法. 利用微元法解决实际问题最主要的是准确求出元素表示式 $dF = f(x)dx$；一般地，根据具体问题的实际意义及数量关系，在局部 $[x, x+dx]$ 上，采取以"常量代替变量"、"均匀代替不匀"、"直线代替曲线"的方法，利用关于常量、均匀、直线的已知公式，求出在局部 $[x, x+dx]$ 上所求量的近似值，从而得到所求积分元素，即可将实际问题转化为定积分求解. 下面我们用微元法来讨论定积分的一些应用问题.

5.5.2　平面图形的面积

由定积分的几何意义可知，曲线 $y = f(x)(f(x) \geqslant 0)$，$x$ 轴及直线 $x = a$、$x = b$ 所围成的平面图形的面积可以表示为定积分，即

$$A = \int_a^b f(x)dx$$

其中被积表达式 $f(x)dx$ 就是直角坐标系下的面积元素 dA，如图 5-8 所示，它表示高为 $f(x)$，底为 dx 的一个小矩形的面积.

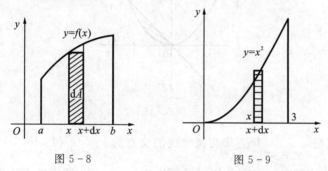

图 5-8　　　　　　　　　图 5-9

例 1　求曲线 $y = x^2$ 与 $x = 0$、$x = 3$ 及 x 轴所围成的平面图形的面积.

解　面积元素 $dA = ydx = x^2 dx$，积分区间为 $[0, 3]$，如图 5-9 所示，所求面积为

$$A = \int_0^3 x^2 dx = \frac{1}{3}x^3 \Big|_0^3 = 9$$

应用定积分的微元法，还可以计算一些更加复杂的平面图形的面积.

设平面区域 D 由 $x = a$、$x = b(a < b)$，以及曲线 $y = f_1(x)$ 与曲线 $y = f_2(x)$ 所围成(其中 $f_2(x) \leqslant f_1(x)$)，如图 5-10(a) 所示. 同样应用定积分的微元法不难得到

面积元素：　　　　　　$dA = [f_1(x) - f_2(x)]dx$　　（上曲线方程－下曲线方程）

区域面积：　　　　　　$A = \int_a^b [f_1(x) - f_2(x)]dx$

若平面区域 D 由 $y = c$、$y = d(c < d)$ 以及曲线 $x = \varphi_1(y)$ 与曲线 $x = \varphi_2(y)$ 所围成，$\varphi_2(y) \leqslant \varphi_1(y)$，见图 5-10(b)，则

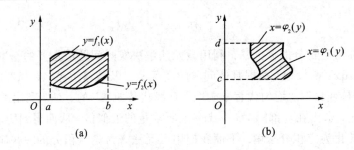

图 5 - 10

面积元素：
$$dA = [\varphi_1(y) - \varphi_2(y)]dy \quad （右曲线方程 - 左曲线方程）$$

区域面积：
$$A = \int_c^d [\varphi_1(y) - \varphi_2(y)]dy$$

例 2 求抛物线 $y = x^2$ 与直线 $y = x$ 所围成图形的面积. 如图 5 - 11 所示.

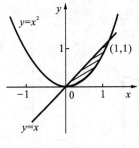

图 5 - 11

解 求解方程组 $\begin{cases} y = x \\ y = x^2 \end{cases}$ 得直线与抛物线的交点为 $\begin{cases} x = 0 \\ y = 0 \end{cases}$ 和 $\begin{cases} x = 1 \\ y = 1 \end{cases}$，所以该图形在直线 $x = 0$ 与 $x = 1$ 之间，$y = x^2$ 为图形的下边界，$y = x$ 为图形的上边界，故

$$A = \int_0^1 (x - x^2)dx = \left[\frac{1}{2}x^2\right]\Big|_0^1 - \left[\frac{x^3}{3}\right]\Big|_0^1 = \frac{1}{6}$$

例 3 计算由抛物线 $y^2 = 2x$ 与直线 $y = x - 4$ 围成的图形的面积.

解 求解方程组 $\begin{cases} y^2 = 2x \\ y = x - 4 \end{cases}$ 得抛物线与直线的交点 $(2, -2)$ 和 $(8, 4)$，如图 5 - 12 所示.

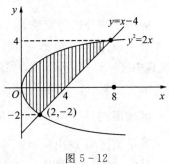

方法 1 由于图形在水平线 $y = -2$ 与 $y = 4$ 之间，其左边界 $x = \dfrac{y^2}{2}$，右边界 $x = y + 4$，故

$$A = \int_{-2}^4 \left[(y + 4) - \frac{y^2}{2}\right]dy = \left[\frac{y^2}{2} + 4y - \frac{y^3}{6}\right]\Big|_{-2}^4 = 18$$

图 5 - 12

方法 2　图形夹在直线 $x=0$ 与 $x=8$ 之间，上边界为 $y=\sqrt{2x}$，而下边界是由两条曲线 $y=-\sqrt{2x}$ 与 $y=x-4$ 分段构成的，所以需要将图形分成两个小区域 D_1，D_2，故

$$A=\int_0^2\left[\sqrt{2x}-(-\sqrt{2x})\right]\mathrm{d}x+\int_2^8\left[\sqrt{2x}-(x-4)\right]\mathrm{d}x$$

$$=2\sqrt{2}\cdot\frac{2}{3}x^{\frac{3}{2}}\Big|_0^2+\left[\sqrt{2}\cdot\frac{2}{3}x^{\frac{3}{2}}-\frac{x^2}{2}+4x\right]\Big|_2^8=18$$

由此可见方法 1 要比方法 2 简单一些，故在具体问题中，恰当地选择积分变量可使计算简单一些.

5.5.3　旋转体的体积

由一个平面图形绕这个平面内的一条直线旋转一周而成的立体就称为旋转体. 这条直线称为旋转轴. 例如直角三角形绕它的一直角边旋转一周而成的旋转体就是圆锥体，矩形绕它的一边旋转一周就得到圆柱体.

设一旋转体是由曲线 $y=f(x)$，直线 $x=a$、$x=b$ 及 x 轴所围成的曲边梯形绕 x 轴旋转一周而成，如图 5-13 所示，则可用定积分来计算这类旋转体的体积.

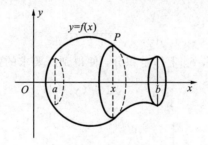

图 5-13

取横坐标 x 为积分变量，其变化区间为 $[a,b]$，在此区间内任一点 x 处垂直 x 轴的截面是半径等于 $|y|=|f(x)|$ 的圆，因而此截面面积为

$$A(x)=\pi y^2=\pi\left[f(x)\right]^2$$

所求旋转体的体积为

$$V=\int_a^b\pi y^2\mathrm{d}x=\int_a^b\pi\left[f(x)\right]^2\mathrm{d}x$$

用类似方法可推得由曲线 $x=\varphi(y)$，直线 $y=c$、$y=d(c<d)$ 及 y 轴所围成的曲边梯形绕 y 轴旋转一周而成的旋转体的体积，如图 5-14 所示. 其旋转体积为

$$V=\int_c^d\pi x^2\mathrm{d}y=\int_c^d\pi\left[\varphi(y)\right]^2\mathrm{d}y$$

例 4　求由椭圆 $\dfrac{x^2}{a^2}+\dfrac{y^2}{b^2}=1$ 所围成的图形绕 x 轴旋转而成的椭球体的体积.

解 这个旋转体可以看做是由半个椭圆 $y = \dfrac{b}{a} \sqrt{a^2 - x^2}$ 及 x

轴围成的图形绕 x 轴旋转一周而成的立体，于是所求体积为

$$V = \int_{-a}^{a} \pi \left(\frac{b}{a} \sqrt{a^2 - x^2} \right)^2 \mathrm{d}x = \frac{b^2}{a^2} \pi \int_{-a}^{a} (a^2 - x^2) \mathrm{d}x$$

$$= \frac{2b^2}{a^2} \pi \int_0^a (a^2 - x^2) \mathrm{d}x = 2\pi \frac{b^2}{a^2} \left(a^2 x - \frac{1}{3} x^3 \right) \Big|_0^a = \frac{4}{3} \pi a b^2$$

当 $a = b$ 时，旋转体即为半径为 a 的球体，它的体积为 $\dfrac{4}{3} \pi a^3$.

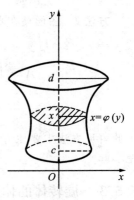

图 5 - 14

5.5.4 平面曲线弧长

现在我们讨论曲线 $y = f(x)$ 上相应于 x 从 a 到 b 的弧长的长度计算公式.

取横坐标 x 为积分变量，它的变化区间为 $[a, b]$，如图 5-15 所示. 如果函数 $y = f(x)$ 具有一阶连续导数，则曲线 $y = f(x)$ 上相应于 $[a, b]$ 上任一小区间 $[x, x + \mathrm{d}x]$ 的一段弧的长度 Δs，可以用该曲线在点 $(x, f(x))$ 处切线上相应的一小段的长度来近似代替，即

$$\Delta s \approx \sqrt{(\mathrm{d}x)^2 + (\mathrm{d}y)^2} = \sqrt{1 + (y')^2} \, \mathrm{d}x$$

从而得到弧长元素

$$\mathrm{d}s = \sqrt{1 + (y')^2} \, \mathrm{d}x$$

将弧长元素在闭区间 $[a, b]$ 上作定积分，便得到所要求的弧长

$$S = \int_a^b \sqrt{1 + (y')^2} \, \mathrm{d}x$$

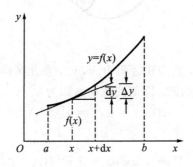

图 5 - 15

例 5 计算曲线 $y = \dfrac{2}{3} x^{\frac{3}{2}}$ 相应于 x 从 a 到 b 的一段弧的长度，如图 5-16 所示.

解 $y' = x^{\frac{1}{2}}$，从而弧长元素

$$\mathrm{d}s = \sqrt{1 + (x^{\frac{1}{2}})^2} \, \mathrm{d}x = \sqrt{1 + x} \, \mathrm{d}x$$

因此，所求弧长为

$$S = \int_a^b \sqrt{1+x}\,\mathrm{d}x = \frac{2}{3}(1+x)^{\frac{3}{2}}\Big|_a^b$$

$$= \frac{2}{3}\big[(1+b)^{\frac{3}{2}} - (1+a)^{\frac{3}{2}}\big]$$

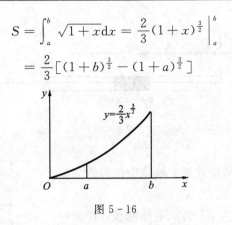

图 5 - 16

5.5.5　在物理上的应用

1. 引力问题

由万有引力定律知道：两个质量分别为 m_1 和 m_2，相距为 r 的质点间的引力为

$$F = k\frac{m_1 \cdot m_2}{r^2} \quad (k \text{ 为引力常数})$$

如果要计算一细长杆对一质点的引力，由于细杆上各点与质点的距离是变化的，所以不能直接用上面的公式计算，下面我们来讨论它的计算方法.

例 6　设有一长为 l，质量为 M 的均匀细杆，另有一质量为 m 的质点与杆在同一条直线上，它到杆的近端的距离为 a，计算细杆对质点的引力.

解　选取坐标如图 5 - 17 所示，以 x 为积分变量，它的变化区间为 $[0, l]$，在杆上任取一小区间 $[x, x+\mathrm{d}x]$，此段杆长为 $\mathrm{d}x$，质量为 $\frac{M}{l}\mathrm{d}x$. 由于 $\mathrm{d}x$ 很小，可以近似地将其看做一个质点，它与质点 m 间的距离为 $x+a$，根据万有引力定律，这一小段细杆对质点的引力的近似值，即引力元素为

$$\mathrm{d}F = k\frac{m \cdot \dfrac{M}{l}\mathrm{d}x}{(x+a)^2}$$

在 $[0, l]$ 上作定积分，得到细杆对质点的引力为

$$F = \int_0^l k \cdot \frac{m \cdot \dfrac{M}{l}}{(x+a)^2}\mathrm{d}x = \frac{kmM}{l} \cdot \int_0^l \frac{1}{(x+a)^2}\mathrm{d}x$$

$$= \frac{kmM}{l}\left(-\frac{1}{x+a}\right)\Big|_0^l$$

$$= \frac{kmM}{l}\frac{l}{a(l+a)} = \frac{kmM}{a(l+a)}$$

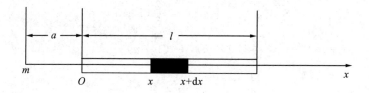

图 5 - 17

2. 液体的压力问题

如图 5 - 18 所示，设垂直放置在液体中的薄板为曲边梯形，求薄板受到的压力.

在深度 x 处取一宽度为 $\mathrm{d}x$ 的水平小薄板，其面积为 $f(x)\mathrm{d}x$，则压力微元素为

$$\mathrm{d}P = \rho g x f(x)\mathrm{d}x$$

于是可得薄板受到液体的总压力

$$P = \int_a^b \rho g x f(x)\mathrm{d}x$$

其中 ρ 为液体的密度，g 为重力加速度.

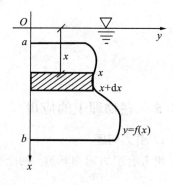

图 5 - 18

例 7 一底为 8 cm，高为 6 cm 的等腰三角形薄片，垂直地沉没于水中，顶在上，底在下，且与水面平行，其顶离水面 3 cm，求它每面所受的压力. 如图5 - 19 所示.

解 三角片上对应于 $[x,x+\mathrm{d}x]$ 部分各点处压强不同，现近似将其看作相同，设 x 处 AB 的长为 a，则

$$\frac{a}{8} = \frac{x}{6}, a = \frac{4}{3}x$$

$$\Delta P \approx \rho g (x+3) \cdot \frac{4}{3} x \mathrm{d}x$$

所以压力微元素为

$$\mathrm{d}P = \rho g (x+3) \cdot \frac{4}{3} x \mathrm{d}x$$

所受压力为

$$P = \int_0^6 \frac{4}{3} \rho g (x+3) x \mathrm{d}x = 1.65(\mathrm{N})$$

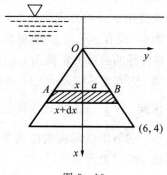

图 5 - 19

3. 变力沿直线做功问题

由物理学知识可知，在一个常力 F 的作用下，物体沿力的方向做直线运动，当物体移动一段距离 S 时，力 F 所做的功 W 为

$$W = F \cdot S$$

当力 F 是变力的时候，常力作功的公式不再适用，我们也可以用微元法来解决这类问题.

设有变力 $f(x)$ 沿 x 轴将物体从 a 处移动到 b 处，取 x 为积分变量，积分区间为 $[a, b]$，取区间内任一小区间 $[x, x + dx]$，在此小区间上，力可以看成是近似不变的，因而在该小区间上力 $f(x)$ 所作的微功为

$$dW = f(x)dx$$

因此，变力 $f(x)$ 将物体从点 $x = a$ 移到点 $x = b$ 所做的功为

$$W = \int_a^b f(x)dx$$

例8　修建一座大桥的桥墩时先要下围图，抽尽其中的水以便施工. 已知围图的直径为 20 m，水深为 27 m，围图高出水面 3 m，求抽尽水所做的功.

解　取积分变量为 x，积分区间为 $[3, 30]$；在区间 $[3, 30]$ 上任取一小区间 $[x, x + dx]$，与它对应的一薄层水的重量为 $9.8\rho(\pi \cdot 10^2 dx)$kg，其中水的密度 $\rho = 10^3 \text{kg/m}^3$，因此功元素为

$$dW = 9.8 \times 10^5 \pi x dx$$

所以，抽尽水所做的功为

$$W = \int_3^{30} 9.8 \times 10^5 \pi x dx = 9.8 \times 10^5 \pi \left(\frac{x^2}{2}\right)\Big|_3^{30} \approx 1.37 \times 10^9 \text{(J)}$$

5.5.6　在经济上的应用

若现有本金 P_0 元，以年利率 r 的连续复利计算，t 年后的本利和为 $A(t) = P_0 e^{rt}$. 反之，若某项投资资金 t 年后的本利和 A 已知，则按连续复利计算，现在应有资金 $P_0 = Ae^{-rt}$，称 P_0 为资本现值. 这就是资本现值与投资问题.

设在时间区间 $[0, T]$ 内，t 时刻的单位时间收入为 $A(t)$，称此为收入率或资金流量，按年利率 r 的连续复利计算，则在时间区间 $[t, t + dt]$ 内的收入现值为 $A(t)e^{-rt}dt$，在 $[0, T]$ 内得到的总收入现值为

$$p = \int_o^T A(t)e^{-rt}dt$$

特别地，当资金流量为常数 A（称为均匀流量）时，

$$P = \int_o^T A(t)e^{-rt}dt = \frac{A}{r}(1 - e^{-rT})$$

进行某项投资后，我们将投资期内总收入的现值与总投资的差额称为该项投资纯收入的贴现值，即

纯收入的贴现值 ＝ 总收入现值 － 总投资

例 9 现对某企业给予一笔投资 C，经测算该企业可以按每年 a 元均匀收入率获得收入，若年利率为 r，试求该投资的纯收入贴现值及收回该笔投资的时间.

解 因收入率为 a，年利率为 r，故投资规模 T 年后总收入的现值为

$$p = \int_0^T a\,e^{-rt}\,dt = \frac{a}{r}(1 - e^{-rT})$$

从而投资所得的纯收入的贴现值为

$$R = p - C = \frac{a}{r}(1 - e^{-rT}) - C$$

收回投资所用的时间，也即总收入的现值等于投资，故有

$$\frac{a}{r}(1 - e^{-rT}) = C$$

由此解得收回投资的时间为

$$T = \frac{1}{r}\ln\frac{a}{a - Cr}.$$

例如：若对某企业投资 1000 万元，年利率为 4%，假设 20 年内的均匀收入率为 $a = 100$ 万元，则总收入的现值为

$$P = \frac{a}{r}(1 - e^{-rT}) = \frac{100}{0.04}(1 - e^{-0.04 \times 20}) \approx 1376.68(万元)$$

从而投资的纯收入贴现值为

$$R = P - C = 1376.68 - 1000 = 376.68(万元)$$

收回投资的时间为

$$T = \frac{1}{r}\ln\frac{a}{a - Cr} = \frac{1}{0.04}\ln\frac{100}{100 - 1000 \times 0.04} \approx 12.77(年)$$

即该投资在 20 年中可获纯利润 376.68 万元，投资收回期约为 12.77 年.

习题 5-5

1. 求由曲线 $y = x^2$ 与直线 $y = x + 2$ 所围成的平面图形的面积.

2. 求曲线 $y = x^2$ 与 $x = y^2$ 所围平面图形绕 y 轴旋转所成的旋转体体积.

3. 求曲线 $y = \frac{2}{3}x^{\frac{3}{2}}$ 上相应于 x 从 0 到 8 的一段弧长.

4. 求抛物线 $y^2 = 2px(p > 0)$ 及其在点 $\left(\frac{p}{2}, p\right)$ 处的法线所围成图形的面积.

5. 求曲线 $y = \sin 2x \left(0 \leqslant x \leqslant \frac{\pi}{2}\right)$ 及 x 轴所围成的平面图形绕 x 轴旋转所成的旋转体体积.

$$\boxed{本 \ 章 \ 小 \ 结}$$

一、定积分的概念

1. 定积分的定义

设函数 $f(x)$ 在区间 $[a, b]$ 上有定义，分割区间 $[a, b]$ 成 n 个子区间 $[x_{i-1}, x_i]$ $(i = 1,$ $2, \cdots, n)$，记 $\Delta x_i = x_i - x_{i-1}$；作乘积 $f(\xi_i) \cdot \Delta x_i (i = 1, 2, \cdots, n)$，$\xi_i (x_{i-1} \leqslant \xi_i \leqslant x_i)$；作和式 $\sum\limits_{i=1}^{n} f(\xi_i) \cdot \Delta x_i$，记 $\lambda = \max\{\Delta x_i\} (i = 1, 2, \cdots, n)$，如果极限

$$A = \lim_{\lambda \to 0} \sum_{i=1}^{n} f(\xi_i) \cdot \Delta x_i$$

存在，则称这个极限是函数 $f(x)$ 在区间 $[a, b]$ 上的定积分，记为 $\int_a^b f(x) \mathrm{d}x$，即

$$\int_a^b f(x) \mathrm{d}x = \lim_{\lambda \to 0} \sum_{i=1}^{n} f(\xi_i) \cdot \Delta x_i$$

其中 $f(x)$ 称为被积函数，$f(x)\mathrm{d}x$ 称为被积表达式，x 称为积分变量，$[a, b]$ 称为积分区间，a 称为积分下限，b 称为积分上限.

2. 定积分的几何意义

若在 $[a, b]$ 上有 $f(x) \geqslant 0$，则 $\int_a^b f(x) \mathrm{d}x$ 的值就等于以 $x = a$、$x = b$、$y = 0$ 和 $y = f(x)$ 所围成的曲边梯形的面积.

若在 $[a, b]$ 上有 $f(x) \leqslant 0$，则 $\int_a^b f(x) \mathrm{d}x$ 的值就等于以 $x = a$、$x = b$、$y = 0$ 和 $y = f(x)$ 所围成的曲边梯形的面积的负值.

规定：当 $a = b$ 时，$\int_a^a f(x) \mathrm{d}x = 0$；当 $a > b$ 时，$\int_b^a f(x) \mathrm{d}x = -\int_a^b f(x) \mathrm{d}x$.

二、定积分的性质

设 $\int_a^b f(x) \mathrm{d}x$ 与 $\int_a^b g(x) \mathrm{d}x$ 可积，则

(1) $\int_a^b k f(x) \mathrm{d}x = k \int_a^b f(x) \mathrm{d}x (k$ 为常数$)$；

(2) $\int_a^b [f(x) \pm g(x)] \mathrm{d}x = \int_a^b f(x) \mathrm{d}x \pm \int_a^b g(x) \mathrm{d}x$；

(3) 定积分对于积分区间具有可加性，即设 c 为区间 $[a, b]$ 内（或外）的一点，则有

$$\int_a^b f(x)\mathrm{d}x = \int_a^c f(x)\mathrm{d}x + \int_c^b f(x)\mathrm{d}x$$

(4) 在 $[a, b]$ 上，若 $f(x) \leqslant g(x)$，则 $\int_a^b f(x)\mathrm{d}x \leqslant \int_a^b g(x)\mathrm{d}x$.

(5) 设 M 和 m 分别是 $f(x)$ 在 $[a, b]$ 上的最大值与最小值，则

$$m(b-a) \leqslant \int_a^b f(x)\mathrm{d}x \leqslant M(b-a)$$

(6) 若函数 $f(x)$ 在区间 $[a, b]$ 上连续，则在 $[a, b]$ 上至少存在一点 ξ，使

$$\int_a^b f(x)\mathrm{d}x = f(\xi)(b-a)$$

三、定积分的计算

1. 变上限的定积分

设函数 $f(x)$ 在区间 $[a, b]$ 上连续，定积分 $\int_a^x f(x)\mathrm{d}x$ 的值与积分变量无关，故改记为 $\int_a^x f(t)\mathrm{d}t$. 则函数 $\Phi(x) = \int_a^x f(t)\mathrm{d}t (a \leqslant x \leqslant b)$ 通常称为变上限的定积分.

若函数 $f(x)$ 在区间 $[a, b]$ 上连续，则函数 $\Phi(x) = \int_a^x f(t)\mathrm{d}t$ 在 $[a, b]$ 上可导，且

$$\Phi'(x) = \frac{\mathrm{d}}{\mathrm{d}x}\int_a^x f(t)\mathrm{d}t = f(x) \qquad (a \leqslant x \leqslant b)$$

2. 牛顿-莱布尼兹公式

若 $F(x)$ 是连续函数 $f(x)$ 在区间 $[a, b]$ 上的一个原函数，则

$$\int_a^b f(x)\mathrm{d}x = F(b) - F(a)$$

此公式称为牛顿-莱布尼兹公式，也称为微积分基本公式.

3. 定积分的换元积分法

若函数 $f(x)$ 在区间 $[a, b]$ 上连续，函数 $x = \varphi(t)$ 在区间 $[\alpha, \beta]$ 上单调且有连续而不为零的导函数 $\varphi'(t)$，又 $\varphi(\alpha) = a$，$\varphi(\beta) = b$，则

$$\int_a^b f(x)\mathrm{d}x = \int_\alpha^\beta f[\varphi(t)] \cdot \varphi'(t)\mathrm{d}t$$

不定积分换元时，最后需将变量还原；而用定积分换元时，只需要将积分限作相应的改变，就不必再还原变量了；定积分换元就要换积分限.

4. 定积分的分部积分法

若函数 $u = u(x)$，$v = v(x)$ 在区间 $[a, b]$ 上具有连续导数，则有

$$\int_a^b u\mathrm{d}v = [uv]_a^b - \int_a^b v\mathrm{d}u$$

5. 广义积分

1) 无限区间上的广义积分

若函数 $f(x)$ 在区间 $[a, +\infty)$ 上连续，且 $b > a$，如果极限 $\lim\limits_{b \to +\infty} \int_a^b f(x)\mathrm{d}x$ 存在，则称无穷限广义积分 $\int_a^{+\infty} f(x)\mathrm{d}x$ 收敛，记为

$$\int_a^{+\infty} f(x)\mathrm{d}x = \lim_{b \to +\infty} \int_a^b f(x)\mathrm{d}x$$

否则，称该无穷限广义积分 $\int_a^{+\infty} f(x)\mathrm{d}x$ 发散.

类似地，可定义函数在 $(-\infty, b]$ 上的无穷限广义积分为

$$\int_{-\infty}^b f(x)\mathrm{d}x = \lim_{a \to -\infty} \int_a^b f(x)\mathrm{d}x$$

对于函数 $f(x)$ 在 $(-\infty, +\infty)$ 上的无穷限广义积分 $\int_{-\infty}^{+\infty} f(x)\mathrm{d}x$，定义为

$$\int_{-\infty}^{+\infty} f(x)\mathrm{d}x = \int_{-\infty}^c f(x)\mathrm{d}x + \int_c^{+\infty} f(x)\mathrm{d}x$$

其中 c 为任意给定的实数.

为书写简便，若 $F'(x) = f(x)$，则可记

$$\int_a^{+\infty} f(x)\mathrm{d}x = \left[F(x)\right]_a^{+\infty} = F(+\infty) - F(a)$$

其中，$F(+\infty)$ 应理解为 $\lim\limits_{x \to +\infty} F(x)$. 而 $\int_{-\infty}^b f(x)\mathrm{d}x$ 和 $\int_{-\infty}^{+\infty} f(x)\mathrm{d}x$ 也有类似的简写法.

2) 有无穷间断点的广义积分

设函数 $f(x)$ 在 $(a, b]$ 上连续，而 $\lim\limits_{x \to a+0} f(x) = \infty$. 取 $\varepsilon > 0$，$\lim\limits_{\varepsilon \to 0^+} \int_{a+\varepsilon}^b f(x)\mathrm{d}x$ 叫做函数 $f(x)$ 在 $(a, b]$ 上的广义积分，记作

$$\int_a^b f(x)\mathrm{d}x = \lim_{\varepsilon \to 0^+} \int_{a+\varepsilon}^b f(x)\mathrm{d}x$$

类似地，设 $f(x)$ 在 $[a, b)$ 上连续，而 $\lim\limits_{x \to b-0} f(x) = \infty$，取 $\varepsilon > 0$，$\lim\limits_{\varepsilon \to 0^+} \int_a^{b-\varepsilon} f(x)\mathrm{d}x$ 叫做函数 $f(x)$ 在 $[a, b)$ 上的广义积分，记作

$$\int_a^b f(x)\mathrm{d}x = \lim_{\varepsilon \to 0^+} \int_a^{b-\varepsilon} f(x)\mathrm{d}x$$

四、定积分的应用

用定积分的微元法可求平面图形的面积、旋转体的体积、曲线的弧长、变力所做的功、液体的侧压力等.

1. 微元法

定积分应用的微元法：在区间 $[a,b]$ 上任取一个微小区间 $[x,x+\mathrm{d}x]$，然后写出在这个小区间上的部分量 ΔF 的近似值，记为 $\mathrm{d}F = f(x)\mathrm{d}x$（称为 F 的微元素），将微元 $\mathrm{d}F$ 在 $[a,b]$ 上积分（无限累加），即得 $F = \int_a^b f(x)\mathrm{d}x$.

2. 直角坐标系下求平面图形的面积

设平面区域 D 由 $x = a$、$x = b(a < b)$，以及曲线 $y = f_1(x)$ 与曲线 $y = f_2(x)$ 所围成，则区域面积：

$$A = \int_a^b [f_1(x) - f_2(x)]\mathrm{d}x \quad (\text{其中 } f_2(x) \leqslant f_1(x))$$

若平面区域 D 由 $y = c$、$y = d(c < d)$ 以及曲线 $x = \varphi_1(y)$ 与曲线 $x = \varphi_2(y)$ 所围成，则区域面积：

$$A = \int_c^d [\varphi_1(y) - \varphi_2(y)]\mathrm{d}y \quad (\text{其中 } \varphi_2(y) \leqslant \varphi_1(y))$$

3. 旋转体的体积

设一平面图形以 $x = a$、$x = b$、$y = 0$ 以及 $y = f(x)$ 为边界，该图形绕 x 轴旋转一周所成的旋转体的体积为

$$V_x = \pi \int_a^b [f(x)]^2 \mathrm{d}x$$

设一平面图形由 $y = c$、$y = d$、$x = 0$ 以及 $x = \varphi(y)$ 为边界，该图形绕 y 轴旋转一周所成的旋转体的体积为

$$V_y = \pi \int_c^d [\varphi(y)]^2 \mathrm{d}y$$

4. 在物理上的应用

定积分可以求功、路程、压力、电量等物理量；根据物理知识，找出微元素是求解这类问题的关键.

世界数学家简介 5 ·+·

★ 莱布尼茨 ★

戈特弗里德·威廉·凡·莱布尼茨（Gottfried Wilhelm Leibniz，1646 年 7 月 1 日—1716 年 11 月 14 日），德国最重要的自然科学家、数学家、物理学家、历史学家和哲学家，一位举世罕见的科学天才，和牛顿同为微积分的创建人. 他的研究成果还遍及力学、逻辑学、化学、地理学、解剖学、动物学、植物学、气体学、航海学、地质学、语言学、法学、哲

学、历史、外交等."世界上没有两片完全相同的树叶"就是出自他之口,他还是最早研究中国文化和中国哲学的德国人,对丰富人类的科学知识宝库做出了不可磨灭的贡献.

从幼年时代起,莱布尼茨就明显展露出一颗灿烂的思想明星的迹象.他 13 岁时就像其他孩子读小说一样轻松地阅读经院学者的艰深的论文了.他提出无穷小的微积分算法,并且他发表自己的成果比伊萨克·牛顿爵士将它的手稿付梓早三年,而后者宣称自己第一个做出了这项发现.

莱布尼茨在数学方面的成就是巨大的,他的研究及成果渗透到高等数学的许多领域.他的一系列重要数学理论的提出,为后来的数学理论奠定了基础.

莱布尼茨曾讨论过负数和复数的性质,得出复数的对数并不存在,共轭复数的和是实数的结论.在后来的研究中,莱布尼茨证明了自己的结论是正确的.他还对线性方程组进行了研究,对消元法从理论上进行了探讨,并首先引入了行列式的概念,提出行列式的某些理论,此外,莱布尼茨还创立了符号逻辑学的基本概念.

莱布尼兹是数字史上最伟大的符号学者之一,堪称符号大师.他曾说:"要发明,就要挑选恰当的符号,要做到这一点,就要用含义简明的少量符号来表达和比较忠实地描绘事物的内在本质,从而最大限度地减少人的思维劳动",正像印度-阿拉伯的数学促进了算术和代数发展一样,莱布尼兹所创造的这些数学符号对微积分的发展起了很大的促进作用.欧洲大陆的数学得以迅速发展,莱布尼兹的巧妙符号功不可没.除积分、微分符号外,他创设的符号还有商"a/b",比"$a:b$",相似"$\backsim$",全等"$\cong$"、并集"$\cup$"、交集"$\cap$"以及函数和行列式等符号.

1673 年莱布尼茨在巴黎还制造了一个能进行加、减、乘、除及开方运算的计算机.他发明的机器被命名为"乘法器".莱布尼茨对计算机的贡献不仅在于乘法器,公元 1700 年左右,莱布尼茨从一位友人送给他的中国"易图"(八卦)里受到启发,最终悟出了二进制数之真谛.虽然莱布尼茨的乘法器仍然采用十进制,但他率先为计算机系统的设计提出了二进制的运算法则,为计算机的现代发展奠定了坚实的基础.

第6章 常微分方程

内容提要：在科学技术和经济管理中，有些实际问题往往是要通过未知函数与其导数满足的关系式去求未知函数，这种关系式就是微分方程．本章重点讨论微分方程的一些基本概念及几种常用的基本的和简单的微分方程的解法．

学习要求：知道微分方程的概念、阶、解、通解、特解等基本概念；会解一阶线性齐次微分方程和一阶线性非齐次微分方程，会解二阶常系数线性齐次微分方程；能够利用分离变量法、常数变易法、特征方程法求解微分方程．

6.1 微分方程的概念

6.1.1 微分方程的概念

1. 引例

已知一曲线通过点$(0,3)$，且在曲线上任一点$M(x,y)$处的切线斜率等于该点横坐标的 2 倍，求该曲线方程．

解 设所求曲线方程为$y=y(x)$，根据导数的几何意义有

$$\frac{\mathrm{d}y}{\mathrm{d}x}=2x$$

两边积分得

$$y=x^2+C \qquad (C\text{ 为任意常数})$$

由于曲线通过点$(0,3)$，即当$x=0$时$y=3$，得出$C=3$，从而所求曲线方程为$y=x^2+3$．

2. 微分方程的基本概念

定义 1 含有未知函数的导数（或微分）的方程称为微分方程；微分方程中出现的未知函数的最高阶导数的阶数，叫做微分方程的阶；当微分方程中所含的未知函数及其各阶导数全是一次幂，且无相互乘积项时，微分方程就称为线性微分方程；只有一个自变量的微分方程叫做常微分方程；若未知函数及其各阶导数的系数全是常数，则称这样的微分方程为常系数常微分方程．本章所讨论的均是常微分方程．

例如，(1) $2y'''+x^2y''+4xy'=0$ 是一个三阶线性微分方程；

(2) $y^{(4)}-4y'''+10y''=5$ 是一个四阶线性常系数微分方程；

(3) $xy''+1=0$ 不是一个微分方程；

(4) $y'' + 2yy' + y = 0$ 是二阶非线性微分方程.

一般地，n 阶微分方程可写成

$$F(x, y, y', \cdots, y^{(n)}) = 0$$

或

$$y^{(n)} = f(x, y, y', \cdots, y^{(n-1)})$$

3. 微分方程的解、通解、特解

定义 2 任何代入微分方程能使该方程成为恒等式的函数叫做该微分方程的解.

确切地说，设函数 $y = \varphi(x)$ 在区间 I 上有 n 阶连续导数，如果在区间 I 上，有

$$F[x, \varphi(x), \varphi'(x), \cdots, \varphi^{(n)}(x)] \equiv 0$$

那么函数 $y = \varphi(x)$ 就叫做微分方程 $F(x, y, y', \cdots, y^{(n)}) = 0$ 在区间 I 上的解.

通解：如果微分方程的解中含有任意常数的个数与微分方程的阶数相同，且任意常数是相互独立（即不能合并）的，这样的解叫做微分方程的通解.

初始条件：用于确定通解中任意常数的条件，称为初始条件.

如 $x = x_0$ 时，$y = y_0$，$y' = y_0'$，或写成：$y|_{x=x_0} = y_0$，$y'|_{x=x_0} = y_0'$.

特解：确定了通解中的任意常数以后，就得到微分方程的特解，即不含任意常数的解.

初值问题：求微分方程满足初始条件的解的问题称为初值问题.

如求微分方程 $y' = f(x, y)$ 满足初始条件 $y|_{x=x_0} = y_0$ 的解的问题，记为

$$\begin{cases} y' = f(x, y) \\ y|_{x=x_0} = y_0 \end{cases}$$

例 1 验证函数 $y = C_1 \cos kx + C_2 \sin kx$ 是微分方程 $\dfrac{d^2 y}{d^2 x} + k^2 y = 0 (k \neq 0)$ 的通解.

解 求出所给函数的一阶和二阶导数

$$\frac{dy}{dx} = -C_1 k \sin kx + C_2 k \cos kx$$

$$\frac{d^2 y}{d^2 x} = -k^2 (C_1 \cos kx + C_2 \sin kx)$$

代入微分方程得

$$-k^2 (C_1 \cos kx + C_2 \sin kx) + k^2 (C_1 \cos kx + C_2 \sin kx) \equiv 0$$

从而知函数 $y = C_1 \cos kx + C_2 \sin kx$ 是微分方程的解，同时，又因其含有两个不能合并的任意常数，故知它是微分方程的通解.

6.1.2 简单微分方程的建立

建立微分方程就是根据实际要求确定要研究的物理量或几何量，找出这些量所满足的规律，运用这些规律列出关于待求函数的导数或微分的关系式. 本节引例就是这样一个关

于几何量的应用问题，下面再举两个物理量的实例.

例2 质量为 1 g 的质点受外力 F 作用作直线运动，此外力和时间 t 成正比，和质点运动的速度 v 成反比，且在 $t=10$ s 时，速度等于 50 cm/s，外力为 4 g·cm/s^2，试建立质点运动速度满足的关系式.

解 由题意可得，$F=k\dfrac{t}{v}$，又根据牛顿定律可知，$F=ma=1\cdot\dfrac{\mathrm{d}v}{\mathrm{d}t}$，所以

$$1\cdot\frac{\mathrm{d}v}{\mathrm{d}t}=k\frac{t}{v}$$

考虑到初始条件可得：$4=k\dfrac{10}{50}$，则 $k=20$，所以

$$\frac{\mathrm{d}v}{\mathrm{d}t}=20\frac{t}{v}$$

即为所求.

例3 设元素镭的衰变速度与它的现存量 R 成正比，由经验材料得知，镭经过 1600 年后，只剩原始量 R_0 的一半，试建立镭的现存量 R 与时间 t 的函数关系.

解 由题设，函数关系式为 $\dfrac{\mathrm{d}R}{\mathrm{d}t}=-kR$，且 $t=0$ 时，$R=R_0$，$t=1600$ 时，$R=\dfrac{1}{2}R_0$.

习题 6-1

1. 确定下列微分方程的阶数：

(1) $y'+3xy=4\sin x$ (2) $y''+y'-2y=0$

(3) $(xy')^3+x^2y^4-y=0$ (4) $y'''+\sin xy'-x=\cos x$

2. 验证所给函数是否为所给方程的解：

(1) $xy'=2y$，$y=5x^2$ (2) $(x-2y)y'=2x-y$，$x^2-xy+y^2=C$

(3) $y''-2y'+y=0$，$y=x^2\mathrm{e}^x$ (4) $y''=1+y'$，$y=\ln\sec(x+1)$

3. 某种气体的压强对于温度的变化率与压强成正比，与温度的平方成反比，试建立压强与温度的微分方程.

6.2 两类一阶微分方程的解法

一阶微分方程的形式有很多种，这里介绍两种常见类型的一阶方程及其解法.

6.2.1 可分离变量的方程及其解法

定义1 形如下列形式的一阶方程，称为可分离变量的微分方程：

$$\frac{\mathrm{d}y}{\mathrm{d}x} = \frac{f(x)}{g(y)}$$

可分离变量的微分方程的求解步骤如下：

(1) 分离变量，将方程写成 $g(y)\mathrm{d}y = f(x)\mathrm{d}x$ 的形式；

(2) 两端积分 $\int g(y)\mathrm{d}y = \int f(x)\mathrm{d}x$，设积分后得 $G(y) = F(x) + C$，且 $G(y)$ 一般为隐函数，可以解出 $y = \phi(x)$ 或 $x = \psi(y)$. 它们都是方程的通解.

例 1　求微分方程 $\dfrac{\mathrm{d}y}{\mathrm{d}x} = 2xy$ 的通解.

解　此方程为可分离变量方程，分离变量后得

$$\frac{1}{y}\mathrm{d}y = 2x\,\mathrm{d}x$$

两边积分得

$$\int \frac{1}{y}\mathrm{d}y = \int 2x\,\mathrm{d}x$$

即

$$\ln|y| = x^2 + C$$

从而

$$y = \pm\,\mathrm{e}^{x^2 + C_1} = \pm\,\mathrm{e}^{C_1}\,\mathrm{e}^{x^2}$$

因为 $\pm\,\mathrm{e}^{C_1}$ 仍是任意常数，把它记作 C，得所给方程的通解为

$$y = C\mathrm{e}^{x^2}$$

例 2　已知某厂的纯利润 L 对广告费 x 的变化率 $\dfrac{\mathrm{d}L}{\mathrm{d}x}$ 与常数 A 和纯利润 L 之差成正比，当 $x = 0$ 时 $L = L_0$，试求纯利润 L 与广告费 x 之间的函数关系.

解　由题意列出方程

$$\begin{cases} \dfrac{\mathrm{d}L}{\mathrm{d}x} = k(A - L) \\ L\big|_{x=0} = L_0 \end{cases} \quad (k \text{ 为常数})$$

分离变量，得

$$\frac{\mathrm{d}L}{A - L} = k\mathrm{d}x$$

两边积分，得

$$-\ln(A - L) = kx + \ln C_1$$

$$A - L = C\mathrm{e}^{-kx} \quad (\text{其中 } C = \frac{1}{C_1})$$

即

$$L = A - C\mathrm{e}^{-kx}$$

由初始条件$L\big|_{x=0}=L_0$，解得$C=A-L_0$，所以纯利润与广告费的函数关系为

$$L=A-(A-L_0)\mathrm{e}^{-kx}$$

例3 设跳伞员开始跳伞后所受的空气阻力与其下落速度成正比（比例系数为常数$k>0$），起跳时速度为0. 求下落的速度与时间之间的函数关系.

解 设跳伞员下落速度为$V(t)$，他在下落的过程中同时受到重力和阻力的作用，重力大小为mg，方向与V一致，阻力大小为kV，方向与V相反，从而跳伞员所受外力为

$$F=mg-kV$$

根据牛顿第二运动定律得

$$F=ma=m\frac{\mathrm{d}V}{\mathrm{d}t}\quad（a\text{ 为加速度}）$$

从而得

$$m\frac{\mathrm{d}V}{\mathrm{d}t}=mg-kV$$

把上式分离变量得

$$\frac{\mathrm{d}V}{mg-kV}=\frac{1}{m}\mathrm{d}t$$

两边积分得

$$-\frac{1}{k}\ln(mg-kV)=\frac{t}{m}+C_1$$

即

$$mg-kV=\mathrm{e}^{-\frac{k}{m}t-kC_1}$$

从而解得

$$V=\frac{mg}{k}-C\mathrm{e}^{-\frac{k}{m}t}\quad\left(C=\frac{1}{k}\mathrm{e}^{-kC_1}\right)$$

因为假设起跳时的速度为0，所以其初始条件为$V\big|_{t=0}=0$，将其代入上面的解中得

$$C=\frac{mg}{k}$$

所以所求的跳伞员下落的速度与时间之间的函数关系为

$$V=\frac{mg}{k}(1-\mathrm{e}^{-\frac{k}{m}t})\quad(0\leqslant t\leqslant T)$$

6.2.2 齐次微分方程及其解法

定义2 形如下列形式的一阶微分方程称为齐次方程：

$$\frac{\mathrm{d}y}{\mathrm{d}x}=g\left(\frac{y}{x}\right)$$

在方程 $\dfrac{\mathrm{d}y}{\mathrm{d}x} = g\left(\dfrac{y}{x}\right)$ 中，如果令 $u = \dfrac{y}{x}$，则 $y = ux$，$\dfrac{\mathrm{d}y}{\mathrm{d}x} = u + x\,\dfrac{\mathrm{d}u}{\mathrm{d}x}$，于是方程 $\dfrac{\mathrm{d}y}{\mathrm{d}x} = g\left(\dfrac{y}{x}\right)$ 变化为

$$u + x\,\frac{\mathrm{d}u}{\mathrm{d}x} = g(u)$$

从而转化为可分离变量方程

$$\frac{\mathrm{d}u}{g(u) - u} = \frac{\mathrm{d}x}{x}$$

例 4　求方程 $y^2\,\mathrm{d}x + (x^2 - xy)\mathrm{d}y = 0$ 的通解.

解　原方程可化为

$$\frac{\mathrm{d}y}{\mathrm{d}x} = \frac{y^2}{xy - x^2}$$

上式右边分子分母同除 x^2 得

$$\frac{\mathrm{d}y}{\mathrm{d}x} = \frac{\left(\dfrac{y}{x}\right)^2}{\dfrac{y}{x} - 1}$$

此为齐次方程，因而令 $u = \dfrac{y}{x}$，则 $\dfrac{\mathrm{d}y}{\mathrm{d}x} = u + x\,\dfrac{\mathrm{d}u}{\mathrm{d}x}$，将此代入上式得

$$u + x\,\frac{\mathrm{d}u}{\mathrm{d}x} = \frac{u^2}{u - 1}$$

分离变量得

$$\frac{\mathrm{d}x}{x} = \frac{u - 1}{u}\mathrm{d}u$$

两边积分得

$$\ln x = u - \ln u + \ln C$$

从而有

$$x = c\,\frac{\mathrm{e}^u}{u}$$

用 $u = \dfrac{y}{x}$ 回代即得原方程的通解 $y = C\mathrm{e}^{\frac{y}{x}}$.

习题 6 - 2

1. 用分离变量法求解下列微分方程：

(1) $\dfrac{\mathrm{d}y}{\mathrm{d}x} = \dfrac{x^2}{y^2}$　　　　　　　　　　(2) $y' = \mathrm{e}^{x-y}$

(3) $\dfrac{\mathrm{d}y}{\mathrm{d}x} = (2x + 3x^2)y$, 且 $y(0) = \mathrm{e}$ (4) $x\,\mathrm{d}y - 3y\,\mathrm{d}x = 0$, 且 $y\big|_{x=4} = 1$

2. 求解下列齐次方程:

(1) $xy' - y - \sqrt{y^2 - x^2} = 0$ (2) $x\dfrac{\mathrm{d}y}{\mathrm{d}x} = y\ln\dfrac{y}{x}$

(3) $(x^2 + 2y^2)\mathrm{d}x - xy\,\mathrm{d}y = 0$ (4) $\left(1 + 2\mathrm{e}^{\frac{x}{y}}\right)\mathrm{d}x + 2\mathrm{e}^{\frac{x}{y}}\left(1 - \dfrac{x}{y}\right)\mathrm{d}y = 0$

6.3   一阶线性微分方程及其解法

6.3.1   一阶线性微分方程的概念

定义   形如:

$$\frac{\mathrm{d}y}{\mathrm{d}x} + P(x)y = Q(x)$$

的方程称为一阶线性非齐次微分方程,简称一阶线性方程. 当 $Q(x) \equiv 0$ 时,方程

$$\frac{\mathrm{d}y}{\mathrm{d}x} + P(x)y = 0$$

称为一阶齐次线性方程.

6.3.2   一阶线性微分方程的求解

1. 齐次线性方程的解法

齐次线性方程 $\dfrac{\mathrm{d}y}{\mathrm{d}x} + P(x)y = 0$ 是可分离变量方程,因此可用分离变量法求解.

即

$$\int \frac{\mathrm{d}y}{y} = \int -P(x)\,\mathrm{d}x, \ \ln y = -\int P(x)\,\mathrm{d}x + C_1$$

方程通解为

$$y = C\mathrm{e}^{-\int P(x)\mathrm{d}x} \quad (C = \mathrm{e}^{C_1})$$

例 1   求方程 $y' - (\sin x)y = 0$ 的通解.

解   所给方程是一阶线性齐次方程,分离变量

$$\frac{\mathrm{d}y}{y} = \sin x\,\mathrm{d}x; \int \frac{\mathrm{d}y}{y} = \int \sin x\,\mathrm{d}x$$

从而

$$\ln y = -\cos x + C_1$$

方程的通解为

$$y = Ce^{-\cos x} \ (C \text{ 为任意常数})$$

2. 非齐次线性方程的解法（常数变易法）

将齐次线性方程通解中的常数 C 换成函数 $C(x)$，得

$$y = C(x)e^{-\int P(x)\,\mathrm{d}x}$$

代入方程 $\dfrac{\mathrm{d}y}{\mathrm{d}x} + P(x)y = Q(x)$ 得

$$C'(x)e^{-\int P(x)\,\mathrm{d}x} - P(x)C(x)e^{-\int P(x)\,\mathrm{d}x} + P(x)C(x)e^{-\int P(x)\,\mathrm{d}x} = Q(x)$$

即

$$C'(x)e^{-\int P(x)\,\mathrm{d}x} = Q(x)$$

或

$$C'(x) = Q(x)e^{\int P(x)\,\mathrm{d}x}$$

两边求积分得

$$C(x) = \int Q(x)e^{\int P(x)\,\mathrm{d}x}\,\mathrm{d}x + C$$

于是，得出一阶非齐次线性方程的通解的公式

$$y = e^{-\int P(x)\,\mathrm{d}x}\Big[\int Q(x)e^{\int P(x)\,\mathrm{d}x}\,\mathrm{d}x + C\Big]$$

或

$$y = Ce^{-\int P(x)\,\mathrm{d}x} + e^{-\int P(x)\,\mathrm{d}x} \cdot \int Q(x)e^{\int P(x)\,\mathrm{d}x}\,\mathrm{d}x$$

上面的解法即是把对应的齐次方程的通解中的常数 C 变易为函数 $C(x)$，而后再去确定 $C(x)$，从而得到非齐次方程的通解。这种解法顾名思义称为"常数变易法"。

例 2 求解微分方程 $y' - \dfrac{y}{x} = x^2$。

解 先求与原方程对应的齐次线性方程 $y' - \dfrac{y}{x} = 0$ 的通解。

分离变量得

$$\frac{\mathrm{d}y}{y} = \frac{1}{x}\mathrm{d}x$$

两边积分得

$$\ln|y| = \ln|x| + \ln C$$

即

$$y = \pm C_1 x = Cx \quad (C = \pm C_1)$$

所以，齐次方程的通解为 $y = Cx$。

再由常数变易法可设原方程的解为 $y = C(x)x$，从而

$$y' = xC'(x) + C(x)$$

代入原方程得
$$xC'(x) = x^2$$
化简得
$$C'(x) = x$$

两边积分得
$$C(x) = \frac{1}{2}x^2 + C$$

于是原方程的通解为
$$y = \left(\frac{1}{2}x^2 + C\right)x$$

例 3 求解微分方程 $y' + y\tan x = \sin 2x$.

解 利用求解公式，$P(x) = \tan x$，$Q(x) = \sin 2x$，代入通解公式得
$$y = e^{-\int \tan x \, dx}\left[\int \sin 2x e^{\int \tan x \, dx} \, dx + C\right] = \cos x(-2\cos x + C)$$

习题 6 - 3

求解下列线性微分方程：

(1) $y' + y\tan x = 0$
(2) $y' + 2xy = 0$

(3) $y' + y = e^{-x}$
(4) $y'\cos x + y\sin x = 1$

(5) $x\dfrac{dy}{dx} - y = x^2\sin x$
(6) $\dfrac{dy}{dx} - y = e^x$

6.4 可降阶的高阶微分方程及其解法

6.4.1 形如 $y^{(n)} = f(x)$ 的微分方程

微分方程 $y^{(n)} = f(x)$ 是一类最简单的高阶微分方程，它的解法是通过逐次求积分而得其通解的.

例 1 求微分方程 $y''' = xe^x$ 的通解.

解 方程两边求一次积分得
$$y'' = \int xe^x \, dx = \int x \, de^x = xe^x - \int e^x \, dx = xe^x - e^x + C_1$$

将上式再积分一次，得
$$y' = \int xe^x \, dx - \int e^x \, dx + \int C_1 \, dx = xe^x - e^x + C_2 - e^x + C_1 x = xe^x - 2e^x + C_1 x + C_2$$

再次积分得

$$y = \int x e^x \mathrm{d}x - 2\int e^x \mathrm{d}x + C_1\int x \mathrm{d}x + \int C_2 \mathrm{d}x$$

$$= (x e^x - e^x + C_3) - 2 e^x + \frac{C_1}{2} x^2 + C_2 x$$

$$= x e^x - 3 e^x + \frac{C_1}{2} x^2 + C_2 x + C_3 \quad (C_1 、 C_2 、 C_3 \text{ 均为任意常数})$$

6.4.2　形如 $y'' = f(x, y')$ 的微分方程

这类二阶微分方程的特点是方程中不显含 y，解题的基本思想步骤是：

(1) 令 $y' = P$，则 $y'' = P'$，原方程化为一阶方程：$P' = f(x, P)$；

(2) 求解新方程得 P 的表示式；

(3) 将 P 的表示式代入式子 $y' = P$，求得原方程的通解 $y = \int P \mathrm{d}x$.

例 2　求方程 $(1 + x^2) y'' - 2xy' = 0$ 的通解.

解　方程中不显含 y，令 $y' = P(x)$，则 $y'' = P'(x)$，原方程化为

$$\frac{\mathrm{d}P}{P} = \frac{2x}{1 + x^2} \mathrm{d}x$$

它的通解为

$$P = C_1 (1 + x^2)$$

即

$$y' = C_1 (1 + x^2)$$

两边积分，得原方程的通解为

$$y = C_1 \left(x + \frac{x^3}{3} \right) + C_2 \quad (C_1 、 C_2 \text{ 为任意常数})$$

6.4.3　形如 $y'' = f(y, y')$ 的微分方程

这类微分方程的特点是方程中不明显含 x，解题的基本思想步骤是：

(1) 令 $y' = P$，$y'' = \dfrac{\mathrm{d}P}{\mathrm{d}x} = \dfrac{\mathrm{d}P}{\mathrm{d}y} \dfrac{\mathrm{d}y}{\mathrm{d}x} = P \dfrac{\mathrm{d}P}{\mathrm{d}y}$，原方程就化为以 P 为未知函数的一阶方程：

$$P \frac{\mathrm{d}P}{\mathrm{d}y} = f(y, P)$$

(2) 求解上述方程得 P 的表达式；

(3) 将 P 的表示式代入 $y' = P$，求得原方程的通解：$y = \int P \mathrm{d}x$.

例 3　求微分方程 $yy'' - y'^2 = 0$ 的通解.

解　原方程中不明显含 x，故令 $y' = P$，从而 $y'' = P \dfrac{\mathrm{d}P}{\mathrm{d}y}$，代入原方程得

$$yP\,\frac{\mathrm{d}P}{\mathrm{d}y} - P^2 = 0$$

分离变量得

$$\frac{\mathrm{d}P}{P} = \frac{\mathrm{d}y}{y}$$

两边积分得 $P = C_1 y$,从而

$$\frac{\mathrm{d}y}{\mathrm{d}x} = C_1 y$$

再分离变量求得

$$\ln y = C_1 x + \ln C_2$$

即原方程通解为

$$y = C_2 e^{C_1 x} \quad (C_1 \text{、} C_2 \text{ 为任意常数})$$

习题 6 – 4

求解下列微分方程:

(1) $y^{(4)} = e^{2x}$

(2) $xy'' - y' = 0$

(3) $yy'' + 2y'^2 = 0$

(4) $y'' = 1 + y'^2$

6.5　二阶线性常系数微分方程及其解法

6.5.1　二阶线性常系数微分方程的概念

定义　形如

$$y'' + py' + qy = f(x)$$

的方程称为二阶线性常系数非齐次微分方程,其中 p, q 为常数, $f(x)$ 是 x 的已知函数. 当 $f(x) \equiv 0$ 时,方程

$$y'' + py' + qy = 0$$

称为二阶线性常系数齐次方程.这是本节重点要讨论的内容.

6.5.2　二阶线性常系数齐次微分方程解的结构

对于二阶线性常系数齐次方程 $y'' + py' + qy = 0$ 的解,具有以下结构:

定理 1　设 $y = y_1(x)$ 及 $y = y_2(x)$ 是方程 $y'' + py' + qy = 0$ 的两个解,则对于任意常数 C_1 与 C_2 , $y = C_1 y_1(x) + C_2 y_2(x)$ 还是方程 $y'' + py' + qy = 0$ 的解.

证　因为 $y_1(x)$ 、 $y_2(x)$ 是方程 $y'' + py' + qy = 0$ 的解,所以

$$y''_1 + py'_1 + qy_1 = 0, \ y''_2 + py'_2 + qy_2 = 0$$

而

$$(C_1 y_1 + C_2 y_2)'' + p(C_1 y_1 + C_2 y_2)' + q(C_1 y_1 + C_2 y_2)$$
$$= C_1(y''_1 + py'_1 + qy_1) + C_2(y''_2 + py'_2 + qy_2) \equiv 0$$

故有 $y = C_1 y_1(x) + C_2 y_2(x)$ 是方程 $y'' + py' + qy = 0$ 的解.

注意到当 $\dfrac{y_1}{y_2} \neq C$（C 为常数）时，则 $y = C_1 y_1(x) + C_2 y_2(x)$ 中的两个任意常数 C_1 与 C_2 是相互独立的，因此 $y = C_1 y_1(x) + C_2 y_2(x)$ 就是方程 $y'' + py' + qy = 0$ 的通解.

从上面的讨论可知，只要求得方程 $y'' + py' + qy = 0$ 的两个解 y_1、y_2 且满足 $\dfrac{y_1}{y_2} \neq C$，那么解 $y = C_1 y_1(x) + C_2 y_2(x)$ 即为方程 $y'' + py' + qy = 0$ 的通解.

例如，容易验证，$y_1 = \mathrm{e}^x$、$y_2 = \mathrm{e}^{-x}$ 均是方程 $y'' - y = 0$ 的解，并且 $\dfrac{y_1}{y_2} = \mathrm{e}^{2x}$ 不是常数，因此，$y = C_1 \mathrm{e}^x + C_2 \mathrm{e}^{-x}$ 是方程 $y'' - y = 0$ 的通解.

事实上，方程 $y'' + py' + qy = 0$ 有形如 $y = \mathrm{e}^{rx}$ 形式的解，其中 r 为待定常数.

将 $y' = r\mathrm{e}^{rx}$，$y'' = r^2 \mathrm{e}^{rx}$ 及 $y = \mathrm{e}^{rx}$ 代入方程 $y'' + py' + qy = 0$，可得

$$r^2 \mathrm{e}^{rx} + pr\mathrm{e}^{rx} + q\mathrm{e}^{rx} = 0$$

由于 $\mathrm{e}^{rx} \neq 0$，所以，只要 r 满足方程

$$r^2 + pr + q = 0$$

则 $y = \mathrm{e}^{rx}$ 就是方程 $y'' + py' + qy = 0$ 的解.

以 r 为未知数的代数方程 $r^2 + pr + q = 0$ 称为微分方程 $y'' + py' + qy = 0$ 的特征方程，特征方程的根称其为特征根.

按照代数理论，一元二次方程一定具有两个根；对于不同的根，其齐次方程的通解具有不同的解的形式. 二阶线性常系数齐次微分方程解的结构如下表所述：

特征方程根的情况	齐次方程的通解形式
两个不相等的实根 $r_1 \neq r_2$	$y = C_1 \mathrm{e}^{r_1 x} + C_2 \mathrm{e}^{r_2 x}$
两个相等的实根 $r_1 = r_2$	$y = (C_1 + C_2 x)\mathrm{e}^{r_1 x}$
一对共轭复根 $r_{1,2} = \alpha \pm \mathrm{i}\beta$	$y = \mathrm{e}^{\alpha x}(C_1 \cos\beta x + C_2 \sin\beta x)$

求二阶线性常系数齐次微分方程 $y'' + py' + qy = 0$ 的解的步骤如下：

（1）对照所给方程写出其特征方程：$r^2 + pr + q = 0$；

（2）求出一元二次方程 $r^2 + pr + q = 0$ 的两个特征根：r_1，r_2；

（3）根据不同的特征根 r_1、r_2，按表中结构写出齐次方程相应的通解.

例 1 求解方程 $y'' + 7y' + 12y = 0$ 的通解.

解 方程 $y'' + 7y' + 12y = 0$ 的特征方程为

$$r^2 + 7r + 12 = 0$$

其特征根为 $r_1 = -3$，$r_2 = -4$，因此，原方程的通解为

$$y = C_1 e^{-3x} + C_2 e^{-4x} \quad (C_1 、 C_2 \text{ 均为任意常数})$$

例 2 求解方程 $y'' - 12y' + 36y = 0$ 的通解.

解 方程 $y'' - 12y' + 36y = 0$ 的特征方程为

$$r^2 - 12r + 36 = 0$$

其特征根为 $r_1 = r_2 = 6$，因此，原方程的通解为

$$y = e^{6x}(C_1 + C_2 x) \quad (C_1 、 C_2 \text{ 均为任意常数})$$

例 3 求解方程 $y'' + 2y' + 5y = 0$ 的通解.

解 方程 $y'' + 2y' + 5y = 0$ 的特征方程为

$$r^2 + 2r + 5 = 0$$

其特征根为 $r_1 = -1 - 2i$，$r_2 = -1 + 2i$，因此，原方程的通解为

$$y = e^{-x}(C_1 \cos 2x + C_2 \sin 2x) \quad (C_1 、 C_2 \text{ 均为任意常数})$$

6.5.3 二阶常系数非齐次线性微分方程解的结构

下面我们来讨论方程 $y'' + py' + qy = f(x)$ 解的结构问题.

定理 2 如果 y_p 是线性非齐次方程 $y'' + py' + qy = f(x)$ 的一个特解，y_c 是该方程所对应的线性齐次方程 $y'' + py' + qy = 0$ 的通解，则

$$y = y_p + y_c$$

是线性非齐次方程 $y'' + py' + qy = f(x)$ 的通解.

证明 因为 y_c 和 y_p 分别是方程 $y'' + py' + qy = f(x)$ 和方程 $y'' + py' + qy = 0$ 的解，所以将 $y = y_p + y_c$ 代入方程 $y'' + py' + qy = f(x)$ 的左端，有

$$(y_p + y_c)'' + p(y_p + y_c)' + q(y_p + y_c) = (y_p'' + py_p' + qy_p) + (y_c'' + py_c' + qy_c)$$
$$= f(x) + 0$$
$$= f(x)$$

这表明 $y = y_p + y_c$ 是非齐次线性微分方程 $y'' + py' + qy = f(x)$ 的解. 由于 y_c 中含有两个相互独立的任意常数，所以 $y = y_p + y_c$ 也含有两个相互独立的任意常数，即 $y = y_p + y_c$ 是非齐次线性微分方程 $y'' + py' + qy = f(x)$ 的通解.

由定理可知，求方程 $y'' + py' + qy = f(x)$ 的通解即先求出方程 $y'' + py' + qy = 0$ 的通解 y_c，而后再求出方程 $y'' + py' + qy = f(x)$ 的一个特解 y_p，那么，$y = y_p + y_c$ 即为方程 $y'' + py' + qy = f(x)$ 的通解.

关于齐次方程的通解 y_c 的求法，前面已作介绍，下面仅就自由项 $f(x)$ 的特殊类型，给出非齐次方程特解 y_p 的求法.

设 $$f(x) = \mathrm{e}^{\lambda x} P_n(x) \ (P_n(x) \text{ 是 } x \text{ 的 } n \text{ 次多项式})$$

则 $y_p = x^k Q_n(x)\mathrm{e}^{\lambda x}$，（$Q_n(x)$ 与 $P_n(x)$ 是 x 的同次多项式，其中 k 根据 λ 不是特征根、是特征单根、是特征二重根而分别取 $k = 0$、$k = 1$、$k = 2$）.

例 4 求方程 $y'' - 2y' = 3x + 1$ 的一个特解.

解 特征方程为 $r^2 - 2r = 0$，特征根 $r_1 = 2$，$r_2 = 0$；$f(x) = 3x + 1$，$\lambda = 0$ 是特征单根，因此设特解 $y_p = x(Ax + B)$ 代入方程 $y'' - 2y' = 3x + 1$，得

$$2A - 2(2Ax + B) = 3x + 1$$

即 $$-4Ax + (2A - 2B) = 3x + 1$$

比较两边系数，从而可得

$$A = -\frac{3}{4}, \ B = -\frac{5}{4}$$

则得原方程的一个特解为

$$y_p = -\frac{3}{4}x^2 - \frac{5}{4}x$$

例 5 求方程 $y'' + 6y' + 9y = 5x\mathrm{e}^{-3x}$ 的通解.

解 （1）先求对应的齐次方程的通解.

特征方程为

$$r^2 + 6r + 9 = 0$$

解得特征根为 $r_1 = r_2 = -3$，于是得到齐次方程 $y'' + 6y' + 9y = 0$ 的通解为

$$y_p = (C_1 + C_2 x)\mathrm{e}^{-3x}$$

（2）再求原方程的一个特解.

因为 $\lambda = -3$ 是特征方程的二重根，$P_n(x) = 5x$ 是一次多项式，所以可设

$$y_p = x^2(Ax + B)\mathrm{e}^{-3x}$$

求导得

$$y_p' = \mathrm{e}^{-3x}[-3Ax^3 + (3A - 3B)x^2 + 2Bx]$$
$$y_p'' = \mathrm{e}^{-3x}[9Ax^3 + (-18A + 9B)x^2 + (6A - 12B)x + 2B]$$

将 y_p，y_p'，y_p'' 代入原方程，并约去 e^{-3x} 得

$$6Ax + 2B = 5x$$

比较等式两边的系数可解得：$A = \dfrac{5}{6}$ 及 $B = 0$；从而得原方程的一个特解：

$$y_p = \frac{5}{6}x^3\mathrm{e}^{-3x}$$

于是原方程的通解为：

$$y = y_p + y_c = \left(\frac{5}{6}x^3 + C_2 x + C_1\right)e^{-3x}$$

习题 6-5

1. 解下列微分方程：

(1) $y'' + y' - 2y = 0$ 　　　　(2) $y'' - 9y = 0$

(3) $y'' + 4y' + 4y = 0$ 　　　　(4) $y'' + 2y' + 5y = 0$

(5) $y'' - 4y' + 3y = 0$, $y|_{x=0} = -2$, $y'|_{x=0} = 0$

(6) $4y'' + 4y' + y = 0$, $y|_{x=0} = 2$, $y'|_{x=0} = 0$

2. 解下列微分方程：

(1) $y'' + 5y' + 4y = 3 - 2x$ 　　　　(2) $y'' - 2y' + y = e^x$

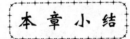

一、常微分方程的概念

(1) 微分方程. 含有未知函数的导数(或微分)的方程称为微分方程. 未知函数的导数的最高阶数称为微分方程的阶；未知函数为一元函数的微分方程称为常微分方程. 至于方程中是否出现未知函数或自变量，是无关紧要的.

(2) 微分方程的解. 如果把某个函数 $y = y(x)$ 代入微分方程，能使方程变成恒等式，这个函数就称为微分方程的解. 微分方程的解可以是显函数，也可以是隐函数.

(3) 微分方程的通解. n 阶微分方程的解中，如果含有 n 个独立任意常数，则这样的解称为 n 阶微分方程的通解(或一般解).

(4) 微分方程的特解. 在微分方程的通解中给予任意常数以确定的值而得到的解，称为该方程的特解.

(5) 初始条件. 确定特解的条件称为初始条件. 一般地，一阶微分方程的初始条件为 $y|_{x=x_0} = y_0$. 二阶微分方程的初始条件为 $y|_{x=x_0} = y_0$, $y'|_{x=x_0} = y'(x_0)$.

二、一阶微分方程

1. 可分离变量的一阶微分方程

如果所给方程能表示成 $\dfrac{dy}{dx} = f(x) \cdot g(y)$ 的形式，则该方程就是可分离变量的一阶微分方程.

可分离变量的微分方程的求解步骤如下：

(1) 分离变量：$\dfrac{1}{g(y)}\mathrm{d}y = f(x)\mathrm{d}x$；

(2) 两边积分：$\displaystyle\int \dfrac{1}{g(y)}\mathrm{d}y = \int f(x)\mathrm{d}x + C$.

2. 齐次微分方程

形如 $\dfrac{\mathrm{d}y}{\mathrm{d}x} = f\left(\dfrac{y}{x}\right)$ 的微分方程称为齐次微分方程. 齐次微分方程中的变量 x、y 是不能分离的，但经过引进新的未知函数 $u = \dfrac{y}{x}$，则 $\dfrac{\mathrm{d}y}{\mathrm{d}x} = u + x\,\dfrac{\mathrm{d}u}{\mathrm{d}x}$，原方程就可化为可分离变量的微分方程了.

3. 一阶线性微分方程

形如 $y' + p(x)y = q(x)$ 的微分方程称为一阶线性非齐次微分方程. 求其通解的方法如下：

1) 常数变易法

先求出对应的齐次方程 $y' + p(x)y = 0$ 的通解 $y = C\mathrm{e}^{-\int p(x)\mathrm{d}x}$，然后设 $C = C(x)$，则 $y = C(x)\mathrm{e}^{-\int p(x)\mathrm{d}x}$，并求出 y'. 将 y 及算出的 y' 代入非齐次方程 $y' + p(x)y = q(x)$，并解出 $C(x) = \displaystyle\int q(x)\mathrm{e}^{\int p(x)\mathrm{d}x}\mathrm{d}x + C$；将求得的 $C(x)$ 代入 y 的表达式，得到

$$y = \mathrm{e}^{-\int p(x)\mathrm{d}x}\left(\int q(x)\mathrm{e}^{\int p(x)\mathrm{d}x}\mathrm{d}x + C\right) \quad （C \text{ 为任意常数}）$$

2) 公式法

对给定的一阶线性微分方程，确定 $p(x)$ 和 $q(x)$ 后，直接代入公式

$$y = \mathrm{e}^{-\int p(x)\mathrm{d}x}\left(\int q(x)\mathrm{e}^{\int p(x)\mathrm{d}x}\mathrm{d}x + C\right)$$

三、可降阶的微分方程

1. 形如 $y'' = f(x, y')$ 的微分方程

可令 $y' = P$，则 $y'' = P'$，原方程就化为一阶方程：$P' = f(x, P)$，从而解出 P 的表示式；由 $y' = P$，求得原方程通解 $y = \displaystyle\int P\,\mathrm{d}x$.

2. 形如 $y'' = f(y, y')$ 的微分方程

可令 $y' = P$，$y'' = \dfrac{\mathrm{d}P}{\mathrm{d}x} = \dfrac{\mathrm{d}P}{\mathrm{d}y}\dfrac{\mathrm{d}y}{\mathrm{d}x} = P\dfrac{\mathrm{d}P}{\mathrm{d}y}$，原方程就化为以 P 为未知函数的一阶方程 $P\dfrac{\mathrm{d}P}{\mathrm{d}y} = f(y, P)$，求得 P 的表达式；通解 $y = \displaystyle\int P\,\mathrm{d}x$.

四、二阶常系数线性齐次方程

1. 基本概念

（1）形如 $y'' + py' + qy = f(x)$ 的方程称为二阶常系数线性非齐次微分方程，其中 p，q 是实常数，$f(x)$ 是 x 的已知函数，当 $f(x) = 0$ 时，方程称为二阶常系数线性齐次微分方程.

（2）对于二阶常系数线性微分方程的解的结构，有以下结论：

如果函数 $y_1(x)$ 与 $y_2(x)$ 是方程 $y'' + py' + qy = 0$ 的两个特解（那么 $C_1 y_1 + C_2 y_2$ 也是该方程的解，其中 C_1、C_2 也是任意常数；若 $\dfrac{y_1}{y_2} \neq$ 常数，则 $y = C_1 y_1 + C_2 y_2$ 是该方程的通解.

2. 二阶常系数线性齐次方程的通解

求解方程 $y'' + py' + qy = 0$ 的通解的步骤如下：

（1）写出对应的特征方程 $r^2 + pr + q = 0$；

（2）求出 $r^2 + pr + q = 0$ 的两个特征根 r_1、r_2；

（3）根据特征根 r_1、r_2 的不同情况，写出通解.

3. 二阶常系数线性非齐次方程的通解

如果 y_p 是线性非齐次方程 $y'' + py' + qy = f(x)$ 的一个特解，y_c 是该方程所对应的线性齐次方程 $y'' + py' + qy = 0$ 的通解，则 $y = y_p + y_c$ 是线性非齐次方程 $y'' + py' + qy = f(x)$ 的通解.

非齐次方程的特解 y_p 与 $f(x)$ 的类型有关. 针对常见 $f(x)$ 的特殊类型可给出 y_p 的求法如下：

当 $f(x) = e^{\lambda x} P_n(x)$ 时（$P_n(x)$ 是 x 的 n 次多项式），则设 $y_p = x^k Q_n(x) e^{\lambda x}$（$Q_n(x)$ 与 $P_n(x)$ 是 x 的同次多项式，其中 k 根据 λ 不是特征根、是特征单根、是特征二重根而分别取 $k = 0$、$k = 1$、$k = 2$）进行求解.

世界数学家简介 6 ·+

★ 傅 里 叶 ★

约瑟夫·傅里叶（Joseph Fourier，1768 年 3 月 21 日至 1830 年 5 月 16 日），法国数学家、物理学家. 提出了傅里叶级数，并将其应用于热传导理论与振动理论，傅里叶变换也以他的名字命名. 他被归功为温室效应的发现者.

约瑟夫·傅里叶于 1768 年 3 月 21 日在法国约讷省欧塞尔出生. 幼年时父母双亡，所

以很小便被送入天主教本笃会接受教育,之后考入巴黎高等师范学校,毕业后在军队中教授数学.1795 年他到巴黎高等师范学校教书,之后又任聘为巴黎综合理工学院教授.

1822 年,他当选了法国科学院的秘书,并发表了《热的分析理论》一文,此文是建立在牛顿的热传导理论的速率和温度差成正比的基础上的论著.他的推理的基础是牛顿冷却定律,即两相邻分子的热流和它们之间非常小的温度差成正比.这一论著有三个重要贡献,一个是纯粹的数学贡献,另外两个实质上是物理方面的贡献.在该论文中推导出著名的热传导方程,并在求解该方程时傅里叶发现,一个变量的任意函数,不论它是连续或不连续的,都可展开为正弦函数的级数,而这正弦函数的参数为变量的倍数.虽然这个结果是不正确的,但是傅里叶正确地察觉到,有些不连续的函数是无穷级数的总和;这一察觉是一个重大的数学突破,这一论著的一个物理贡献是方程两边必须具有相同量纲的概念,即指当方程两边的量纲匹配时,方程才有可能正确.这样,傅里叶在量纲分析上做出了重要贡献.另外一个物理贡献是傅里叶给出的关于热能的传导扩散的偏微分方程.现在,每一位学习数学、物理的学生都会学到这个方程.

傅里叶关于确定方程的著作并未完成,克劳德·路易·纳维将这一著作加以编辑,并且在 1831 年出版.在这本著作中有许多原创的研究.弗朗索瓦·布丹(François Budan)于 1807 年和 1811 年发表的布丹定理(Budan's theorem)并没有给出令人满意的示范,这一定理后来是以傅里叶命名.傅里叶的证明与通常在教科书里给出的证明一模一样,1829 年,雅克·施图姆给出了这一问题的最终解答.

1820 年,傅里叶计算出,一个物体,如果有地球那样的大小,以及到太阳的距离和地球一样,如果只考虑太阳辐射的加热效应,那么这个物体应该比地球实际的温度更冷.他试图寻找其它热源,虽然傅里叶最终建议,星际辐射或许占了其它热源的一大部分,但他也考虑到另一种可能性:地球大气层可能是一种隔热体.这种看法被广泛公认为是有关现在广为人知的"温室效应"的第一次被提出.

第7章 无穷级数

内容提要：无穷级数是表示函数、研究函数性质以及进行数值计算的一种工具．本章介绍无穷级数的概念和性质，重点讨论常数项级数的收敛、发散判别法，幂级数的概念及初等函数的幂级数展开．

学习要求：了解级数的概念、性质，掌握正项级数的比较判别法、比值判别法、根值判别和交错级数的判别法，掌握求幂级数的收敛半径、收敛区间的方法，能用五个基本函数展开式间接展开幂级数．

7.1 常数项级数的概念

7.1.1 常数项级数的概念

定义 1 给定有序数列 $u_1 , u_2 , \cdots , u_n , \cdots$，则式

$$u_1 + u_2 + \cdots + u_n + \cdots$$

称为无穷级数，简称为级数，记为 $\sum\limits_{n=1}^{\infty} u_n$. 即

$$\sum_{n=1}^{\infty} u_n = u_1 + u_2 + u_3 + \cdots + u_n + \cdots$$

其中 u_1 叫做首项，u_n 叫做级数的一般项或通项．$\sum\limits_{n=1}^{\infty} u_n$ 可以简记为 $\sum u_n$. 当 u_n 为常数时，$\sum\limits_{n=1}^{\infty} u_n$ 称为常数项级数，否则称为函数项级数．

定义 2 设级数 $\sum\limits_{n=1}^{\infty} u_n$ 的前 n 项和（也称部分和）为 S_n，即

$$S_n = \sum_{i=1}^{n} u_i = u_1 + u_2 + u_3 + \cdots + u_n$$

若级数 $\sum\limits_{n=1}^{\infty} u_n$ 的部分和 S_n 当 $n \to \infty$ 时的极限存在，即

$$\lim_{n \to \infty} S_n = S$$

则称无穷级数 $\sum\limits_{n=1}^{\infty} u_n$ 收敛，并称极限值 S 为级数的和，记作

$$S = \sum_{n=1}^{\infty} u_n$$

否则，称无穷级数 $\sum_{n=1}^{\infty} u_n$ 发散. 发散级数没有和.

收敛级数的和 S 与其前 n 项和 S_n 之差，称为收敛级数的误差，即 $r_n = |S - S_n|$.

例 1　判定级数 $\sum_{n=1}^{\infty} \dfrac{1}{(2n-1)(2n+1)} = \dfrac{1}{1 \cdot 3} + \dfrac{1}{3 \cdot 5} + \dfrac{1}{5 \cdot 7} + \cdots + \dfrac{1}{(2n-1)(2n+1)} +$ $\cdots$ 的敛散性.

解　因为级数前 n 项和为

$$
\begin{aligned}
S_n &= \frac{1}{1 \cdot 3} + \frac{1}{3 \cdot 5} + \frac{1}{5 \cdot 7} + \cdots + \frac{1}{(2n-1)(2n+1)} \\
&= \frac{1}{2}\left(1 - \frac{1}{3}\right) + \frac{1}{2}\left(\frac{1}{3} - \frac{1}{5}\right) + \frac{1}{2}\left(\frac{1}{5} - \frac{1}{7}\right) + \cdots \\
&\quad + \frac{1}{2}\left(\frac{1}{2n-1} - \frac{1}{2n+1}\right) \\
&= \frac{1}{2}\left(1 - \frac{1}{2n+1}\right)
\end{aligned}
$$

$$\lim_{n \to \infty} S_n = \lim_{n \to \infty} \frac{1}{2}\left(1 - \frac{1}{2n+1}\right) = \frac{1}{2}$$

所以，所给级数收敛，且其和为 $\dfrac{1}{2}$，即

$$\sum_{n=1}^{\infty} \frac{1}{(2n-1)(2n+1)} = \frac{1}{2}$$

例 2　判断级数 $\sum_{n=1}^{\infty} 1 = 1 + 1 + 1 + \cdots + 1 + \cdots$ 的敛散性.

解　因为级数前 n 项和为

$$S_n = \sum_{i=1}^{n} 1 = 1 + 1 + 1 + \cdots + 1 = n$$

$$\lim_{n \to \infty} S_n = \lim_{n \to \infty} n = \infty$$

所以，所给级数是发散的.

例 3　讨论几何级数（也称为等比级数）

$$\sum_{n=1}^{\infty} aq^{n-1} = a + aq + aq^2 + \cdots + aq^{n-1} + \cdots$$

的敛散性，其中 $a \neq 0$，q 称为公比.

解　当 $|q| \neq 1$ 时，则部分和为

$$S_n = a + aq + aq^2 + \cdots + aq^{n-1} = \frac{a(1-q^n)}{1-q}$$

(1) 当 $|q|<1$ 时，$\lim\limits_{n\to\infty}q^n=0$，所以有

$$\lim_{n\to\infty}S_n=\frac{a}{1-q}$$

此时级数收敛，其和为 $S=\dfrac{a}{1-q}$；

(2) 当 $|q|>1$ 时，$\lim\limits_{n\to\infty}q^n=\infty$，所以有

$$\lim_{n\to\infty}S_n=\infty$$

此时级数发散；

(3) 当 $q=1$ 时，$S_n=na$，$\lim\limits_{n\to\infty}S_n=\infty$，级数发散；

(4) 当 $q=-1$ 时，级数前 n 项和为

$$S_n=a-a+a-a+\cdots+(-1)^{n-1}a$$

所以，部分和 S_n 随 n 为奇数或偶数分别等于 a 或 0，即 $\lim\limits_{n\to\infty}S_n$ 不存在，故级数发散.

综合可得，当 $|q|<1$ 时，等比级数 $\sum\limits_{n=1}^{\infty}aq^{n-1}$ 收敛；当 $|q|\geqslant 1$ 时，等比级数 $\sum\limits_{n=1}^{\infty}aq^{n-1}$ 发散.

例 4 求级数 $-\dfrac{1}{3}+\dfrac{1}{9}+\cdots+\left(-\dfrac{1}{3}\right)^n+\cdots$ 的和.

解 这是公比为 $-\dfrac{1}{3}$ 的几何级数. 而 $\left|-\dfrac{1}{3}\right|<1$，所以有

$$\sum_{n=1}^{\infty}\left(-\frac{1}{3}\right)^n=\frac{-\dfrac{1}{3}}{1-\left(-\dfrac{1}{3}\right)}=-\frac{1}{4}$$

7.1.2 常数项级数的性质

根据数项级数的敛散性定义，可以很容易得出级数的下列性质，关于它们的证明，读者可参考相关教材.

性质 1 设 k 为不等于 0 的常数，级数 $\sum\limits_{n=1}^{\infty}ku_n$ 与 $\sum\limits_{n=1}^{\infty}u_n$ 具有相同的敛散性. 若 $\sum\limits_{n=1}^{\infty}u_n$ 收敛于 S，则 $\sum\limits_{n=1}^{\infty}ku_n$ 收敛于 kS.

性质 2 设级数 $\sum\limits_{n=1}^{\infty}u_n$ 与 $\sum\limits_{n=1}^{\infty}v_n$ 都收敛，则 $\sum\limits_{n=1}^{\infty}(u_n\pm v_n)$ 也收敛，且有

$$\sum_{n=1}^{\infty}(u_n\pm v_n)=\sum_{n=1}^{\infty}u_n\pm\sum_{n=1}^{\infty}v_n$$

性质 3 在级数的前面加上或去掉有限项，不影响级数的敛散性.

性质 4　若级数 $\sum\limits_{n=1}^{\infty} u_n$ 收敛于 S，则对其各项任意加括号后所得级数仍收敛，且其和不变.

注意：原级数收敛，加括号后所成的新级数也收敛；但反之不然，即如果加括号的级数收敛，则去掉括号后的原级数未必收敛. 例如级数 $(1-1)+(1-1)+\cdots+(1-1)+\cdots$ 收敛于 0，但去掉括号后，级数 $1-1+1-1+\cdots+(-1)^{n-1}+\cdots$ 是发散的.

性质 5（级数收敛的必要条件）　若级数 $\sum\limits_{n=1}^{\infty} u_n$ 收敛，则 $\lim\limits_{n\to\infty} u_n = 0$.

这一性质告诉我们，如果级数 $\sum\limits_{n=1}^{\infty} u_n$ 的一般项 u_n 不趋于零，则级数一定是发散的；但是，反过来，$\lim\limits_{n\to\infty} u_n = 0$ 的级数不一定收敛.

再给出几个常用的重要数项级数及其敛散性：

(1) 等差级数 $\sum\limits_{n=1}^{\infty} n = 1+2+3+\cdots+n+\cdots$（发散）.

(2) 调和级数 $\sum\limits_{n=1}^{\infty} \dfrac{1}{n} = 1+\dfrac{1}{2}+\dfrac{1}{3}+\cdots+\dfrac{1}{n}+\cdots$（发散）.

(3) $p-$ 级数 $\sum\limits_{n=1}^{\infty} \dfrac{1}{n^p} = 1+\dfrac{1}{2^p}+\dfrac{1}{3^p}+\cdots+\dfrac{1}{n^p}+\cdots$ $(p>0)$. 当 $p\leqslant 1$ 时，该级数发散；当 $p>1$ 时，该级数收敛.

习题 7−1

1. 根据级数收敛的定义求下列级数的和：

(1) $\sum\limits_{n=1}^{\infty} \dfrac{3^n+2^n}{5^n}$　　　(2) $\sum\limits_{n=1}^{\infty} \dfrac{1}{(3n-2)(3n+1)}$　　　(3) $\sum\limits_{n=1}^{\infty} \dfrac{1}{2^{n+2}}$

2. 判别下列级数的敛散性：

(1) $\sum\limits_{n=1}^{\infty} \dfrac{1}{\sqrt[n]{3}}$　　　(2) $\sum\limits_{n=1}^{\infty} \left(\dfrac{1}{2^n}+\dfrac{1}{10n}\right)$　　　(3) $\sum\limits_{n=1}^{\infty} \dfrac{3}{\sqrt[3]{n}}$

7.2　常数项级数的审敛法

7.2.1　正项级数及其审敛法

定义 1　若常数项级数 $\sum\limits_{n=1}^{\infty} u_n$ 满足 $u_n \geqslant 0$，$n=1,2,\cdots$，则称级数 $\sum\limits_{n=1}^{\infty} u_n$ 为正项级数.

设正项级数 $\sum\limits_{n=1}^{\infty} u_n$ 的部分和为 S_n，由于 $u_n \geqslant 0$，$S_{n+1} = S_n + u_{n+1} \geqslant S_n$，所以正项级数 $\sum\limits_{n=1}^{\infty} u_n$ 的部分和数列 $\{S_n\} = S_1, S_2, S_3, \cdots, S_n, \cdots$ 必为单调增加数列；根据单调有界数列必有极限以及收敛数列必有界的性质可得到：正项级数收敛的充要条件是它的部分和数列有界.

下面以定理的形式给出正项级数敛散性的判定方法，证明从略.

1. 正项级数比较判别法

定理 1　设 $\sum\limits_{n=1}^{\infty} u_n$、$\sum\limits_{n=1}^{\infty} v_n$ 均为正项级数，且 $u_n \leqslant v_n (n = 1, 2, \cdots)$，

（1）如果级数 $\sum\limits_{n=1}^{\infty} v_n$ 收敛，则级数 $\sum\limits_{n=1}^{\infty} u_n$ 也收敛；

（2）如果级数 $\sum\limits_{n=1}^{\infty} u_n$ 发散，则级数 $\sum\limits_{n=1}^{\infty} v_n$ 也发散.

比较判别法可形象地记作："若大的收敛，则小的也收敛；若小的发散，则大的也发散".

例 1　判别级数 $\sum\limits_{n=1}^{\infty} \dfrac{1}{2n-1}$ 的敛散性.

解　因为 $u_n = \dfrac{1}{2n-1} > \dfrac{1}{2n}$，而调和级数 $\sum\limits_{n=1}^{\infty} \dfrac{1}{n}$ 发散，从而 $\sum\limits_{n=1}^{\infty} \dfrac{1}{2n-1}$ 也发散.

例 2　判别级数 $\sum\limits_{n=1}^{\infty} \dfrac{1}{n^2 - n + 1}$ 的敛散性.

解　因为 $n^2 - n + 1 > \dfrac{n^2}{2}$，所以 $\dfrac{1}{n^2 - n + 1} < \dfrac{2}{n^2}$，

而 $\sum\limits_{n=1}^{\infty} \dfrac{2}{n^2}$ 收敛，故级数 $\sum\limits_{n=1}^{\infty} \dfrac{1}{n^2 - n + 1}$ 也收敛.

2. 正项级数根值判别法

定理 2（柯西判别法）　设 $\sum\limits_{n=1}^{\infty} u_n$ 为正项级数，且 $\lim\limits_{n \to \infty} \sqrt[n]{u_n} = \rho$，则

（1）当 $\rho < 1$ 时，级数收敛；

（2）当 $\rho > 1$ 时，级数发散；

当 $\rho = 1$ 时，级数可能收敛也可能发散.

例 3　判别级数 $\sum\limits_{n=1}^{\infty} \left(\dfrac{n}{3n+2} \right)^n$ 的敛散性.

解　因为

$$\lim_{n \to \infty} \sqrt[n]{u_n} = \lim_{n \to \infty} \frac{n}{3n+2} = \frac{1}{3} < 1$$

所以级数 $\sum\limits_{n=1}^{\infty} \left(\dfrac{n}{3n+2} \right)^n$ 收敛.

3. 正项级数比值判别法

定理 3(达朗贝尔判别法)　设 $\sum\limits_{n=1}^{\infty} u_n$ 为正项级数,如果 $\lim\limits_{n \to \infty} \dfrac{u_{n+1}}{u_n} = \rho$,则

(1) 当 $\rho < 1$ 时,级数收敛;

(2) 当 $\rho > 1$ 时,级数发散;

(3) 当 $\rho = 1$ 时,不能用此法判定级数的敛散性.

例 4　判定下列级数的敛散性.

(1) $\sum\limits_{n=1}^{\infty} \dfrac{10^n}{n!}$ 　　　(2) $\sum\limits_{n=1}^{\infty} \dfrac{n!}{n^n}$ 　　　(3) $\sum\limits_{n=1}^{\infty} \dfrac{5^n}{n^5}$

解　(1) 因为

$$\lim_{n \to \infty} \frac{u_{n+1}}{u_n} = \lim_{n \to \infty} \frac{\dfrac{10^{n+1}}{(n+1)!}}{\dfrac{10^n}{n!}} = \lim_{n \to \infty} \frac{10^{n+1}}{(n+1)!} \cdot \frac{n!}{10^n} = \lim_{n \to \infty} \frac{10}{n+1} = 0 < 1$$

所以,由比值判别法可知级数 $\sum\limits_{n=1}^{\infty} \dfrac{10^n}{n!}$ 收敛.

(2) 因为

$$\lim_{n \to \infty} \frac{u_{n+1}}{u_n} = \lim_{n \to \infty} \frac{(n+1)!}{(n+1)^{n+1}} \cdot \frac{n^n}{n!} = \lim_{n \to \infty} \left(\frac{n}{n+1} \right)^n = \lim_{n \to \infty} \frac{1}{\left(1 + \dfrac{1}{n} \right)^n}$$

$$= \frac{1}{e} < 1$$

所以,由比值判别法得级数 $\sum\limits_{n=1}^{\infty} \dfrac{n!}{n^n}$ 收敛.

(3) 因为

$$\lim_{n \to \infty} \frac{u_{n+1}}{u_n} = \lim_{n \to \infty} \frac{5^{n+1}}{(n+1)^5} \cdot \frac{n^5}{5^n} = 5 \lim_{n \to \infty} \left(\frac{n}{n+1} \right)^5 = 5 > 1$$

所以,由比值判别法得级数 $\sum\limits_{n=1}^{\infty} \dfrac{5^n}{n^5}$ 发散.

例 5　判定下列级数的敛散性.

(1) $\sum\limits_{n=1}^{\infty} \dfrac{(n!)^2}{(2n)!}$ 　　　(2) $\sum\limits_{n=1}^{\infty} \dfrac{a^n}{n^b} (a > 0, b > 0)$

解 (1) 因为

$$\lim_{n\to\infty}\frac{u_{n+1}}{u_n}=\lim_{n\to\infty}\frac{[(n+1)!]^2}{[2(n+1)]!}\cdot\frac{(2n)!}{(n!)^2}=\lim_{n\to\infty}\frac{(n+1)^2}{(2n+2)(2n+1)}=\frac{1}{4}<1$$

所以由比值判别法知 $\displaystyle\sum_{n=1}^{\infty}\frac{(n!)^2}{(2n)!}$ 收敛.

(2) 因为

$$\lim_{n\to\infty}\frac{u_{n+1}}{u_n}=\lim_{n\to\infty}\frac{a^{n+1}}{(n+1)^b}\cdot\frac{n^b}{a^n}=a\lim_{n\to\infty}\left(\frac{n}{n+1}\right)^b=a$$

所以，当 $0<a<1$ 时，由比值判别法知所给级数 $\displaystyle\sum_{n=1}^{\infty}\frac{a^n}{n^b}$ 收敛；当 $a>1$ 时，所给级数发散；

当 $a=1$ 时，比值判别法失效；此时所给级数为 $\displaystyle\sum_{n=1}^{\infty}\frac{1}{n^b}$ 是 p -级数，则当 $p=b>1$ 时该级

数收敛；当 $p=b\leqslant 1$ 时该级数发散.

由上述讨论可知，如果正项级数的一般项中含有幂或阶乘因式，则可试用比值判别法进行判定.

7.2.2 交错级数及其审敛法

定义 2 设级数的各项是正、负相间的，即

$$u_1-u_2+u_3-u_4+\cdots=\sum_{n=1}^{\infty}(-1)^{n-1}u_n$$

其中 $u_n>0$（$n=1,2,\cdots$），这样的级数称为交错级数.

关于交错级数，有以下判别法：

定理 4(莱布尼兹判别法) 如果交错级数 $\displaystyle\sum_{n=1}^{\infty}(-1)^{n-1}u_n(u_n>0,n=1,2,\cdots)$ 满足条件

(1) $u_n\geqslant u_{n+1}$ （$n=1,2,\cdots$）；

(2) $\displaystyle\lim_{n\to\infty}u_n=0$.

则交错级数 $\displaystyle\sum_{n=1}^{\infty}(-1)^{n-1}u_n$ 收敛，且其和 $S\leqslant u_1$，$|r_n|\leqslant u_{n+1}$.

例 6 判别交错级数 $\displaystyle\sum_{n=1}^{\infty}\frac{(-1)^{n-1}}{n}$ 的敛散性.

解 因为

$$u_n=\frac{1}{n}>\frac{1}{n+1}=u_{n+1},\quad n=1,2,\cdots$$

$$\lim_{n\to\infty}u_n=\lim_{n\to\infty}\frac{1}{n}=0$$

由交错级数的判别法知,该级数收敛.

7.2.3　绝对收敛与条件收敛

定义 3　如果在级数 $\sum\limits_{n=1}^{\infty} u_n$ 中,$u_n(n=1,2,\cdots)$ 为任意实数,则称 $\sum\limits_{n=1}^{\infty} u_n$ 为任意项级数.

定义 4　对任意项级数 $\sum\limits_{n=1}^{\infty} u_n$,若 $\sum\limits_{n=1}^{\infty}|u_n|$ 收敛,则称级数 $\sum\limits_{n=1}^{\infty} u_n$ 绝对收敛;若 $\sum\limits_{n=1}^{\infty}|u_n|$ 发散,而 $\sum\limits_{n=1}^{\infty} u_n$ 收敛,则称级数 $\sum\limits_{n=1}^{\infty} u_n$ 为条件收敛.

上述定义说明,级数 $\sum\limits_{n=1}^{\infty}|u_n|$ 收敛,则级数 $\sum\limits_{n=1}^{\infty} u_n$ 一定收敛,但是,当级数 $\sum\limits_{n=1}^{\infty}|u_n|$ 发散时,级数 $\sum\limits_{n=1}^{\infty} u_n$ 不一定发散.

例如,级数 $\sum\limits_{n=1}^{\infty}\dfrac{(-1)^{n-1}}{n}$ 是收敛的,但各项取绝对值所成的调和级数 $\sum\limits_{n=1}^{\infty}\dfrac{1}{n}$ 是发散的.

例 7　判定级数 $\sum\limits_{n=1}^{\infty}(-1)^{n-1}\dfrac{1}{\sqrt{n}}$ 的敛散性,若收敛,是绝对收敛还是条件收敛?

解　由于所给级数是交错级数,其中 $u_n=\dfrac{1}{\sqrt{n}}$ 满足:

(1) $u_n=\dfrac{1}{\sqrt{n}}>\dfrac{1}{\sqrt{n+1}}=u_{n+1}$;

(2) $\lim\limits_{n\to\infty}u_n=\lim\limits_{n\to\infty}\dfrac{1}{\sqrt{n}}=0$;

所以,该级数收敛.又由于把级数的各项加上绝对值后得到 $v_n=\dfrac{1}{\sqrt{n}}$,而级数 $\sum\limits_{n=1}^{\infty}\dfrac{1}{\sqrt{n}}$ 为 $p=\dfrac{1}{2}$ 的 p-级数,它是发散的,因此,级数 $\sum\limits_{n=1}^{\infty}(-1)^{n-1}\dfrac{1}{\sqrt{n}}$ 是条件收敛级数.

习题 7-2

1. 判断下列数项级数的敛散性:

(1) $\sum\limits_{n=1}^{\infty}\dfrac{1}{2n-1}$　　　　(2) $\sum\limits_{n=1}^{\infty}\dfrac{1}{(n+1)(n+4)}$　　　　(3) $\sum\limits_{n=1}^{\infty}\dfrac{7}{n^5}$

2. 判断下列数项级数是否收敛:

(1) $\sum\limits_{n=1}^{\infty} \dfrac{n}{10^n}$ (2) $\sum\limits_{n=1}^{\infty} \dfrac{(2n)^n}{n!\,7^n}$ (3) $\sum\limits_{n=1}^{\infty} \dfrac{a^n n!}{n^n}$

3. 判断下列数项级数的敛散性:

(1) $\sum\limits_{n=1}^{\infty}\left[\sqrt{\dfrac{3n-1}{4n+1}}\,\right]^n$ (2) $\sum\limits_{n=1}^{\infty}\left(\dfrac{n}{3n-1}\right)^{2n-1}$ (3) $\sum\limits_{n=1}^{\infty} \dfrac{n^{n+1}}{(n+1)^{n+2}}$

4. 判定级数 $\sum\limits_{n=1}^{\infty}(-1)^{n-1}\dfrac{n}{3^{n-1}}$ 的敛散性,是条件收敛还是绝对收敛?

7.3 幂 级 数

前面讨论了常数项级数,但是在实际中应用得更多的是幂级数. 下面讨论幂级数的情况.

7.3.1 幂级数的概念

1. 函数项级数

定义 1 设函数 $u_n(x)(n=1,2,\cdots)$ 的定义区间都是 I,则称表达式

$$\sum_{n=1}^{\infty} u_n(x) = u_1(x) + u_2(x) + \cdots + u_n(x) + \cdots$$

为区间 I 上的函数项级数.

如果给定 $x_0 \in$ I,将它代入函数项级数 $\sum\limits_{n=1}^{\infty} u_n(x)$ 所得到的常数项级数 $\sum\limits_{n=1}^{\infty} u_n(x_0)$ 是收敛的,则称 x_0 是函数项级数 $\sum\limits_{n=1}^{\infty} u_n(x)$ 的收敛点;否则,称 x_0 是 $\sum\limits_{n=1}^{\infty} u_n(x)$ 的发散点.

函数项级数的所有收敛点的集合称为该级数的收敛域. 若 x_0 是收敛域内的一个点,则数项级数 $\sum\limits_{n=1}^{\infty} u_n(x_0)$ 必有一个和 $S(x_0)$ 与之对应,即

$$S(x_0) = u_1(x_0) + u_2(x_0) + \cdots + u_n(x_0) + \cdots$$

当 x_0 在收敛域内变动时,由对应关系就得到一个定义在收敛域上的函数 $S(x)$,使得

$$S(x) = u_1(x) + u_2(x) + \cdots + u_n(x) + \cdots$$

这个函数 $S(x)$ 就称为函数项级数 $\sum\limits_{n=1}^{\infty} u_n(x)$ 的和函数.

2. 幂级数及其收敛性

幂级数是比较简单的一类函数项级数,在近似计算中有着广泛的应用.

定义 2 形如

$$\sum_{n=0}^{\infty} a_n x^n = a_0 + a_1 x + a_2 x^2 + \cdots + a_n x^n + \cdots$$

或 $$\sum_{n=0}^{\infty} a_n (x - x_0)^n = a_0 + a_1 (x - x_0) + a_2 (x - x_0)^2 + \cdots + a_n (x - x_0)^n + \cdots$$

的函数项级数称为幂级数. 其中 $a_n (n = 1, 2, \cdots)$ 为常数，称为幂级数的系数.

幂级数 $\sum_{n=0}^{\infty} a_n x^n$ 中的 x 取定一值 x_0 时，就得到一个常数项级数：

$$\sum_{n=0}^{\infty} a_0 x_0{}^n = a_0 + a_1 x_0 + a_2 x_0{}^2 + \cdots + a_n x_0{}^n + \cdots$$

若此常数项级数收敛，则称幂级数 $\sum_{n=0}^{\infty} a_n x^n$ 在 $x = x_0$ 处收敛，x_0 称为幂级数的收敛点；若此常数项级数不收敛，则称幂级数在 $x = x_0$ 处发散，x_0 称为该幂级数的发散点；幂级数 $\sum_{n=0}^{\infty} a_n x^n$ 的所有收敛点组成的集合称为幂级数的收敛域；所有发散点组成的集合称为幂级数的发散域. 下面的定理给出了幂级数的敛散域的结论.

定理 1 (1) 如果幂级数 $\sum_{n=0}^{\infty} a_n x^n$ 在点 $x = x_0 (x_0 \neq 0)$ 收敛，则对满足 $|x| < |x_0|$ 的一切 x，幂级数 $\sum_{n=0}^{\infty} a_n x^n$ 绝对收敛；

(2) 若幂级数 $\sum_{n=0}^{\infty} a_n x^n$ 在点 $x = x_1$ 处发散，则对满足 $|x| > |x_1|$ 的一切 x，幂级数 $\sum_{n=0}^{\infty} a_n x^n$ 发散.

由该定理可知，幂级数 $\sum_{n=0}^{\infty} a_n x^n$ 的收敛域具有三种情形：

(1) 仅在 $x = 0$ 时收敛，收敛域只有一点，$x = 0$.

(2) 在 $(-\infty, +\infty)$ 内处处绝对收敛，收敛域为 $(-\infty, +\infty)$.

(3) 存在一个正数 R，当 $|x| < R$ 时，绝对收敛；当 $|x| > R$ 时，发散；在 $x = \pm R$ 时，可能收敛也可能发散，需将 $x = \pm R$ 代入幂级数中转化成常数项级数加以判定.

上述(3)中的正数 R 叫做幂级数的收敛半径. 下面给出求幂级数收敛半径的方法.

定理 2 设幂级数 $\sum_{n=0}^{\infty} a_n x^n$ 满足 $a_n \neq 0 (n \in N)$，且 $\lim_{n \to \infty} \left| \dfrac{a_{n+1}}{a_n} \right| = l$，则：

(1) 当 $l \neq 0$ 时，$R = \dfrac{1}{l}$；

(2) 当 $l = 0$ 时，$R = +\infty$；

(3) 当 $l = +\infty$ 时，$R = 0$.

例 1 求幂级数 $\sum\limits_{n=1}^{\infty} \dfrac{x^n}{n}$ 的收敛半径和收敛区间.

解 因为
$$a_n = \frac{1}{n}$$

$$l = \lim_{n \to \infty} \left| \frac{a_{n+1}}{a_n} \right| = \lim_{n \to \infty} \frac{\dfrac{1}{n+1}}{\dfrac{1}{n}} = \lim_{n \to \infty} \frac{n}{n+1} = 1$$

故幂级数 $\sum\limits_{n=1}^{\infty} \dfrac{x^n}{n}$ 的收敛半径 $R = \dfrac{1}{l} = 1$.

当 $x = -1$ 时，幂级数成为交错级数 $\sum\limits_{n=1}^{\infty} \dfrac{(-1)^n}{n}$，收敛；

当 $x = 1$ 时，幂级数成为调和级数 $\sum\limits_{n=1}^{\infty} \dfrac{1}{n}$，发散.

所以幂级数 $\sum\limits_{n=1}^{\infty} \dfrac{x^n}{n}$ 的收敛区间为 $[-1, 1)$.

例 2 求幂级数 $\sum\limits_{n=0}^{\infty} \dfrac{x^n}{n!}$ 的收敛半径和收敛区间.

解 因为
$$a_n = \frac{1}{n!}$$

$$l = \lim_{n \to \infty} \left| \frac{a_{n+1}}{a_n} \right| = \lim_{n \to \infty} \frac{\dfrac{1}{(n+1)!}}{\dfrac{1}{n!}} = \lim_{n \to \infty} \frac{1}{n+1} = 0$$

所以幂级数 $\sum\limits_{n=0}^{\infty} \dfrac{x^n}{n!}$ 的收敛半径 $R = +\infty$.

这时幂级数对任何实数 x 都收敛，故收敛区间为 $(-\infty, +\infty)$.

例 3 求幂级数 $\sum\limits_{n=1}^{\infty} \dfrac{(x+1)^n}{n 3^n}$ 的收敛半径及收敛区间.

解 作变换 $x + 1 = t$，所给级数化为 t 的幂级数 $\sum\limits_{n=1}^{\infty} \dfrac{t^n}{n 3^n}$. 因为

$$a_n = \frac{1}{n 3^n}$$

$$l = \lim_{n \to \infty} \left| \frac{a_{n+1}}{a_n} \right| = \lim_{n \to \infty} \frac{\dfrac{1}{(n+1) 3^{n+1}}}{\dfrac{1}{n 3^n}} = \frac{1}{3} \lim_{n \to \infty} \frac{n}{n+1} = \frac{1}{3}$$

所以关于 t 的幂级数的收敛半径 $R = \dfrac{1}{l} = 3$，这时所求级数的收敛半径 $R = 3$.

当 $t = -3$ 时，幂级数成为交错级数 $\displaystyle\sum_{n=1}^{\infty} \dfrac{(-1)^n}{n}$，收敛；

当 $t = 3$ 时，幂级数成为调和级数 $\displaystyle\sum_{n=1}^{\infty} \dfrac{1}{n}$，发散.

所以关于 t 的幂级数的收敛域为 $-3 \leqslant t < 3$，从而 $-3 \leqslant x+1 < 3$，即 $-4 \leqslant x < 2$，故原级数的收敛区间为 $[-4, 2)$.

例 4　求幂级数 $\displaystyle\sum_{n=1}^{\infty} \dfrac{3^n}{n^2}(x-1)^n$ 的收敛区间.

解　收敛半径可以直接由下式求得

$$R = \lim_{n \to \infty} \left| \frac{a_n}{a_{n+1}} \right| = \lim_{n \to \infty} \frac{3^n}{n^2} \cdot \frac{(n+1)^2}{3^{n+1}} = \frac{1}{3} \lim_{n \to \infty} \left(\frac{n+1}{n} \right)^2 = \frac{1}{3}$$

故

$$-\frac{1}{3} < x-1 < \frac{1}{3} \quad 即 \quad \frac{2}{3} < x < \frac{4}{3}$$

$x = \dfrac{2}{3}$ 时，$\displaystyle\sum_{n=1}^{\infty} \dfrac{3^n}{n^2}(x-1)^n = \sum_{n=1}^{\infty} \dfrac{(-1)^n}{n^2}$，是交错级数，且收敛；

$x = \dfrac{4}{3}$ 时，$\displaystyle\sum_{n=1}^{\infty} \dfrac{3^n}{n^2}(x-1)^n = \sum_{n=1}^{\infty} \dfrac{1}{n^2}$，是 $p = 2$ 的 p -级数，收敛；

从而原级数的收敛半径 $R = \dfrac{1}{3}$，收敛区间为 $\left[\dfrac{2}{3}, \dfrac{4}{3} \right]$.

7.3.2　幂级数的性质

设幂级数 $\displaystyle\sum_{n=0}^{\infty} a_n x^n$ 的收敛半径为 $R > 0$，则在其收敛区域 D 上就确定了一个和函数 $S(x)$，即

$$S(x) = \sum_{n=0}^{\infty} a_n x^n \quad (x \in D)$$

下面给出幂级数的和函数 $S(x)$ 在收敛区间内的一些运算性质.

设幂级数 $\displaystyle\sum_{n=0}^{\infty} a_n x^n$ 与 $\displaystyle\sum_{n=0}^{\infty} b_n x^n$ 的和函数分别为 $S_1(x)$ 和 $S_2(x)$，收敛半径分别为 R_1、R_2，并记 $R = \min(R_1, R_2)$，则在 $(-R, R)$ 内有以下运算性质：

性质 1（加法运算）

$$\sum_{n=0}^{\infty} a_n x^n \pm \sum_{n=0}^{\infty} b_n x^n = \sum_{n=0}^{\infty} (a_n \pm b_n) x^n = S_1(x) \pm S_2(x)$$

性质 2（连续性）

$$\lim_{x \to x_0} S(x) = \lim_{x \to x_0} \left(\sum_{n=0}^{\infty} a_n x^n \right) = \sum_{n=0}^{\infty} \left(\lim_{x \to x_0} a_n x^n \right) = \sum_{n=0}^{\infty} a_n x_0^{\ n} = S(x_0)$$

性质 3(可导性)

$$S'(x) = \left(\sum_{n=0}^{\infty} a_n x^n \right)' = \sum_{n=0}^{\infty} (a_n x^n)' = \sum_{n=1}^{\infty} n a_n x^{n-1}$$

性质 4(可积性)

$$\int_0^x S(x) \mathrm{d}x = \int_0^x \left(\sum_{n=0}^{\infty} a_n x^n \right) \mathrm{d}x = \sum_{n=0}^{\infty} \int_0^x a_n x^n \mathrm{d}x = \sum_{n=0}^{\infty} \frac{a_n}{n+1} x^{n+1}$$

注意：逐项求导与逐项积分运算后收敛半径不变，但收敛区间端点的敛散性可能改变.

如级数 $\dfrac{1}{1-x} = 1 + x + x^2 + \cdots + x^n + \cdots$ 的收敛半径 $R=1$，收敛区间为 $(-1, 1)$，逐项积分后得

$$\int_0^x \frac{1}{1-x} \mathrm{d}x = \sum_{n=0}^{\infty} \frac{x^{n+1}}{n+1}$$

该级数的收敛半径还是 $R=1$，但收敛区间为 $[-1, 1)$，即 $x = -1$ 收敛.

习题 7-3

1. 求下列幂级数的收敛区间：

(1) $\displaystyle\sum_{n=1}^{\infty} (-1)^n \frac{x^n}{n}$ 　　　　(2) $\displaystyle\sum_{n=1}^{\infty} \frac{nx^n}{3^n}$ 　　　　(3) $\displaystyle\sum_{n=1}^{\infty} \frac{x^n}{n 3^n}$

(4) $\displaystyle\sum_{n=1}^{\infty} nx^n$ 　　　　(5) $\displaystyle\sum_{n=1}^{\infty} \frac{x^n}{2 \cdot 4 \cdot 6 \cdots (2n)}$ 　　　　(6) $\displaystyle\sum_{n=1}^{\infty} (-1)^n \frac{x^{2n+1}}{2n+1}$

2. 利用逐项求导数或逐项积分或逐项相乘的方法，求下列级数在收敛区间上的和函数.

(1) $\displaystyle\sum_{n=1}^{\infty} \frac{2n-1}{2^n} x^{2n-2}$ 　　　　　　　(2) $x + \dfrac{x^3}{3} + \dfrac{x^5}{5} + \dfrac{x^7}{7} + \cdots$

(3) $\dfrac{x^2}{2} + \dfrac{x^9}{9} + \dfrac{x^{13}}{13} + \cdots$ 　　　　　　(4) $\dfrac{x^2}{1 \cdot 2} + \dfrac{x^3}{2 \cdot 3} + \dfrac{x^4}{3 \cdot 4} + \cdots$

(5) $1 \cdot 2 + 2 \cdot 3x + 3 \cdot 4x^2 + 4 \cdot 5x^3 + \cdots$

7.4　函数展开成幂级数

上节我们讨论了幂级数的收敛半径、收敛域及和函数的性质，可知幂级数在收敛域内

具有连续性、逐项可导与逐项可积性,而很多实际问题是研究给定函数 $f(x)$,考虑是否能找到这样一个幂级数 $\sum\limits_{n=0}^{\infty} a_n(x-x_0)^n$,它在收敛域内以 $f(x)$ 为和函数的问题. 怎样才能求得这样的幂级数呢? 这就是把函数展开成幂级数的问题.

7.4.1 泰勒公式与泰勒级数

1. 泰勒公式与麦克劳林公式

定义 1 设函数 $f(x)$ 在含有 x_0 的某区间内具有直至 $n+1$ 阶的导数,则在该区间内 $f(x)$ 关于 $(x-x_0)$ 的 n 次多项式与一个余项 R_n 之和的表达式,即

$$f(x) = f(x_0) + f'(x_0)(x-x_0) + \frac{f''(x_0)}{2!}(x-x_0)^2 + \cdots + \frac{f^{(n)}(x_0)}{n!}(x-x_0)^n + R_n(x)$$

称为 n 阶泰勒公式,其中 $R_n(x) = \dfrac{f^{(n+1)}(\xi)}{(n+1)!}(x-x_0)^{n+1}$,称为 $f(x)$ 的拉格朗日余项(ξ 介于 x 与 x_0 之间).

在 $f(x)$ 的 n 阶泰勒公式中,当 $x_0 = 0$ 时,则 ξ 介于 0 与 x 之间,记 $\xi = \theta x$,$(0 < \theta < 1)$. 则泰勒公式就变为较简单的如下形式

$$f(x) = f(0) + \frac{f'(0)}{1!}x + \frac{f''(0)}{2!}x^2 + \cdots + \frac{f^{(n)}(0)}{n!}x^n + \frac{f^{(n+1)}(\theta x)}{(n+1)!}x^{n+1}$$

上式称为 n 阶麦克劳林公式.

2. 泰勒级数与麦克劳林级数

定义 2 设函数 $f(x)$ 在含有 x_0 的某区间内具有任意阶导数 $f^{(n)}(x)$ $(n=1, 2, \cdots)$,则级数,

$$f(x_0) + f'(x_0)(x-x_0) + \frac{f''(x_0)}{2!}(x-x_0)^2 + \cdots + \frac{f^{(n)}(x_0)}{n!}(x-x_0)^n + \cdots$$

称为 $f(x)$ 在 $x = x_0$ 处的泰勒级数,即为关于 $x-x_0$ 的幂级数. 特别地,当 $x_0 = 0$ 时,

$$f(0) + f'(0)x + \frac{f''(0)}{2!}x^2 + \cdots + \frac{f^{(n)}(0)}{n!}x^n + \cdots$$

称为 $f(x)$ 的麦克劳林级数,即为关于 x 的幂级数.

现在的问题是,函数 $f(x)$ 满足什么条件才可以展开为泰勒级数与麦克劳林级数? 有下面的定理:

定理 设在 x_0 的某个邻域内,函数 $f(x)$ 具有任意阶导数,且 $\lim\limits_{n \to \infty} R_n(x) = 0$ 则在该邻域内 $f(x)$ 的泰勒级数为

$$f(x) = f(x_0) + f'(x_0)(x-x_0) + \frac{f''(x_0)}{2!}(x-x_0)^2 + \cdots + \frac{f^{(n)}(x_0)}{n!}(x-x_0)^n + \cdots$$

当 $x_0 = 0$ 时,即得函数 $f(x)$ 的麦克劳林级数展开式

$$f(x) = f(0) + f'(0)x + \frac{f''(0)}{2!}x^2 + \cdots + \frac{f^{(n)}(0)}{n!}x^n + \cdots$$

将函数展开成泰勒级数或麦克劳林级数就是用幂函数来表示函数.

7.4.2 将函数展开成幂级数

1. 直接展开法

直接展开法就是利用泰勒级数或麦克劳林级数公式直接求取. 其步骤是

(1) 求出 $f(x)$ 的各阶导数：$f'(x)$，$f''(x)$，$\cdots$，$f^{(n)}(x)$，$\cdots$；

(2) 求函数及其各阶导数在展开点处的值：$f'(x_0)$，$f''(x_0)$，$\cdots$，$f^{(n)}(x_0)$，$\cdots$

(3) 写出幂级数并求出收敛半径 R；

$$f(x) = f(x_0) + f'(x_0)(x - x_0) + \frac{f''(x_0)}{2!}(x - x_0)^2 + \cdots + \frac{f^{(n)}(x_0)}{n!}(x - x_0)^n + \cdots$$

(4) 考察在区间 $(-R, R)$ 内 $\lim\limits_{n \to \infty} R_n(x) = \lim\limits_{n \to \infty} \frac{f^{(n+1)}(\xi)}{(n+1)!}(x - x_0)^{n+1}$ 是否为零.

例 1　将函数 $f(x) = e^x$ 展开成关于 $x - 1$ 的幂级数.

解　$x - 1$ 的幂级数也就是在 $x_0 = 1$ 处的泰勒级数. 所给函数的各阶导数为
$$f^{(n)}(x) = e^x \quad (n = 1, 2, 3, \cdots)$$
因此 $f^{(n)}(1) = e, (n = 1, 2, 3, \cdots)$. 于是得级数
$$e + ex + \frac{e}{2!}x^2 + \cdots + \frac{e}{n!}x^n + \cdots$$

它的收敛半径 $R = +\infty$，对于任何有限的数 x、$\xi(\xi$ 介于 1 与 x 之间)，有
$$|R_n(x)| = \left| \frac{e^\xi}{(n+1)!}(x-1)^{n+1} \right| < e^{|x|} \cdot \frac{|x-1|^{n+1}}{(n+1)!}$$

而 $\lim\limits_{n \to \infty} \frac{|x-1|^{n+1}}{(n+1)!} = 0$，所以 $\lim\limits_{n \to \infty} |R_n(x)| = 0$，从而有展开式
$$e^x = e\left(1 + x + \frac{1}{2!}x^2 + \cdots + \frac{1}{n!}x^n + \cdots\right), \quad (-\infty < x < +\infty)$$

例 2　将函数 $f(x) = \sin x$ 展开成 x 的幂级数.

解　这是在 $x_0 = 0$ 处展开的麦克劳林级数，因为
$$f^{(n)}(x) = \sin\left(x + n \cdot \frac{\pi}{2}\right) \quad (n = 1, 2, 3, \cdots)$$
所以 $f^{(n)}(0)$ 顺序循环地取 $0, 1, 0, -1, \cdots(n = 0, 1, 2, 3, \cdots)$，于是得级数
$$x - \frac{x^3}{3!} + \frac{x^5}{5!} - \cdots + (-1)^{n-1}\frac{x^{2n-1}}{(2n-1)!} + \cdots$$

它的收敛半径为 $R = +\infty$.

对于任何有限的数 x、$\xi(\xi$ 介于 0 与 x 之间)，有

$$| R_n(x) | = \left| \frac{\sin\left[\xi + \frac{(n+1)\pi}{2}\right]}{(n+1)!} x^{n+1} \right| \leqslant \frac{| x |^{n+1}}{(n+1)!} \to 0 \quad (n \to +\infty)$$

因此得展开式

$$\sin x = x - \frac{x^3}{3!} + \frac{x^5}{5!} - \cdots + (-1)^{n-1} \frac{x^{2n-1}}{(2n-1)!} + \cdots \quad (-\infty < x < +\infty)$$

2. 间接展开法

间接展开法是指从已知函数的展开式出发,利用幂级数的运算法则得到所求函数的展开式的方法. 下面六个基本函数展开式可以作为公式使用,需要熟记.

(1) $e^x = 1 + x + \frac{1}{2!}x^2 + \cdots + \frac{1}{n!}x^n + \cdots \quad (-\infty < x < +\infty)$

(2) $\sin x = x - \frac{x^3}{3!} + \frac{x^5}{5!} - \cdots + (-1)^{n-1} \frac{x^{2n-1}}{(2n-1)!} + \cdots \quad (-\infty < x < +\infty)$

(3) $\cos x = 1 - \frac{x^2}{2!} + \frac{x^4}{4!} - \cdots + (-1)^n \frac{x^{2n}}{(2n)!} + \cdots \quad (-\infty < x < +\infty)$

(4) $\ln(1+x) = x - \frac{x^2}{2} + \frac{x^3}{3} - \frac{x^4}{4} + \cdots + (-1)^n \frac{x^{n+1}}{n+1} + \cdots \quad (-1 < x \leqslant 1)$

(5) $\frac{1}{1-x} = 1 + x + x^2 + \cdots + x^n + \cdots \quad (-1 < x < 1)$

(6) $(1+x)^m = 1 + mx + \frac{m(m-1)}{2!}x^2 + \cdots$
$$+ \frac{m(m-1)\cdots(m-n+1)}{n!}x^n + \cdots \quad (-1 < x < 1)$$

例 3　将函数 $f(x) = \cos x$ 展开成 x 的幂级数.

解　已知 $\sin x = x - \frac{x^3}{3!} + \frac{x^5}{5!} - \cdots + (-1)^{n-1} \frac{x^{2n-1}}{(2n-1)!} + \cdots \quad (-\infty < x < +\infty)$

由于 $(\sin x)' = \cos x$,对上式两边求导可得

$$\cos x = 1 - \frac{x^2}{2!} + \frac{x^4}{4!} - \cdots + (-1)^n \frac{x^{2n}}{(2n)!} + \cdots \quad (-\infty < x < +\infty)$$

例 4　将函数 $f(x) = \frac{1}{1+x^2}$ 展开成 x 的幂级数.

解　因为

$$\frac{1}{1-x} = 1 + x + x^2 + \cdots + x^n + \cdots \quad (-1 < x < 1)$$

把 x 换成 $-x^2$,得

$$\frac{1}{1+x^2} = 1 - x^2 + x^4 - \cdots + (-1)^n x^{2n} + \cdots \quad (-1 < x < 1)$$

收敛区间的确定:由于 $| x | < 1$,所以 $| -x^2 | < 1$,得 $| x | < 1$,即 $(-1 < x < 1)$.

例 5 将函数 $f(x) = \ln(1+x)$ 展开成 x 的幂级数.

解 因为 $f'(x) = \dfrac{1}{1+x}$，而

$$\frac{1}{1+x} = 1 - x + x^2 - x^3 + \cdots + (-1)^n x^n + \cdots, \quad (-1 < x < 1)$$

所以将上式从 0 到 x 逐项积分，得

$$\int_0^x \frac{1}{1+x}\mathrm{d}x = \int_0^x (1 - x + x^2 - x^3 + \cdots + (-1)^n x^n + \cdots)\mathrm{d}x$$

即

$$\ln(1+x) = x - \frac{x^2}{2} + \frac{x^3}{3} - \frac{x^4}{4} + \cdots + (-1)^n \frac{x^{n+1}}{n+1} + \cdots \quad (-1 < x \leqslant 1)$$

上述展开式对 $x = 1$ 也成立（这是因为上式右端的幂级数当 $x = 1$ 时收敛），而 $\ln(1+x)$ 在 $x = 1$ 处有定义且连续.

例 6 将函数 $f(x) = \sin x$ 展开成 $\left(x - \dfrac{\pi}{4}\right)$ 的幂级数.

解 因为

$$\sin x = \sin\left[\frac{\pi}{4} + \left(x - \frac{\pi}{4}\right)\right] = \frac{\sqrt{2}}{2}\left[\cos\left(x - \frac{\pi}{4}\right) + \sin\left(x - \frac{\pi}{4}\right)\right]$$

并且有

$$\cos\left(x - \frac{\pi}{4}\right) = 1 - \frac{1}{2!}\left(x - \frac{\pi}{4}\right)^2 + \frac{1}{4!}\left(x - \frac{\pi}{4}\right)^4 - \cdots (-\infty < x < +\infty)$$

$$\sin\left(x - \frac{\pi}{4}\right) = \left(x - \frac{\pi}{4}\right) - \frac{1}{3!}\left(x - \frac{\pi}{4}\right)^3 + \frac{1}{5!}\left(x - \frac{\pi}{4}\right)^5 - \cdots (-\infty < x < +\infty)$$

所以

$$\sin x = \frac{\sqrt{2}}{2}\left[1 + \left(x - \frac{\pi}{4}\right) - \frac{1}{2!}\left(x - \frac{\pi}{4}\right)^2 - \frac{1}{3!}\left(x - \frac{\pi}{4}\right)^3 + \cdots\right] \quad (-\infty < x < +\infty)$$

例 7 将函数 $f(x) = \dfrac{1}{x^2 + 4x + 3}$ 展开成 $(x-1)$ 的幂级数.

解 因为

$$f(x) = \frac{1}{x^2 + 4x + 3} = \frac{1}{(x+1)(x+3)}$$

$$= \frac{1}{2(1+x)} - \frac{1}{2(3+x)} = \frac{1}{4\left(1 + \dfrac{x-1}{2}\right)} - \frac{1}{8\left(1 + \dfrac{x-1}{4}\right)}$$

$$= \frac{1}{4}\sum_{n=0}^{\infty}(-1)^n \frac{(x-1)^n}{2^n} - \frac{1}{8}\sum_{n=0}^{\infty}(-1)^n \frac{(x-1)^n}{4^n}$$

$$= \sum_{n=0}^{\infty}(-1)^n \left(\frac{1}{2^{n+2}} - \frac{1}{2^{2n+3}}\right)(x-1)^n$$

由 $-1<\dfrac{x-1}{2}<1$，得 $-1<x<3$；$-1<\dfrac{x-1}{4}<1$，$-3<x<5$；公共部分为 $-1<x<3$，此即为收敛区间. 所以

$$f(x)=\frac{1}{x^{2}+4x+3}=\sum_{n=0}^{\infty}(-1)^{n}\left(\frac{1}{2^{n+2}}-\frac{1}{2^{2n+3}}\right)(x-1)^{n}\quad(-1<x<3)$$

习题 7 – 4

1. 将函数 $f(x)=\dfrac{1}{x+a}(a>0)$ 展开成 x 的幂级数.

2. 将函数 $f(x)=\dfrac{1}{1-2x}$ 展开成 x 的幂级数.

3. 将函数 $f(x)=e^{2x}$ 展开成 x 的幂级数.

4. 将函数 $f(x)=\dfrac{1}{x}$ 用"间接法"展开成 $x-2$ 的幂级数.

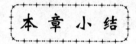

本 章 小 结

一、数项级数的概念与性质

1. 常数项级数的概念

式子：$u_1+u_2+\cdots+u_n+\cdots=\sum_{n=1}^{\infty}u_n$ 称为无穷级数，简称级数，其中 u_1 称为级数的首项，u_n 称为级数的通项或一般项. 由于级数的每一项都是常数，故亦称为常数项级数.

2. 级数的部分和

级数前 n 项的和：$S_n=u_1+u_2+\cdots+u_n$ 称为级数 $\sum\limits_{n=1}^{\infty}u_n$ 的部分和.

3. 级数的收敛与发散

如果级数 $\sum\limits_{n=1}^{\infty}u_n$ 的部分和 $\lim\limits_{n\to\infty}S_n=S$，则称此级数收敛，$S$ 称为此级数的和，记作 $\sum\limits_{n=1}^{\infty}u_n=S$；如果 $\lim\limits_{n\to\infty}S_n$ 不存在，则称级数发散，发散的级数没有和.

4. 级数收敛的必要条件

若级数 $\sum\limits_{n=1}^{\infty}u_n$ 收敛，则 $\lim\limits_{n\to\infty}u_n=0$；否则，级数必发散.

5. 级数的性质

性质 1：如果级数 $\sum\limits_{n=1}^{\infty} u_n$ 收敛于 S，那么级数 $\sum\limits_{n=1}^{\infty} ku_n$ 也收敛，且有 $\sum\limits_{n=1}^{\infty} ku_n = k\sum\limits_{n=1}^{\infty} u_n = kS$.

性质 2：如果级数 $\sum\limits_{n=1}^{\infty} u_n = s$，$\sum\limits_{n=1}^{\infty} v_n = t$，则级数 $\sum\limits_{n=1}^{\infty} (u_n \pm v_n)$ 也收敛，且收敛于 $s \pm t$.

性质 3：删去、添加或改变级数的有限项，不会改变级数的敛散性.

二、正项级数的审敛法

1. 正项级数

若级数 $\sum\limits_{n=1}^{\infty} u_n$ 的每一项都是非负的，即 $u_n \geqslant 0 (n = 1, 2, 3, \cdots)$，此级数为正项级数.

2. 比较判别法

设有两个正项级数 $\sum\limits_{n=1}^{\infty} u_n$ 和 $\sum\limits_{n=1}^{\infty} v_n$，有 $u_n \leqslant v_n (n = 1, 2, 3, \cdots)$，则

(1) 当 $\sum\limits_{n=1}^{\infty} v_n$ 收敛时，$\sum\limits_{n=1}^{\infty} u_n$ 也收敛；

(2) 当 $\sum\limits_{n=1}^{\infty} u_n$ 发散时，$\sum\limits_{n=1}^{\infty} v_n$ 也发散.

常被用来做比较的级数有：等比级数 $\sum\limits_{n=1}^{\infty} aq^{n-1}$，当 $|q| < 1$ 时收敛；当 $|q| \geqslant 1$ 时发散.

p -级数 $\sum\limits_{n=1}^{\infty} \dfrac{1}{n^p}$，当 $p > 1$ 时收敛；当 $p \leqslant 1$ 时发散. 它们的敛散性必须熟记.

3. 比值判别法

设 $\sum\limits_{n=1}^{\infty} u_n$ 为正项级数，如果 $\lim\limits_{n \to \infty} \dfrac{u_{n+1}}{u_n} = \rho$，则

(1) 当 $\rho < 1$ 时，级数收敛；

(2) 当 $\rho > 1$ 时，级数发散；

(3) 当 $\rho = 1$ 时，不能用此法判定级数的敛散性.

当正项级数的通项中含有连乘积的形式 a^n、n^n 或 $n!$ 等因子时，考虑用比值判别法.

4. 根值判别法

设正项级数 $\sum\limits_{n=1}^{\infty} u_n$，且 $\lim\limits_{n \to \infty} \sqrt[n]{u_n} = \rho$，则

(1) 当 $\rho < 1$ 时，级数收敛；

(2) 当 $\rho > 1$ 时，级数发散；

（3）当 $\rho = 1$ 时，级数可能收敛也可能发散.

三、任意项级数的审敛法

1. 交错级数及其判敛法

级数 $\sum\limits_{n=1}^{\infty} (-1)^{n-1} u_n (u_n > 0, n = 1, 2, \cdots)$ 称为交错级数；如果满足条件：$u_n \geqslant u_{n+1}$

$(n = 1, 2, \cdots), \lim\limits_{n \to \infty} u_n = 0$，则交错级数 $\sum\limits_{n=1}^{\infty} (-1)^{n-1} u_n$ 收敛，且其和 $S \leqslant u_1, |r_n| \leqslant u_{n+1}$.

2. 绝对收敛和条件收敛

将级数 $\sum\limits_{n=1}^{\infty} u_n$ 的各项取绝对值后得到的正项级数 $\sum\limits_{n=1}^{\infty} |u_n|$ 如果收敛，则称原级数 $\sum\limits_{n=1}^{\infty} u_n$

绝对收敛；如果 $\sum\limits_{n=1}^{\infty} |u_n|$ 发散，但级数 $\sum\limits_{n=1}^{\infty} u_n$ 收敛，则称该级数 $\sum\limits_{n=1}^{\infty} u_n$ 为条件收敛.

四、幂级数

1. 函数项级数

设函数 $u_n(x)(n = 1, 2, \cdots)$ 的定义区间都是 I，则称级数 $\sum\limits_{n=1}^{\infty} u_n(x)$ 为区间 I 上的函数

项级数. 最简单的函数项级数就是幂级数.

2. 幂级数及其收敛性

形如 $\sum\limits_{n=0}^{\infty} a_n x^n$ 或 $\sum\limits_{n=0}^{\infty} a_n (x - x_0)^n$ 的函数项级数称为幂级数.

幂级数 $\sum\limits_{n=0}^{\infty} a_n x^n$ 中的 x 取定一值 x_0 时，就得到一个常数项级数 $\sum\limits_{n=0}^{\infty} a_0 x^n$；若此常数项级

数收敛，则称幂级数 $\sum\limits_{n=0}^{\infty} a_n x^n$ 在 $x = x_0$ 处收敛，x_0 称为幂级数的收敛点；若此常数项级数

发散，则称幂级数在 $x = x_0$ 处发散，x_0 称为该幂级数的发散点. 幂级数 $\sum\limits_{n=0}^{\infty} a_n x^n$ 的所有收

敛点组成的集合称为幂级数的收敛域；所有发散点组成的集合称为幂级数的发散域. 幂级

数的收敛区域可以由收敛半径取得.

3. 幂级数的收敛半径

幂级数 $\sum\limits_{n=0}^{\infty} a_n x^n$ 的收敛半径 R 的求法为：$R = \lim\limits_{n \to \infty} \left| \dfrac{a_n}{a_{n+1}} \right|$.

4. 幂级数在收敛区间内的运算性质

可以进行加法运算：

$$\sum_{n=0}^{\infty} a_n x^n \pm \sum_{n=0}^{\infty} b_n x^n = \sum_{n=0}^{\infty} (a_n \pm b_n) x^n = S_1(x) \pm S_2(x)$$

也可以逐项求导

$$S'(x) = \left(\sum_{n=0}^{\infty} a_n x^n \right)' = \sum_{n=0}^{\infty} (a_n x^n)' = \sum_{n=1}^{\infty} n a_n x^{n-1}$$

还可以逐项积分：

$$\int_0^x S(x) \mathrm{d}x = \int_0^x \left(\sum_{n=0}^{\infty} a_n x^n \right) \mathrm{d}x = \sum_{n=0}^{\infty} \int_0^x a_n x^n \mathrm{d}x = \sum_{n=0}^{\infty} \frac{a_n}{n+1} x^{n+1}$$

5. 幂级数展开

1）泰勒公式、麦克劳林公式法

$$f(x) = f(x_0) + f'(x_0)(x - x_0) + \frac{f''(x_0)}{2!}(x - x_0)^2 + \cdots + \frac{f^{(n)}(x_0)}{n!}(x - x_0)^n + R_n(x)$$

$$f(x) = f(0) + \frac{f'(0)}{1!}x + \frac{f''(0)}{2!}x^2 + \cdots + \frac{f^{(n)}(0)}{n!}x^n + r_n$$

其中，

$$R_n(x) = \frac{f^{(n+1)}(\xi)}{(n+1)!}(x - x_0)^{n+1}; \quad r_n = \frac{f^{(n+1)}(\theta x)}{(n+1)!}x^{n+1}$$

当 $n \to \infty$ 时，$R_n \to 0$，$r_n \to 0$，上述等式即为泰勒级数和麦克劳林级数.

2）间接展开

利用已有的基本函数展开式间接展开，必须熟记 6 个基本函数展开式及其收敛区间.

世界数学家简介 7 ·+·

★ 高 斯 ★

约翰·卡尔·弗里德里希·高斯（Johann Carl Friedrich Gauss，1777 年 4 月 30 日至 1855 年 2 月 23 日），德国著名数学家、物理学家、天文学家、大地测量学家. 高斯被认为是历史上最重要的数学家之一，并有"数学王子"的美誉. 生于布伦瑞克，1792 年进入 Collegium Carolinum 学习，在那里他独立发现了二项式定理的一般形式、数论上的"二次互反律"、素数定理及算术-几何平均数. 1795 年高斯进入哥廷根大学，1796 年得到了一个数学史上极重要的结果，就是《正十七边形尺规作图之理论与方法》. 1855 年 2 月 23 日去世. 高斯在历史上影响巨大，可以和阿基米德、牛顿、欧拉并列.

高斯的数学研究几乎遍及所有领域，在数论、代数学、非欧几何、复变函数和微分几何等方面都做出了开创性的贡献. 他还把数学应用于天文学、大地测量学和磁学的研究,发明了最小二乘法原理. 高斯的数论研究总结在《算术研究》(1801) 中, 这本书奠定了近代数论的基础, 它不仅是数论方面的划时代之作, 也是数学史上不可多得的经典著作之一. 高斯对代数学的重要贡献是证明了代数基本定理, 他的存在性证明开创了数学研究的新途径. 高斯在 1816 年左右就得到非欧几何的原理. 他还深入研究复变函数, 建立了一些基本概念, 发现了著名的柯西积分定理. 他还发现椭圆函数的双周期性, 但这些工作在他生前都没有发表出来. 1828 年高斯出版了《关于曲面的一般研究》, 全面系统地阐述了空间曲面的微分几何学, 并提出内蕴曲面理论. 高斯的曲面理论后来由黎曼发展. 高斯一生共发表 155 篇论文, 他对待学问十分严谨, 他只是把自己认为是十分成熟的作品发表了出来. 其著作还有《地磁概念》和《论与距离平方成反比的引力和斥力的普遍定律》等.

高斯最出名的故事就是他 10 岁时, 小学老师出了一道算术难题:"计算 $1+2+3+\cdots+100=?$". 这可难为初学算术的学生, 但是高斯却在几秒后将答案解了出来, 他利用算术级数 (等差级数) 的对称性, 然后就像求得一般算术级数和的过程一样, 把数目一对对地凑在一起:$1+100, 2+99, 3+98, \cdots, 49+52, 50+51$, 而这样的组合有 50 组, 所以答案很快就可以求出是:$101 \times 50 = 5050$.

1801 年高斯有机会戏剧性地施展他的优势的计算技巧. 那年的元旦, 有一个后来被证实为小行星并被命名为谷神星的天体被发现, 当时它好像正在向太阳靠近, 天文学家虽然有 40 天的时间可以观察它, 但还不能计算出它的轨道. 高斯只作了 3 次观测就提出了一种计算轨道参数的方法, 而且达到的精确度使得天文学家在 1801 年末和 1802 年初能够毫无困难地再次确定谷神星的位置. 高斯在这一计算方法中用到了他大约在 1794 年创造的最小二乘法 (一种可从特定计算得到最小的方差和中求出最佳估值的方法), 在天文学中这一成就立即得到公认. 他在《天体运动理论》中叙述的方法今天仍在使用, 只要稍作修改就能适应现代计算机的要求. 高斯在小行星"智神星"方面也获得类似的成功.

由于高斯在数学、天文学、大地测量学和物理学中的杰出研究成果, 他被选为许多科学院和学术团体的成员. "数学之王"的称号是对他一生恰如其分的赞颂.

第 8 章　多元函数微积分

内容提要：空间解析几何是用代数方法来研究空间几何问题的，它是学习多元函数微积分的基础．本章将首先介绍空间直角坐标系，空间平面、曲面的方程；遵循与一元函数相同的分析思路，重点介绍二元函数的概念、极限及其微分、积分的概念．

学习要求：知道空间直角坐标系、空间平面、曲面的概念；复述多元函数、偏导数、全微分的定义；会求二元函数的偏导数、全微分；明确二重积分的概念、性质、几何意义；能够正确进行二重积分在直角坐标系中的简单计算．

8.1　空间解析几何简介

空间解析几何的产生是数学史上一个划时代的成就．它通过点和坐标的对应，把数学研究的两个基本对象"数"和"形"统一起来，使得人们既可以用代数方法研究解决几何问题，也可以用几何方法解决代数问题．

8.1.1　空间直角坐标系

空间直角坐标系 —— 过空间一定点 O，作三条互相垂直的数轴，并都以 O 为原点且一般长度单位相同，各个数轴的正向符合右手螺旋法则，即以右手握住 z 轴，让右手的四指从 x 轴的正方向逆时针旋转 $90°$ 角度到 y 轴正方向时，则大拇指所指的方向即为 z 轴的正方向．一般将 x 轴和 y 轴放在水平面上，z 轴垂直于水平面，如图 8−1 所示．点 O 叫做坐标原点；三个坐标轴 Ox，Oy，Oz 依次记为 x 轴（横轴）、y 轴（纵轴）、z 轴（竖轴），统称为坐标轴．

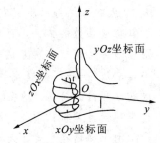

图 8−1

三条坐标轴中任意两条坐标轴确定一个平面，称为坐标面，分别称为 xOy 面、yOz 面和 zOx 面．三个坐标平面将空间分成八个部分，称为八个卦限．在 xOy 面上方有四个卦限，含 x 轴、y 轴、z 轴正向的卦限称为第 Ⅰ 卦限，按逆时针方向依次为第 Ⅱ、Ⅲ、Ⅳ 卦限；在 xOy 面下方有四个卦限，第一卦限下方部分为第 Ⅴ 卦限，按逆时针方向依次为第 Ⅵ、Ⅶ、Ⅷ 卦限．如图 8−2 所示．

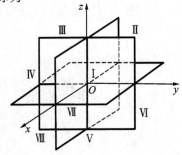

图 8−2

8.1.2　空间平面与方程

1. 空间点的坐标

设 M 为空间一已知点，过点 M 作三个平面分别垂直于 x 轴、y 轴、z 轴，三个平面与各轴的交点依次为 P，Q，R，这三点在 x 轴、y 轴、z 轴上的坐标依次为 x，y，z，空间一点 M 就唯一地确定了有序数组 $(x，y，z)$．称有序数组 $(x，y，z)$ 为点 M 的坐标，如图 8-3 所示．其中这三个数 x，y，z 分别称为点 M 的横坐标、纵坐标、竖坐标，记作 $M(x，y，z)$．显然，原点 O 的坐标为 $(0，0，0)$；x 轴、y 轴、z 轴上点的坐标分别为 $(x，0，0)$，$(0，y，0)$，$(0，0，z)$；xOy 面、yOz 面、zOx 面上点的坐标分别为 $(x，y，0)$，$(0，y，z)$，$(x，0，z)$．

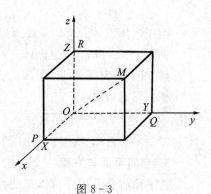

图 8-3

2. 空间两点间的距离

设 $M_1(x_1，y_1，z_1)$、$M_2(x_2，y_2，z_2)$ 是空间任意两点，如图 8-4 所示，则空间两点间的距离公式为

$$d = |M_2M_1| = \sqrt{(x_2 - x_1)^2 + (y_2 - y_1)^2 + (z_2 - z_1)^2}$$

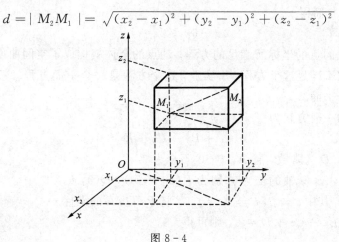

图 8-4

因此，在空间直角坐标系中任一点 $M(x，y，z)$，如图 8-3 所示，与原点 O 之间的距离公式为

$$d = |MO| = \sqrt{x^2 + y^2 + z^2}$$

例 1　证明以 $A(4，3，1)$，$B(7，1，2)$，$C(5，2，3)$ 为顶点的三角形 $\triangle ABC$ 是一等腰三角形．

解 由两点间的距离公式得

$$|AB| = \sqrt{(7-4)^2 + (1-3)^2 + (2-1)^2} = \sqrt{14}$$

同理可得

$$|BC| = \sqrt{6}, \ |AC| = \sqrt{6}$$

由于 $|BC| = |AC|$，故 $\triangle ABC$ 是一个等腰三角形.

例2 在 z 轴上，求与 $A(-4, 1, -7)$ 和 $B(3, 5, -2)$ 两点等距离的点.

解 设 M 为所求的点，因为 M 在 z 轴上，故可设 M 的坐标为 $(0, 0, z)$.

根据题意，知

$$\sqrt{[0-(-4)]^2 + (0-1)^2 + [z-(-7)]^2} = \sqrt{(0-3)^2 + (0-5)^2 + [z-(-2)]^2}$$

可解得 $z = -2.8$，所以，点 M 的坐标为 $(0, 0, -2.8)$.

3. 空间平面与方程

在平面解析几何中可以把曲线看成是动点的轨迹. 因此，在空间中曲面可看成是一个动点或一条动曲线（或直线）按一定条件或规律运动而产生的轨迹.

例3 求与两定点 $A(1, 2, 3)$ 和 $B(2, -1, 4)$ 等距离的动点的轨迹方程.

解 设动点为 $M(x, y, z)$，由题意则有 $|AM| = |BM|$，即

$$\sqrt{(x-1)^2 + (y-2)^2 + (z-3)^2} = \sqrt{(x-2)^2 + [y-(-1)]^2 + (z-4)^2}$$

等式两边平方，化简得

$$2x - 6y + 2z - 7 = 0$$

这就是所求动点的点的坐标所满足的方程；动点的全体就构成了空间曲面，而不在此曲面上的点的坐标都不满足这个方程. 事实上，这个方程是一个平面方程. 三元一次方程在空间均表示为一个平面.

空间平面的一般方程为

$$Ax + By + Cz + D = 0$$

其中：A，B，C，D 为常数，且 A，B，C 不全为 0.

若平面与 x，y，z 轴的交点分别为 $P(a, 0, 0)$，$Q(0, b, 0)$，$R(0, 0, c)$，其中 $a \neq 0$，$b \neq 0$，$c \neq 0$，将 P，Q，R 的坐标分别代入 $Ax + By + Cz + D = 0$，则可得

$$\frac{x}{a} + \frac{y}{b} + \frac{z}{c} = 1$$

这称为平面的截距式方程. 式中 a，b，c 分别称为平面在 x，y，z 轴上的截距，如图 8-5 所示. 平面的截距式方程可为作图带来很大方便.

强调：下面几种特殊位置的平面方程应掌握.

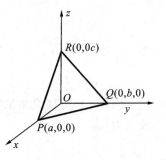

图 8-5

（1）通过原点的平面方程：

$$Ax + By + Cz = 0 \quad (D = 0)$$

（2）坐标面方程：

$$x = 0(yOz \text{ 面}), \ y = 0(zOx \text{ 面}), \ z = 0(xOy \text{ 面})$$

（3）平行于坐标面的平面方程：

$x = a$（平行于 yOz 面）；$y = b$（平行于 zOx 面）；$z = c$（平行于 xOy 面）.

（4）通过坐标轴的平面方程：

$$Ax + By = 0 \quad (\text{平面过 } z \text{ 轴})$$
$$Ax + Cz = 0 \quad (\text{平面过 } y \text{ 轴})$$
$$By + Cz = 0 \quad (\text{平面过 } x \text{ 轴})$$

（5）平行于坐标轴的平面方程：

$$Ax + By + D = 0 \quad (\text{平行于 } z \text{ 轴})$$
$$Ax + Cz + D = 0 \quad (\text{平行于 } y \text{ 轴})$$
$$By + Cz + D = 0 \quad (\text{平行于 } x \text{ 轴})$$

注意：在平面解析几何中，一次方程表示一条直线；在空间解析几何中，一次方程则表示一个平面.

例 4　求通过三点 $A(0, 1, 2)$，$B(3, -1, 2)$，$C(-1, 3, 4)$ 的平面方程.

解　设平面一般方程为：$Ax + By + Cz + D = 0$，三点均在平面上，故有

$$\left. \begin{array}{l} B + 2C + D = 0 \\ 3A - B + 2C + D = 0 \\ -A + 3B + 4C + D = 0 \end{array} \right\}$$

上述方程联立求解，可解出：

$$A = \frac{2}{3}B, \ C = -\frac{2}{3}B, \ D = \frac{1}{3}B$$

将 $A = \frac{2}{3}B$、$C = -\frac{2}{3}B$、$D = \frac{1}{3}B$ 代入 $Ax + By + Cz + D = 0$，整理即可得

$$2x + 3y - 2z + 1 = 0 \quad (\text{平面的一般式方程})$$

变形可得

$$\frac{x}{-\frac{1}{2}} + \frac{y}{-\frac{1}{3}} + \frac{z}{\frac{1}{2}} = 1 \quad (\text{平面的截距式方程})$$

8.1.3　简单空间二次曲面

建立了空间直角坐标系后，空间的点 M 与有序数组 (x, y, z) 便构成了一一对应关系；因此对于空间曲面等空间几何图形，就可以看成是满足某种规则的点的运动轨迹，因而其

几何图形就可以用点的坐标(x,y,z)所满足的方程来表示. 下面我们给出一般空间曲面的定义.

1. 空间曲面的定义

定义：若空间曲面S上任意点的坐标都满足方程$F(x,y,z)=0$，不在曲面S上的点的坐标都不满足该方程，则方程$F(x,y,z)=0$称为曲面S的方程，而曲面S就称为方程$F(x,y,z)=0$的图形. 如图$8-6$所示.

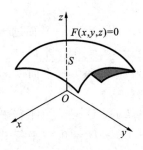

图 8 - 6

2. 几种常见空间二次曲面介绍

1）球面及其方程

球面是空间动点$M(x,y,z)$到定点$M_0(x_0,y_0,z_0)$（球心）的距离为常数R（半径）的动点M的运动轨迹. 如图$8-7$所示. 其方程如下：

$$(x-x_0)^2+(y-y_0)^2+(z-z_0)^2=R^2$$

特别地，当球心位于坐标原点时，其球面方程为

$$x^2+y^2+z^2=R^2$$

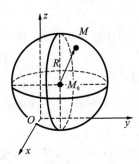

图 8 - 7

2）柱面及其方程

平行于定直线并沿定曲线C移动的直线L所形成的图形称为柱面，其中动直线L称为柱面的母线，定曲线C称为柱面的准线，如图$8-8$所示. 准线C在xOy面内，母线L平行于z轴的柱面方程为$F(x,y)=0$（不含z项）. 类似地有，$F(y,z)=0$（不含x项）表示C

在 yOz 面内，母线平行于 x 轴的柱面；$F(x,z)=0$ 表示 C 在 xOz 面内，母线平行于 y 轴的柱面. 下面给出几种常见的柱面与其对应的方程.

（Ⅰ）椭圆柱面方程：$\dfrac{x^2}{a^2}+\dfrac{y^2}{b^2}=1$

如图 8-9 所示. 特别地，当 $a=b$ 时为圆柱面方程.

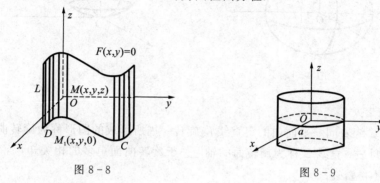

图 8-8　　　　　　　　　　　　图 8-9

（Ⅱ）双曲柱面方程：$\dfrac{x^2}{a^2}-\dfrac{y^2}{b^2}=1$

如图 8-10 所示.

（Ⅲ）抛物柱面方程：$x^2=2py\,(y>0)$

如图 8-11 所示.

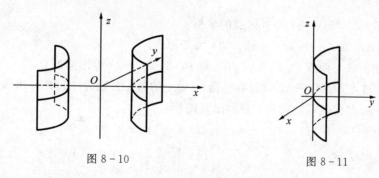

图 8-10　　　　　　　　　　　　图 8-11

3）椭球面及其方程

$$\frac{x^2}{a^2}+\frac{y^2}{b^2}+\frac{z^2}{c^2}=1$$

如图 8-12 所示.

4）椭圆抛物面及其方程

$$\frac{x^2}{a^2}+\frac{y^2}{b^2}=z$$

如图 8-13 所示.

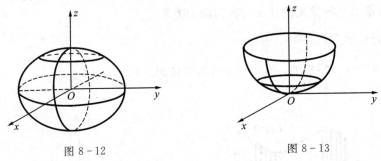

图 8-12   图 8-13

5）旋转曲面及其方程

平面曲线 C 绕着同一平面内的定直线 L 旋转一周所形成的图形称为旋转曲面，曲线 C 称为旋转面的母线，直线 L 称为旋转面的轴. 关于旋转曲面更多的相关知识，请参阅相关教科书，此处不再赘述.

习题 8-1

1. 指出下列各点所在的卦限：

$A(-3,5,-2)$；$B(-3,-5,-1)$；$C(-3,-2,7)$；$D(-2,4,5)$；$E(2,-1,5)$；$F(2,6,-1)$

2. 写出点 $P(3,5,-2)$ 的对称点的坐标：

（1）关于 xOy 面；（2）关于 y 轴；（3）关于原点.

3. 在 x 轴上求与两点 $P_1(-4,1,7)$ 和 $P_2(3,5,-2)$ 等距离的点.

4. 设平面过点 $M_0(4,-3,6)$ 且在 y 轴、z 轴上的截距分别为 -1 和 3，求该平面的方程.

5. 指出下列方程表示的曲面，并画出其图形：

（1）$x-y+1=0$ （2）$x^2+y^2+z^2=2^2$

（3）$x^2+z^2=3^2$ （4）$\dfrac{x^2}{3^2}-\dfrac{y^2}{2^2}=1$

8.2 多元函数的概念及其极限

在许多实际应用问题中，我们往往要考虑多个变量之间的关系，反映到数学上，就是要考虑一个变量（因变量）与另外多个变量（自变量）的相互依赖关系，这就提出了多元函数的概念，本节遵循与一元函数相同的分析思路，重点介绍二元函数的概念、极限及其连续性.

8.2.1　平面区域

1. 几个相关名词解释

（1）邻域. 设 $P_0(x_0, y_0)$ 是 xOy 平面上的一个点，δ 是某一正数. 与点 $P_0(x_0, y_0)$ 的距离小于 δ 的点 $P(x, y)$ 的全体，称为点 P_0 的 δ 邻域，记作 $U(P_0, \delta)$，即

$$U(P_0, \delta) = \{(x, y) \mid \sqrt{(x-x_0)^2 + (y-y_0)^2} < \delta\}$$

在几何上，$U(P_0, \delta)$ 就是 xOy 平面上以点 P_0 为中心、以 $\delta > 0$ 为半径的圆的内部的点 $P(x, y)$ 的全体. 如图 8-14 所示. 这种平面上满足某种条件的点的集合也称为平面点集.

（2）去心邻域. 不包括点 P_0 的邻域称为去心邻域，记作 $\overset{\circ}{U}(P_0, \delta)$，如图 8-15 所示. 即

$$\overset{\circ}{U}(P_0, \delta) = \{(x, y) \mid 0 < \sqrt{(x-x_0)^2 + (y-y_0)^2} < \delta\}$$

（3）内点. 设 D 为一平面点集，若所有点 P 的某邻域 $U(P) \subset D$，则称点 P 为点集 D 的内点，如图 8-15 所示.

（4）边界点. 如果点 P 的任何一个邻域内既有属于 D 的点，又有不属于 D 的点，则称 P 为 D 的边界点，如图 8-16 所示. D 的边界点的全体称为 D 的边界.

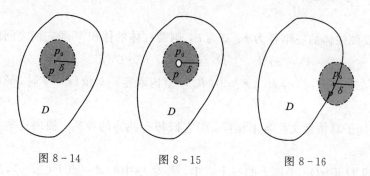

图 8-14　　　　　　图 8-15　　　　　　图 8-16

2. 平面区域

由平面上一条或几条曲线所围成的平面点集称为平面区域；围成平面区域的曲线称为该区域的边界；边界上的点称为边界点. 包括边界在内的区域称为闭区域，否则称为开区域. 如果一个区域延伸到无穷远，则称该区域为无界区域，否则称为有界区域.

例如：平面点集 $D:\{(x, y) \mid x^2 + y^2 < 4\}$ 是以坐标原点为圆心，以 2 为半径的圆域且为有界开区域，如图 8-17（a）；平面点集 $E:\{(x, y) \mid x^2 + y^2 \geqslant 1\}$ 是一个无界闭区域，如图 8-17（b）；满足直线 $x + y > 0$ 的区域 $B:\{(x, y) \mid x + y > 0\}$ 是无界开区域，如图 8-17（c）；图 8-17（d）所示为平面点集 $F:\{(x, y) \mid 0 \leqslant x \leqslant 1, 0 \leqslant y \leqslant x\}$ 所围成的平面区域，它为有界闭区域.

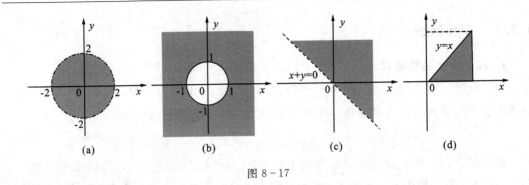

图 8-17

邻域、区域等概念可以很容易推广到三维及以上空间.

8.2.2 多元函数的概念

1. 多元函数的定义

引例 1 设矩形的长为 x、宽为 y，则其面积 S 与它的长、宽之间具有关系

$$S = xy \qquad E : \{(x, y) \mid x > 0, y > 0\}$$

显然，这里当 x、y 在集合 $E : \{(x, y) \mid x > 0, y > 0\}$ 内取定一对值 (x, y) 时，S 的对应值就随之确定.

引例 2 设圆柱体的底半径为 r、高为 h，则圆柱体的体积 V 和它们之间的关系为

$$V = \pi r^2 h \qquad D : \{(r, h) \mid r > 0, h > 0\}$$

这里，当 r、h 在集合 $D : \{(r, h) \mid r > 0, h > 0\}$ 内取定一对值 (r, h) 时，V 的对应值也就随之确定.

上述两个例子具体意义虽各不相同，但它们却有共同的性质，抽出这些共性就可得出二元函数的定义.

定义 1 设 D 是 xOy 平面上的一个点集，若对 D 中的每一点 $P(x, y)$，变量 z 按一定的法则总有确定的值与之对应，则称变量 z 为变量 x, y 的二元函数（或点 P 的函数），记为

$$z = f(x, y) \quad (z = f(P))$$

点集 D 称为该函数的定义域；x, y 称为自变量，z 称为因变量. 数值 z 的全体称为值域.

类似地，可定义三元函数 $u = f(x, y, z)$ 及三元以上函数. 二元及二元以上函数统称为多元函数.

2. 二元函数定义域的求法

与一元函数相类似，二元函数的定义域一般可分为三种类型：

（1）函数是用单纯的数学解析式表示的，则定义域就是使解析式有意义的自变量所确定的平面点集.

（2）对于实际问题，应根据实际问题的性质确定定义域.

（3）定义函数时就指定了定义域.

例 1　求下列函数的定义域：

(1) $z = \sqrt{R^2 - x^2 - y^2}$
(2) $z = \ln(x^2 + y^2 - 1) + \dfrac{1}{\sqrt{4 - x^2 - y^2}}$

解　（1）由函数的解析式知，x,y 必须满足 $R^2 - x^2 - y^2 \geqslant 0$，所以函数的定义域为

$$D: \{(x, y) \mid x^2 + y^2 \leqslant R^2\}$$

即以原点为圆心、半径为 R 的圆内及圆周上一切点 $P(x, y)$ 的集合，如图 8-18(a) 所示.

（2）要使函数的解析式有意义，x,y 必须满足不等式组

$$\begin{cases} x^2 + y^2 - 1 > 0 \\ 4 - x^2 - y^2 > 0 \end{cases}$$

所以，函数的定义域是

$$D: \{(x, y) \mid 1 < x^2 + y^2 < 4\}$$

即以原点为圆心、半径为 1、2 的两个同心圆之间的一切点 $P(x, y)$ 的集合，如图8-18(b) 所示.

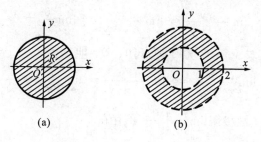

(a)　　　　(b)

图 8-18

8.2.3　二元函数的极限

类似于一元函数 $y = f(x)$ 的极限，我们来讨论二元函数 $z = f(x, y)$ 的极限.

定义 2　设二元函数 $z = f(x, y)$ 在点 $P_0(x_0, y_0)$ 的某邻域内有定义（点 P_0 可以除外）. 如果点 $P(x, y)$ 在该邻域内以任意方式无限趋于点 $P_0(x_0, y_0)$ 时，对应的函数值 $f(x, y)$ 无限接近于一个确定的常数 A，则称 A 是二元函数 z 当 $(x, y) \to (x_0, y_0)$ 时的极限，记作

$$\lim_{(x, y) \to (x_0, y_0)} f(x, y) = A \quad \text{或} \quad \lim_{\substack{x \to x_0 \\ y \to y_0}} f(x, y) = A$$

为了区别于一元函数的极限，我们把二元函数的极限叫做二重极限. 二重极限是一元函数极限的推广，有关一元函数的极限运算法则和定理，可以直接类推到二重极限.

例 2 求极限 $\lim\limits_{\substack{x\to 0 \\ y\to 0}} \dfrac{x^2+y^2}{\sqrt{1+x^2+y^2}-1}$.

解 显然，当 $x\to 0$，$y\to 0$ 时，$x^2+y^2\to 0$，根据极限的四则运算法则参照一元函数的极限的求法，不难得出

$$\lim_{\substack{x\to 0 \\ y\to 0}} \frac{x^2+y^2}{\sqrt{1+x^2+y^2}-1} = \lim_{\substack{x\to 0 \\ y\to 0}} \frac{(x^2+y^2)\sqrt{1+x^2+y^2}+1}{(\sqrt{1+x^2+y^2}-1)(\sqrt{1+x^2+y^2}+1)}$$

$$= \lim_{\substack{x\to 0 \\ y\to 0}} (\sqrt{1+x^2+y^2}+1) = 1+1 = 2$$

注意：与一元函数极限相比较，二元函数的极限在形式上无多大区别，但二元函数的极限过程要比一元函数复杂得多，即点 $P(x,y)\to P_0(x_0,y_0)$ 的方式有无穷多种. 二元函数极限定义要求点 $P(x,y)$ 无论以什么方式趋于点 $P_0(x_0,y_0)$，对应的函数值必须无限接近于同一个常数 A，因此，如果点 $P(x,y)$ 沿两个不同的途径趋于点 $P_0(x_0,y_0)$ 时，对应的函数值趋于两个不同的常数，则二元函数的极限就不存在.

例 3 讨论：极限 $\lim\limits_{\substack{x\to 0 \\ y\to 0}} \dfrac{xy}{x^2+y^2}$ 存在性.

解 当点 (x,y) 沿着 x 轴趋于原点 $(0,0)$，即 $y=0$，且 $x\to 0$ 时，有

$$\lim_{\substack{x\to 0 \\ y\to 0}} \frac{xy}{x^2+y^2} = \lim_{\substack{x\to 0 \\ y=0}} \frac{xy}{x^2+y^2} = \lim_{x\to 0} \frac{0}{x^2} = 0$$

当点 (x,y) 沿着直线 $y=x$，趋于原点 $(0,0)$，即 $y=x$，$x\to 0$ 时，有

$$\lim_{\substack{x\to 0 \\ y\to 0}} \frac{xy}{x^2+y^2} = \lim_{\substack{x\to 0 \\ y=x}} \frac{xy}{x^2+y^2} = \lim_{x\to 0} \frac{x^2}{2x^2} = \frac{1}{2}$$

所以极限值不是唯一的，故极限 $\lim\limits_{\substack{x\to 0 \\ y\to 0}} \dfrac{xy}{x^2+y^2}$ 不存在.

例 4 求极限：$\lim\limits_{\substack{x\to 0 \\ y\to 2}} \dfrac{\sin(xy)}{x}$.

解 $\lim\limits_{(x,y)\to(0,2)} \dfrac{\sin(xy)}{x} = \lim\limits_{(x,y)\to(0,2)} \dfrac{\sin(xy)}{xy}\cdot y = \lim\limits_{(x,y)\to(0,2)} \dfrac{\sin(xy)}{xy}\cdot \lim\limits_{(x,y)\to(0,2)} y = 1\times 2 = 2$

8.2.4 二元函数的连续性

定义 3 设二元函数 $z=f(x,y)$ 在点 $P_0(x_0,y_0)$ 的某邻域内有定义. 如果

$$\lim_{\substack{x\to x_0 \\ y\to y_0}} f(x,y) = f(x_0,y_0)$$

则称二元函数 $z=f(x,y)$ 在点 $P_0(x_0,y_0)$ 处连续.

若函数 $z=f(x,y)$ 在定义域 D 内的每一点都连续，则称 $f(x,y)$ 在 D 内连续，或称 $f(x,y)$ 是区域 D 内的连续函数；若函数 $z=f(x,y)$ 在点 $P_0(x_0,y_0)$ 不连续，则称该点

是二元函数 $z = f(x, y)$ 的不连续点或称间断点.

以上关于二元函数的连续性概念, 可相应地推广到多元函数上.

例 5　讨论函数 $f(x, y) = \begin{cases} \dfrac{xy}{x^2 + y^2}, & x^2 + y^2 \neq 0 \\ 0, & x^2 + y^2 = 0 \end{cases}$ 在点 $(0, 0)$ 处的连续性.

解　由例 3 可知, 极限 $\lim\limits_{\substack{x \to 0 \\ y \to 0}} f(x, y)$ 不存在, 所以函数 $f(x, y)$ 在点 $(0, 0)$ 处不连续, 即 $f(x, y)$ 在点 $(0, 0)$ 处是间断的. 类似于一元函数, 如果函数 $f(x, y)$ 在点 $P_0(x_0, y_0)$ 处无定义, 那么函数 $f(x, y)$ 就在点 P_0 处不连续, 即 $P_0(x_0, y_0)$ 就为函数 $f(x, y)$ 的间断点. 二元函数的间断点可以形成一条间断曲线. 例如, 函数 $f(x, y) = \sin\dfrac{1}{x^2 + y^2 - 1}$ 在圆周 $x^2 + y^2 = 1$ 上没有定义, 所以该圆周上各点都是间断点.

与一元函数类似, 二元连续函数经过四则运算和复合运算后仍为二元连续函数.

由 x 和 y 的基本初等函数经过有限次的四则运算和复合所构成的可用一个式子表示的二元函数称为二元初等函数.

一切二元初等函数在其定义区域内是连续的; 二元初等函数在定义域内的极限值等于其在该点处的函数值.

与闭区间上一元连续函数的性质相类似, 在有界闭区域上二元连续函数也有如下性质:

性质 1(最值定理)　在有界闭区域 D 上的连续函数必有最大值与最小值.

性质 2(介值定理)　在有界闭区域 D 上的连续函数, 在 D 上必能取得介于其在 D 上的最大值与最小值之间的任何值至少一次.

习题 8 - 2

1. 求下列函数的定义域:

(1) $z = \ln(1 - x^2 - y^2)$

(2) $z = \dfrac{1}{xy}$

(3) $z = \sqrt{4x - y^2}$

(4) $z = \arcsin\dfrac{x^2 + y^2}{4}$

2. 求下列极限:

(1) $\lim\limits_{\substack{x \to 0 \\ y \to 1}} \dfrac{1 - xy}{x^2 + y^2}$

(2) $\lim\limits_{\substack{x \to 0 \\ y \to 0}} \dfrac{1}{x^2 + y^2}$

(3) $\lim\limits_{\substack{x \to 0 \\ y \to 0}} \dfrac{\sqrt{xy + 1} - 1}{xy}$

(4) $\lim\limits_{\substack{x \to 0 \\ y \to 0}} \dfrac{\sin(x^3 + y^3)}{x^2 + y^2}$

3. 讨论下列函数在何处间断.

(1) $z = \dfrac{y^2 + 2x}{y^2 - 2x}$ （2) $z = \dfrac{1}{\sqrt[3]{x^2 - y}}$

(3) $z = \dfrac{1}{(x + y - 1)(x^2 + y^2)}$

8.3 偏导数与全微分

8.3.1 偏导数的概念

在研究一元函数时，从讨论函数的变化率引入了导数的概念；对于多元函数，也常常遇到研究它对某个自变量的变化率问题，这就产生了偏导数的概念. 先介绍一下偏增量、全增量的概念.

设二元函数 $z = f(x, y)$，则有

偏增量：$\Delta_x z = f(x_0 + \Delta x, y_0) - f(x_0, y_0)$，$\Delta_y z = f(x_0, y_0 + \Delta y) - f(x_0, y_0)$.

全增量：$\Delta z = f(x_0 + \Delta x, y_0 + \Delta y) - f(x_0, y_0)$.

定义 1 设函数 $z = f(x, y)$ 在点 (x_0, y_0) 的某个邻域内有定义，固定自变量 $y = y_0$，而自变量 x 在 x_0 处有改变量 Δx，如果极限

$$\lim_{\Delta x \to 0} \frac{f(x_0 + \Delta x, y_0) - f(x_0, y_0)}{\Delta x}$$

存在，则称此极限为函数 $z = f(x, y)$ 在点 (x_0, y_0) 处关于 x 的偏导数，记作

$$\frac{\partial z}{\partial x}\bigg|_{\substack{x = x_0 \\ y = y_0}}, \quad \frac{\partial f}{\partial x}\bigg|_{\substack{x = x_0 \\ y = y_0}}, \quad z'_x(x_0, y_0) \text{ 或 } f'_x(x_0, y_0)$$

类似地，极限

$$\lim_{\Delta y \to 0} \frac{f(x_0, y_0 + \Delta y) - f(x_0, y_0)}{\Delta y}$$

定义为函数 $z = f(x, y)$ 在点 (x_0, y_0) 处关于 y 的偏导数，记作

$$\frac{\partial z}{\partial y}\bigg|_{\substack{x = x_0 \\ y = y_0}}, \quad \frac{\partial f}{\partial y}\bigg|_{\substack{x = x_0 \\ y = y_0}}, \quad z'_y(x_0, y_0) \text{ 或 } f'_y(x_0, y_0)$$

如果函数 $z = f(x, y)$ 在区域 D 内每一点 (x, y) 处，对 x 的偏导数 $f'_x(x, y)$ 都存在，则对于区域 D 内每一点 (x, y)，都有一个偏导数的值与之对应，这样就得到了一个新的二元函数，称为函数 $z = f(x, y)$ 关于变量 x 的偏导函数，记作

$$\frac{\partial z}{\partial x}, \frac{\partial f}{\partial x}, z'_x \text{ 或 } f'_x(x, y)$$

类似地可定义函数 $z = f(x, y)$ 关于自变量 y 的偏导函数，记作

$$\frac{\partial z}{\partial y}, \frac{\partial f}{\partial y}, z'_y \text{ 或 } f'_y(x, y)$$

由偏导数的概念可知，函数 $z = f(x, y)$ 在点 (x_0, y_0) 处关于 x 的偏导数 $f'_x(x_0, y_0)$ 就是偏导函数 $f'_x(x, y)$ 在点 (x_0, y_0) 的函数值，而 $f'_y(x_0, y_0)$ 就是偏导函数 $f'_y(x, y)$ 在点 (x_0, y_0) 处的函数值. 以后，在不至于混淆的地方把偏导函数也简称为偏导数.

二元以上的多元函数的偏导数可类似定义.

8.3.2　偏导数的求法

从偏导数的定义可知，求 $z = f(x, y)$ 的偏导数时仍可用一元函数的求导法. 因为这里只有一个自变量在变动，另一个自变量被看做是固定不变的；所以求 $\frac{\partial f}{\partial x}$ 时，把 y 暂时看做常量而对 x 求导数；求 $\frac{\partial f}{\partial y}$ 时，把 x 暂时看做常量而对 y 求导数即可.

例 1　求 $f(x, y) = x^2 + 3xy + y^2$ 在点 $(1, 2)$ 处的偏导数.

解　把 y 看做常数，对 x 求导得

$$\frac{\partial z}{\partial x} = 2x + 3y$$

把 x 看做常数，对 y 求导得

$$\frac{\partial z}{\partial y} = 3x + 2y$$

再把点 $(1, 2)$ 代入偏导函数可得

$$\frac{\partial z}{\partial x}\bigg|_{\substack{x=1\\y=2}} = (2x + 3y)\bigg|_{\substack{x=1\\y=2}} = 8, \quad \frac{\partial z}{\partial y}\bigg|_{\substack{x=1\\y=2}} = (3x + 2y)\bigg|_{\substack{x=1\\y=2}} = 7$$

例 2　求 $z = 2x^2 \sin 3y$ 的偏导数.

解　　　　　　　　　　$z'_x = 4x \sin 3y, \ z'_y = 6x^2 \cos 3y$

例 3　设 $z = x^y (x > 0, x \neq 1)$，证明：$\dfrac{x}{y}\dfrac{\partial z}{\partial x} + \dfrac{1}{\ln x}\dfrac{\partial z}{\partial y} = 2z$.

证明　把 y 看做常数，得 $\dfrac{\partial z}{\partial x} = yx^{y-1}$；$x$ 看做常数，得 $\dfrac{\partial z}{\partial y} = x^y \ln x$.

所以，　　$\dfrac{x}{y}\dfrac{\partial z}{\partial x} + \dfrac{1}{\ln x}\dfrac{\partial z}{\partial y} = \dfrac{x}{y}yx^{y-1} + \dfrac{1}{\ln x}x^y \ln x = x^y + x^y = 2z$

证毕.

8.3.3　偏导数的几何意义

设 $M_0(x_0, y_0, f(x_0, y_0))$ 为曲面 $z = f(x, y)$ 上的一点，过点 M_0 作平面 $y = y_0$，截此曲面得一条曲线，其方程为 $z = f(x, y_0), y = y_0$.

二元函数 $z = f(x, y)$ 在点 M_0 处的偏导数 $f_x(x_0, y_0)$ 就是一元函数 $f(x, y_0)$ 在 x_0 处的导数,它在几何上表示曲线在点 M_0 处的切线 $M_0 T_x$ 关于 y 轴的斜率,如图 8-19 所示.

同理,偏导数 $f_y(x_0, y_0)$ 的几何意义就是曲面 $z = f(x, y)$ 被平面 $x = x_0$ 所截得的曲线在点 M_0 处的切线 $M_0 T_y$ 关于 y 轴的斜率.

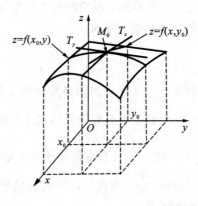

图 8-19

8.3.4 全微分及其应用

1. 全微分定义

对一元函数 $y = f(x)$,函数的增量

$$\Delta y = f'(x_0) \Delta x + o(\Delta x) \quad (o(\Delta x) \text{ 为比 } \Delta x \text{ 高阶的无穷小})$$

微分 $\mathrm{d}y$ 是函数增量 Δy 的线性主部,即

$$\Delta y \approx \mathrm{d}y = f'(x_0) \Delta x$$

定义 2 若二元函数 $z = f(x, y)$ 在点 (x_0, y_0) 的全增量

$$\Delta z = f(x_0 + \Delta x, y_0 + \Delta y) - f(x_0, y_0)$$

可表示为

$$\Delta z = A \Delta x + B \Delta y + o(\rho)$$

其中 A、B 与 Δx、Δy 无关,只与 x、y 有关,$\rho = \sqrt{(\Delta x)^2 + (\Delta y)^2}$,$o(\rho)$ 表示一个比 ρ 更高阶的无穷小量,则称二元函数 $z = f(x, y)$ 在点 (x_0, y_0) 处可微,并称 $A \Delta x + B \Delta y$ 是 $z = f(x, y)$ 在点 (x_0, y_0) 处的全微分,记作 $\mathrm{d}z$,即

$$\mathrm{d}z = A \Delta x + B \Delta y$$

可以证明,$A = f'_x(x_0, y_0)$,$B = f'_y(x_0, y_0)$;所以,函数 $z = f(x, y)$ 在点 (x_0, y_0) 处的微分为

$$\mathrm{d}z \mid_{(x_0, y_0)} = f'_x(x_0, y_0) \mathrm{d}x + f'_y(x_0, y_0) \mathrm{d}y$$

一般地,$z = f(x, y)$ 在点 (x, y) 的全微分 $\mathrm{d}z$ 可以写成如下形式:

$$dz = \frac{\partial z}{\partial x}dx + \frac{\partial z}{\partial y}dy$$

例 4　求函数 $z = xy^2 + \cos(2x - y)$ 的全微分及在点 $(1, 2)$ 处的全微分

解　　　$\dfrac{\partial z}{\partial x} = y^2 - 2\sin(2x - y)$，$\dfrac{\partial z}{\partial y} = 2xy + \sin(2x - y)$

$$dz = \frac{\partial z}{\partial x}dx + \frac{\partial z}{\partial y}dy = [y^2 - 2\sin(2x - y)]dx + [2xy + \sin(2x - y)]dy$$

又

$$\left.\frac{\partial z}{\partial x}\right|_{(1, 2)} = \left[y^2 - 2\sin(2x - y)\right]\big|_{(1, 2)} = 4, \left.\frac{\partial z}{\partial y}\right|_{(1, 2)} = 4$$

于是，在点 $(1, 2)$ 处的全微分

$$dz\big|_{(1, 2)} = \left.\frac{\partial z}{\partial x}\right|_{(1, 2)}dx + \left.\frac{\partial z}{\partial y}\right|_{(1, 2)}dy = 4dx + 4dy$$

注意：一元函数 $y = f(x)$ 在某点 x_0 可微，则函数 $y = f(x)$ 在该点必定连续、可导. 对于二元函数 $z = f(x, y)$，若在点 (x_0, y_0) 的各个偏导数都存在，也不能保证函数在该点连续；但是如果二元函数 $z = f(x, y)$ 在点 (x_0, y_0) 处可微，则函数 $z = f(x, y)$ 在点 (x_0, y_0) 处一定连续、可导，即各偏导数存在是全微分存在的必要条件；而各偏导数在点 (x_0, y_0) 连续是可微的充分条件.

例如：函数

$$f(x, y) = \begin{cases} \dfrac{xy}{x^2 + y^2} & (x, y) \neq (0, 0) \\ 0 & (x, y) = (0, 0) \end{cases}$$

在点 $(0, 0)$ 处的偏导数都是存在的并且相等，即

$$f'_x(0, 0) = \lim_{\Delta x \to 0} \frac{f(0 + \Delta x, 0) - f(0, 0)}{\Delta x} = \lim_{\Delta x \to 0} \frac{0}{\Delta x} = 0$$

$$f'_y(0, 0) = \lim_{\Delta y \to 0} \frac{f(0, 0 + \Delta y) - f(0, 0)}{\Delta y} = \lim_{\Delta x \to 0} \frac{0}{\Delta y} = 0$$

但是该函数在点 $(0, 0)$ 处是不连续的，这是由于极限值不等于函数值：

$$f(0, 0) \neq \lim_{\substack{x \to 0 \\ y \to 0}} \frac{xy}{x^2 + y^2} = \lim_{\substack{x \to 0 \\ y = kx}} \frac{xkx}{x^2 + (kx)^2} = \frac{k}{1 + k^2}$$

而是随 k 的变化而变化；而其在点 $(0, 0)$ 处的全微分是不存在的，这是由于全增量与全微分之差不是比 ρ 更高阶无穷小量. 即

$$\Delta z - dz = \left[f(0 + \Delta x, 0 + \Delta y) - f(0, 0)\right] - \left[f'_x(0, 0) \cdot \Delta x + f'_y(0, 0) \cdot \Delta y\right]$$

$$= \frac{\Delta x \cdot \Delta y}{(\Delta x)^2 + (\Delta y)^2}$$

如果考虑当 $\Delta x \to 0$ 时，Δy 沿 $y = x$ 趋于 0，即有 $\dfrac{\Delta z - dz}{\rho} = \dfrac{\Delta x \cdot \Delta y}{\left[(\Delta x)^2 + (\Delta y)^2\right]^{\frac{3}{2}}} \to \infty$.

2. 全微分的应用

利用全微分的概念，可以进行函数的近似计算.

设函数 $z = f(x, y)$ 在点 (x_0, y_0) 处可微，则全增量可以表示为

$$\Delta z = f(x_0 + \Delta x, y_0 + \Delta y) - f(x_0, y_0) \approx f'_x(x_0, y_0)\Delta x + f'_y(x_0, y_0)\Delta y$$

所以有近似计算公式

$$f(x_0 + \Delta x, y_0 + \Delta y) \approx f(x_0, y_0) + f'_x(x_0, y_0)\Delta x + f'_y(x_0, y_0)\Delta y$$

考虑到 $x - x_0 = \Delta x$，$y - y_0 = \Delta y$，即有

$$f(x, y) \approx f(x_0, y_0) + f'_x(x_0, y_0)\Delta x + f'_y(x_0, y_0)\Delta y$$

例 5 利用全微分求 $1.001^{2.99}$ 的近似值.

解 设 $z = f(x, y) = x^y$；$x_0 = 1$，$\Delta x = 0.001$；$y_0 = 3$，$\Delta y = -0.01$. 则有

$$f'_x(x, y) = yx^{y-1}, \quad f'_y(x, y) = x^y \ln x; \quad f'_x(1, 3) = 3, \quad f'_y(1, 3) = 0$$

于是

$$1.001^{2.99} \approx f(1, 3) + f'_x(1, 3) \times 0.001 + f'_y(1, 3) \times (-0.01) = 1.003$$

例 6 设一圆柱形的铁罐，内半径为 5 cm，内高为 12 cm，壁厚为 0.2 cm. 试估计制作这个铁罐需材料的体积大约是多少(包括上、下底).

解 设底半径为 R，高为 h 的圆柱体的体积为 V，则

$$V = V(R, h) = \pi R^2 h$$

由题意取 $R_0 = 5$，$h_0 = 12$，$\Delta R = 0.2$，$\Delta h = 0.4$；这个铁罐所需材料即为体积的增量

$$\Delta V \approx dV(R, h) = V'_R(R_0, h_0)\Delta R + V'_h(R_0, h_0)\Delta h$$

$$\Delta V \approx 2\pi R_0 h_0 \Delta R + \pi R_0^2 \Delta h$$

$$= 5\pi(24 \times 0.2 + 5 \times 0.4) \approx 106.8 (\text{cm})^3$$

习题 8-3

1. 求 $z = 2x^2 - xy + 3y^2$ 在点 $(1, 2)$ 处的偏导数.

2. 求 $z = x^3 \cos 2y$ 的偏导数.

3. 求下列函数的偏导数：

(1) $z = \sin(2x + 3y)$，(2) $z = x^8 e^y$，(3) $z = \sqrt{\ln(xy)}$

4. 求下列函数的全微分：

(1) $z = e^x \sin(x + y)$；(2) $z = x^3 y^4$；(3) $z = xy \ln y$

5. 计算函数 $z = e^{xy}$ 在点 $(2, 1)$ 处的全微分.

6. 利用全微分计算 $\sqrt{(3.02)^2 + (3.97)^2}$ 的近似值.

8.4　偏导数的求导法则

8.4.1　高阶偏导数

设函数 $z = f(x, y)$ 在区域 D 上具有偏导数 $f'_x(x, y)$、$f'_y(x, y)$，一般来说，在 D 内 $f'_x(x, y)$ 和 $f'_y(x、y)$ 仍是 x、y 的函数. 如果这两个偏导数又存在对 x、y 的偏导数，则称这两个偏导数的偏导数为函数 $z = f(x, y)$ 的二阶偏导数.

按照对变量求导次序的不同，共有下列四个二阶偏导数：

$$\frac{\partial}{\partial x}\left(\frac{\partial z}{\partial x}\right) = \frac{\partial^2 z}{\partial x^2} = f''_{xx}(x, y) = z''_{xx}, \quad \frac{\partial}{\partial y}\left(\frac{\partial z}{\partial x}\right) = \frac{\partial^2 z}{\partial x \partial y} = f''_{xy}(x, y) = z''_{xy}$$

$$\frac{\partial}{\partial x}\left(\frac{\partial z}{\partial y}\right) = \frac{\partial^2 z}{\partial y \partial x} = f''_{yx}(x, y) = z''_{yx}, \quad \frac{\partial}{\partial y}\left(\frac{\partial z}{\partial y}\right) = \frac{\partial^2 z}{\partial y^2} = f''_{yy}(x, y) = z''_{yy}$$

其中 $f''_{xy}(x, y)$、$f''_{yx}(x, y)$ 称为二阶混合偏导数. 二阶及以上的偏导数统称为高阶偏导数. 高阶偏导数的求法原则同一阶偏导数.

例 1　求 $z = x^2 y^2 + x + \sin y + 3$ 的二阶偏导数.

解
$$\frac{\partial z}{\partial x} = 2xy^2 + 1, \qquad \frac{\partial z}{\partial y} = 2x^2 y + \cos y, \qquad \frac{\partial^2 z}{\partial x^2} = 2y^2$$

$$\frac{\partial^2 z}{\partial y^2} = 2x^2 - \sin y, \qquad \frac{\partial^2 z}{\partial x \partial y} = 4xy, \qquad \frac{\partial^2 z}{\partial y \partial x} = 4xy$$

上例中两个混合偏导数相等，这不是偶然的. 事实上，可以证明，如果函数 $z = f(x, y)$ 的两个混合偏导数在区域 D 上连续，则在该区域内必有 $\dfrac{\partial^2 z}{\partial x \partial y} = \dfrac{\partial^2 z}{\partial y \partial x}$；即混合偏导数与求偏导数的先后次序无关.

例 2　求函数 $z = x^3 y - 3x^2 y^3$ 的二阶偏导数.

解　先求一阶偏导数：

$$\frac{\partial z}{\partial x} = 3x^2 y - 6xy^3, \quad \frac{\partial z}{\partial y} = x^3 - 9x^2 y^2$$

再求二阶偏导数：

$$\frac{\partial^2 z}{\partial x^2} = \frac{\partial}{\partial x}\left(\frac{\partial z}{\partial x}\right) = \frac{\partial}{\partial x}(3x^2 y - 6xy^3) = 6xy - 6y^3$$

$$\frac{\partial^2 z}{\partial y^2} = \frac{\partial}{\partial y}\left(\frac{\partial z}{\partial y}\right) = \frac{\partial}{\partial y}(x^3 - 9x^2 y^2) = -18x^2 y$$

$$\frac{\partial^2 z}{\partial x \partial y} = \frac{\partial}{\partial y}\left(\frac{\partial z}{\partial x}\right) = \frac{\partial}{\partial y}(3x^2 y - 6xy^3) = 3x^2 - 18xy^2$$

$$\frac{\partial^2 z}{\partial y \partial x} = \frac{\partial}{\partial x}\left(\frac{\partial z}{\partial y}\right) = \frac{\partial}{\partial x}(x^3 - 9x^2 y^2) = 3x^2 - 18xy^2$$

8.4.2　多元复合函数的求导法则

定理　设函数 $u = \varphi(x, y)$，$v = \psi(x, y)$ 在点 (x, y) 处有偏导数，函数 $z = f(u, v)$ 在相应点 (u, v) 处有连续偏导数，则复合函数 $z = f[\varphi(x, y), \psi(x, y)]$ 在点 (x, y) 处有偏导数，且

$$\frac{\partial z}{\partial x} = \frac{\partial z}{\partial u}\frac{\partial u}{\partial x} + \frac{\partial z}{\partial v}\frac{\partial v}{\partial x}$$

$$\frac{\partial z}{\partial y} = \frac{\partial z}{\partial u}\frac{\partial u}{\partial y} + \frac{\partial z}{\partial v}\frac{\partial v}{\partial y} \qquad （证明略）$$

上述求导过程可由图 8-20 表示. 这种求导方法我们称之为求导链式法则；此法则还可推广到中间变量或自变量个数多于两个的情形，关键是要搞清函数复合的结构，求导法则是对每个中间变量施以链式法则，再相加. 一般地，对某个自变量求偏导数，与之有关的中间变量有几个，那么求偏导公式中就有几项.

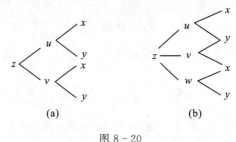

(a)　　　　　(b)

图 8-20

如设 $z = f(u, v, w)$，而 $u = u(x, y)$，$v = v(x, y)$，$w = w(x, y)$，函数包含三个中间变量，两个自变量，其复合结构如图 8-20(b) 所示. 则求导公式为

$$\frac{\partial z}{\partial x} = \frac{\partial z}{\partial u}\frac{\partial u}{\partial x} + \frac{\partial z}{\partial v}\frac{\partial v}{\partial x} + \frac{\partial z}{\partial w}\frac{\partial w}{\partial x}, \qquad \frac{\partial z}{\partial y} = \frac{\partial z}{\partial u}\frac{\partial u}{\partial y} + \frac{\partial z}{\partial v}\frac{\partial v}{\partial y} + \frac{\partial z}{\partial w}\frac{\partial w}{\partial y}$$

例 3　设 $z = e^u \sin v$，而 $u = xy$，$v = 3x + 2y$，求 $\dfrac{\partial z}{\partial x}$，$\dfrac{\partial z}{\partial y}$.

解　按复合函数求导法，则有

$$\frac{\partial z}{\partial x} = \frac{\partial z}{\partial u}\frac{\partial u}{\partial x} + \frac{\partial z}{\partial v}\frac{\partial v}{\partial x} = ye^u \sin v + 3e^u \cos v$$

$$= e^{xy}[y\sin(3x + 2y) + 3\cos(3x + 2y)]$$

$$\frac{\partial z}{\partial y} = \frac{\partial z}{\partial u}\frac{\partial u}{\partial y} + \frac{\partial z}{\partial v}\frac{\partial v}{\partial y} = xe^u \sin v + 2e^u \cos v$$

$$= e^{xy}[x\sin(3x + 2y) + 2\cos(3x + 2y)]$$

例 4　设 $z = f(2x + y,\ xy,\ x - y)$，求 $\dfrac{\partial z}{\partial x}$ 和 $\dfrac{\partial z}{\partial y}$，假设函数 f 的偏导数存在.

解　设 $u = 2x + y,\ v = xy,\ w = x - y$，则 $z = f(u,\ v,\ w)$.

$$\frac{\partial z}{\partial x} = 2f'_u + yf'_v + f'_w,\quad \frac{\partial z}{\partial y} = f'_u + xf'_v - f'_w$$

8.4.3　隐函数的求导法则

若由方程 $F(x,\ y,\ z) = 0$ 确定了 z 是 $x,\ y$ 的函数，则称这种由方程所确定的函数为隐函数.

按照复合函数求导法则，在恒等式 $F(x,\ y,\ z) = 0$ 两边分别对 $x,\ y$ 求偏导数，得

$$F'_x + F'_z \cdot \frac{\partial z}{\partial x} = 0,\quad F'_y + F'_z \cdot \frac{\partial z}{\partial y} = 0$$

则

$$\frac{\partial z}{\partial x} = -\frac{F'_x}{F'_z},\quad \frac{\partial z}{\partial y} = -\frac{F'_y}{F'_z}\quad (F'_z(x,\ y,\ z) \neq 0)$$

这就是二元隐函数的求偏导数的公式. 如果一元函数是由方程 $F(x,\ y) = 0$ 确定的 y 是 x 的隐函数，同理按照复合函数求导法则可得

$$\frac{\mathrm{d}y}{\mathrm{d}x} = -\frac{F'_x}{F'_y}\quad (F'_y(x,\ y) \neq 0)$$

例 5　求方程 $e^z + xyz = 0$ 所确定的隐函数 $z = z(x,\ y)$ 的偏导数.

解　令
$$F(x,\ y,\ z) = e^z + xyz$$
则
$$F'_x(x,\ y,\ z) = yz,\ F'_y(x,\ y,\ z) = xz,\ F'_z(x,\ y,\ z) = e^z + xy$$
因此

$$\frac{\partial z}{\partial x} = -\frac{F'_x}{F'_z} = -\frac{yz}{e^z + xy},\quad \frac{\partial z}{\partial y} = -\frac{F'_y}{F'_z} = -\frac{xz}{e^z + xy}$$

例 6　设 $x^2 + y^2 + z^2 - 4z = 0$，求 $\dfrac{\partial^2 z}{\partial x^2}$.

解　令
$$F(x,\ y,\ z) = x^2 + y^2 + z^2 - 4z$$
则
$$F'_x(x,\ y,\ z) = 2x,\ F'_y(x,\ y,\ z) = 2y,\ F'_z(x,\ y,\ z) = 2z - 4$$

$$\frac{\partial z}{\partial x} = -\frac{F'_x}{F'_z} = \frac{x}{2 - z},\quad \frac{\partial z}{\partial y} = -\frac{F'_y}{F'_z} = \frac{y}{2 - z}$$

再依次对 $x,\ y$ 求偏导数，得

$$\frac{\partial^2 z}{\partial x^2} = \frac{\partial}{\partial x}\left(\frac{\partial z}{\partial x}\right) = \frac{(2 - z) + x\dfrac{\partial z}{\partial x}}{(2 - z)^2} = \frac{(2 - z) + x\left(\dfrac{x}{2 - z}\right)}{(2 - z)^2} = \frac{(2 - z)^2 + x^2}{(2 - z)^3}$$

$$\frac{\partial^2 z}{\partial y^2} = \frac{\partial}{\partial y}\left(\frac{\partial z}{\partial y}\right) = \frac{(2-z)^2 + y^2}{(2-z)^3}$$

习题 8 - 4

1. 求函数 $z = x^4 + y^4 + 4x^2 y^2$ 的二阶偏导数.

2. 求下列复合函数的偏导数:

(1) $z = \mathrm{e}^u \sin v$, $u = xy$, $v = 2x + y$ (2) $z = u^2 \ln v$, $u = \dfrac{x}{y}$, $v = 3x - 2y$

3. 求下列方程确定的 $z = z(x, y)$ 隐函数的一阶偏导数:

(1) $x^2 - y^2 + 2x - 2yz = \mathrm{e}^z$ (2) $x + 2y + z = 2\sqrt{xyz}$

4. 设 $u = f(x - y, y - z, z - x)$, 求证: $\dfrac{\partial u}{\partial x} + \dfrac{\partial u}{\partial y} + \dfrac{\partial u}{\partial z} = 0$.

8.5　偏导数的应用

偏导数在实际中有很多应用,如有些实际问题就可归结为多元函数的极值问题,与一元函数类似,我们用偏导数来讨论多元函数的极值问题.

8.5.1　二元函数的极值

1. 二元函数的极值

定义　设函数 $z = f(x, y)$ 在点 (x_0, y_0) 的某个邻域内有定义,如果对于该邻域内的任意点 (x, y),都有

$$f(x, y) \leqslant f(x_0, y_0) \quad (\text{或 } f(x, y) \geqslant f(x_0, y_0))$$

则称 $f(x_0, y_0)$ 为函数 $f(x, y)$ 的极大值(或极小值),点 (x_0, y_0) 称为函数的极大值点(或极小值点),函数的极大值与极小值统称为极值,极大值点与极小值点统称为极值点.

例如函数: $z = f(x, y) = 1 + x^2 + y^2$ 在点 $(0, 0)$ 处取到极小值: $f(0, 0) = 1$; 而函数 $z = f(x, y) = -\sqrt{x^2 + y^2}$ 在点 $(0, 0)$ 处取到极大值: $f(0, 0) = 0$. 这是很显然的.

事实上, $z = f(x, y) = 1 + x^2 + y^2$ 是一个旋转抛物面,如图 8 - 21(a) 所示, $f(0, 0)$ 最小; $z = f(x, y) = -\sqrt{x^2 + y^2}$ 是一个旋转圆锥面,如图 8 - 21(b) 所示, $f(0, 0)$ 最大.

2. 二元函数极值的求法与判定

定理 1　(极值存在的必要条件)

设函数 $z = f(x, y)$ 在点 (x_0, y_0) 处具有一阶偏导数且取得极值,则必有

$$f'_x(x_0, y_0) = f'_y(x_0, y_0) = 0$$

与一元函数类似,使函数 $z = f(x, y)$ 在点 (x_0, y_0) 处的一阶偏导数为零的点称为驻点.偏导数存在的函数其极值点必为驻点,但驻点不一定是极值点.

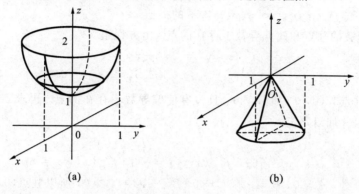

(a) 　　　　　　(b)

图 8-21

定理 2 (极值存在的充分条件)

若函数 $z = f(x, y)$ 在点 (x_0, y_0) 的某邻域有连续二阶偏导数,且点 (x_0, y_0) 是它的驻点,记

$$A = f''_{xx}(x_0, y_0), B = f''_{xy}(x_0, y_0), C = f''_{yy}(x_0, y_0), \Delta = B^2 - AC$$

则有

(1) 当 $\Delta < 0$ 时,$f(x_0, y_0)$ 是极值,且当 $A < 0$ 时为极大值,$A > 0$ 时为极小值;

(2) 当 $\Delta > 0$ 时,$f(x_0, y_0)$ 不是极值;

(3) 当 $\Delta = 0$ 时,$f(x_0, y_0)$ 可能是极值,也可能不是极值.

证明从略.

例 1　求函数 $z = f(x, y) = 1 + x^2 + y^2$ 的极值.

解　先求函数的一阶导数,并解出驻点.

由
$$\begin{cases} f'_x(x, y) = 2x = 0 \\ f'_y(x, y) = 2y = 0 \end{cases}$$

可解得一个驻点 $(0, 0)$;再求二阶偏导数且由二阶偏导数值判定:

$$f''_{xx}(x, y) = 2 = A, f''_{xy}(x, y) = 0 = B, f''_{yy}(x, y) = 2 = C; \Delta = B^2 - AC < 0$$

由于 $A > 0$,所以在驻点 $(0, 0)$ 处函数取得极小值,且极小值为 $f(0, 0) = 1$.

一般地,求二元函数 $z = f(x, y)$ 的极值的步骤如下:

(1) 求一阶、二阶偏导数:$f'_x(x, y)$, $f'_y(x, y)$, $f''_{xx}(x, y)$, $f''_{xy}(x, y)$, $f''_{yy}(x, y)$;

(2) 解方程组 $\begin{cases} f'_x(x, y) = 0 \\ f'_y(x, y) = 0 \end{cases}$,求驻点以及使偏导数不存在的点;

(3) 对每个驻点,计算 A, B, C;

（4）确定 $\Delta = B^2 - AC$ 的符号，按照定理 2 确定 $z = f(x, y)$ 在驻点处的极值情况.

二元函数极值、驻点以及极值存在的必要条件等概念可推广到二元以上函数的情形.

例 2 求函数 $f(x, y) = x^3 + y^3 - 3xy$ 的极值.

解 先求函数的驻点和使偏导数不存在的点. 由方程组

$$\begin{cases} f'_x(x, y) = 3x^2 - 3y = 0 \\ f'_y(x, y) = 3y^2 - 3x = 0 \end{cases}$$

解得两个驻点为 $(0, 0)$ 和 $(1, 1)$，且没有使偏导数不存在的点. 再求二阶偏导数及在驻点处的导数值并加以判定.

由于

$$f''_{xx}(x, y) = 6x, \; f''_{xy}(x, y) = -3, \; f''_{yy}(x, y) = 6y$$

在点 $(0, 0)$ 处，$A = 0$，$B = -3$，$C = 0$，$B^2 - AC = 9 > 0$，所以驻点 $(0, 0)$ 不是极值；即函数 $f(x, y) = x^3 + y^3 - 3xy$ 在点 $(0, 0)$ 处无极值.

在点 $(1, 1)$ 处，$A = 6 > 0$，$B = -3$，$C = 6$，$B^2 - AC = -27 < 0$，所以驻点 $(1, 1)$ 为函数的极小值点，且极小值为 $f(1, 1) = -1$.

8.5.2 二元函数的最值

如果二元函数 $z = f(x, y)$ 在有界闭区域 D 上连续，则 $z = f(x, y)$ 在 D 上一定有最大值和最小值. 但是，最大值和最小值可能在 D 的内部取得，也可能在 D 的边界上取得. 因此，需要求出 $z = f(x, y)$ 在内部的所有驻点和使偏导数不存在的点，如果这些点是有限个，将这些点的函数值与函数在 D 的边界上的最大值和最小值作比较，其中最大的就是二元函数 $z = f(x, y)$ 的最大值，最小的就是 $z = f(x, y)$ 的最小值. 二元函数的最大值和最小值比一元函数要复杂的多. 但是，描述实际问题的二元函数在区域 D 内，如果函数的偏导数存在，且有唯一的一个驻点，则函数在该驻点处取得的极大（小）值即为最大（小）值.

例 3 求函数 $f(x, y) = \sqrt{16 - x^2 - y^2}$ 在圆域 $x^2 + y^2 \leqslant 9$ 上的最值.

解 求偏导数，得

$$\frac{\partial f}{\partial x} = \frac{-x}{\sqrt{16 - x^2 - y^2}}, \; \frac{\partial f}{\partial y} = \frac{-y}{\sqrt{16 - x^2 - y^2}}$$

令 $\dfrac{\partial f}{\partial x} = \dfrac{\partial f}{\partial y} = 0$，得驻点 $(0, 0)$，且 $f(0, 0) = 4$；又在圆周上的函数值 $f(x, y) = \sqrt{7}$，因此，比较可得函数的最大值即为 4，最小值为 $\sqrt{7}$.

例 4 用薄板做一个容量为 V 的长方体的箱子，问应选择怎样的尺寸，才能使做此箱子的材料最省？

解 设箱子的长、宽、高分别为 x, y, z，由于容量为 V，则 $V = xyz$，箱子的表面积为

$$S = 2(xy + xz + yz)$$

要使所用的材料最少，则应求 S 的最小值. 由于 $V = xyz$，即 $z = \dfrac{V}{xy}$，所以

$$S = 2\left(xy + \frac{V}{x} + \frac{V}{y}\right), \quad (x > 0, \, y > 0)$$

对 S 求一阶偏导数，联立求驻点

$$\begin{cases} S'_x(x, y) = 2\left(y - \dfrac{V}{x^2}\right) = 0 \\[3mm] S'_y(x, y) = 2\left(x - \dfrac{V}{y^2}\right) = 0 \end{cases}$$

取得唯一的驻点 $P_0(\sqrt[3]{V}, \sqrt[3]{V})$. 由问题的实际意义可知，$P_0$ 必是 S 取得最小值的点，即当 $x = y = z = \sqrt[3]{V}$ 时，S 取得最小值. 此例表明，容积一定时长方体中立方体的表面积最小.

8.5.3　二元函数的条件极值

前面例 3 所讨论的极值问题，自变量的变化是在函数的定义域范围内，除此之外没有其它附加条件的限制，这种极值又称为无条件极值；而例 4 讨论的是实际问题，函数的自变量还要满足某些附加条件，这种对自变量有附加条件的极值称为条件极值. 对于一般的条件极值问题，可以转化为无条件极值问题，但是在很多情况下，将条件极值化为无条件极值往往比较困难. 拉格朗日乘数法是求条件极值的一种实用方法.

函数 $z = f(x, y)$ 在约束条件 $\varphi(x, y) = 0$ 下求极值的步骤为：

（1）构造拉格朗日函数

$$F(x, y) = f(x, y) + \lambda\varphi(x, y)$$

其中 λ 为拉格朗日乘数；

（2）求解方程组

$$\begin{cases} F'_x(x, y) + \lambda\varphi'_x(x, y) = 0 \\ F'_y(x, y) + \lambda\varphi'_y(x, y) = 0 \\ \varphi(x, y) = 0 \end{cases}$$

得出可能的极值点 (x_0, y_0) 和乘数 λ；

（3）判别求出的点 (x_0, y_0) 是否为极值点. 一般实际问题的驻点就是极值点，且此点就是取得极大（小）值的点. 也就是最大（小）值点.

例 5　某工厂生产两种商品的日产量分别为 x 和 y 件，总成本函数

$$C(x, y) = 8x^2 - xy + 12y^2 \text{（元）}$$

商品的限额为 $x + y = 42$，求最小成本.

解　约束条件为

$$\varphi(x, y) = x + y - 42 = 0$$

构造拉格朗日函数

$$F(x, y) = 8x^2 - xy + 12y^2 + \lambda(x + y - 42)$$

解方程组

$$\begin{cases} F'_x = 16x - y + \lambda = 0 \\ F'_y = -x + 24y + \lambda = 0 \\ x + y - 42 = 0 \end{cases}$$

得唯一驻点(25，17).

由问题本身可知最小值一定存在，故(25，17)就是使总成本最小的点，即两种商品的日产量分别为 25 件和 17 件时总成本最小，最小成本为 $C(25, 17) = 8043(元)$.

习题 8 - 5

1. 求 $z = x^2 - xy + y^2 - 2x + y$ 的极值.
2. 求函数 $z = e^{2x}(x + y^2 + 2y)$ 的极值.
3. 求函数 $z = xy$ 在条件 $x + y = 1$ 限制下的极值.
4. 求表面积为 S，而体积为最大的长方体.

8.6 二重积分的概念与性质

二重积分是一元函数定积分的推广. 二重积分解决问题的基本思想方法与定积分一致，它的计算最终归结为定积分. 在定积分中，我们用"分割取近似，求和取极限"求曲边梯形的面积，依此引出了定积分的概念. 我们用同样的思想方法，通过求"曲顶柱体"的体积，来引出二重积分的概念.

8.6.1 曲顶柱体的体积

定义 1 以 xOy 面上的有界闭区域 D 为底，侧面是以 D 的边界曲线为准线，而母线平行于 z 轴的柱面，它的顶是以曲面 $z = f(x, y)$ 所围的图形称为曲顶柱体. 如图 8 - 22(a)所示.

设当 $(x, y) \in D$ 时，$z = f(x, y)$ 在 D 上连续且 $f(x, y) \geqslant 0$，求曲顶柱体的体积 V. 我们采用类似于求曲边梯形面积的方法来计算.

1. 分割

先用任意一组曲线网把区域 D 分成 n 个小区域，每个小区域及其面积均分别记为 $\Delta\sigma_1$，$\Delta\sigma_2$，$\cdots$，$\Delta\sigma_n$，并以各小区域的边界为准线，做母线平行于 z 轴的小柱面，这些小柱面将原来的曲顶柱体分成 n 个小曲顶柱体 $V_i (i = 1, 2, \cdots n)$，如图 8 - 22(b)所示.

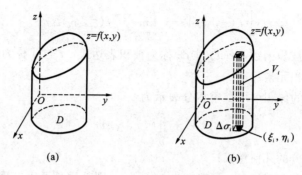

图 8 - 22

2. 取近似

当每个 $\Delta\sigma_i$ 的直径都很小时，由于 $f(x, y)$ 在 D 上连续，故 $f(x, y)$ 在相应区域上各点的函数值都变化不大，因而小曲顶柱体可近似视为平顶柱体. 在 $\Delta\sigma_i$ 上任取一点 (ξ_i, η_i)，则以 $f(\xi_i, \eta_i)$ 为高、$\Delta\sigma_i$ 为底的小平顶柱体的体积可近似代替作为 V_i 的体积，即

$$V_i \approx f(\xi_i, \eta_i) \cdot \Delta\sigma_i$$

3. 求和

将所有小平顶柱体加起来，可得大曲顶柱体体积的近似值. 即

$$V \approx \sum_{i=1}^{n} V_i = \sum_{i=1}^{n} f(\xi_i, \eta_i) \cdot \Delta\sigma_i \quad (i = 1, 2, \cdots, n)$$

4. 取极限

设 n 个小区域的直径的最大值为 λ，令 $\lambda \to 0$，则每个小区域的面积 $\Delta\sigma \to 0(n \to \infty)$，上述和式的极限就是所论曲顶柱体的体积的精确值，即有

$$V = \lim_{\substack{\lambda \to 0 \\ (\Delta\sigma \to 0)}} \sum_{i=1}^{n} f(\xi_i, \eta_i) \cdot \Delta\sigma_i$$

还有很多实际问题，如求密度非均匀的平面薄片的质量也可归结为上述类型的和式的极限. 抛开这些问题的实际背景，抓住共同的数学特征，加以抽象，概括后就得到如下二重积分的定义.

8.6.2　二重积分的定义

定义 2　设 $f(x, y)$ 是有界闭区域 D 上的有界函数，将 D 任意分成 n 个小区域 $\Delta\sigma_i(i = 1, 2, \cdots, n$，$\Delta\sigma_i$ 同时也表示面积)，在每个 $\Delta\sigma_i$ 上任取一点 (ξ_i, η_i)，作乘积 $f(\xi_i, \eta_i)\Delta\sigma_i(i = 1, 2, \cdots, n)$，并作和式 $\sum_{i=1}^{n} f(\xi_i, \eta_i)\Delta\sigma_i$. 当各小闭区域的直径中的最大值 $\lambda \to 0(\Delta\sigma \to 0$，$n \to \infty)$ 时，若和式的极限存在，则称此极限值为函数 $f(x, y)$ 在区域 D 上的二重积分，记作 $\iint\limits_{D} f(x, y)\mathrm{d}\sigma$，即

$$\iint\limits_{D} f(x, y)\mathrm{d}\sigma = \lim_{\substack{\lambda \to 0 \\ (n \to \infty)}} \sum_{i=1}^{n} f(\xi_i, \eta_i)\Delta\sigma_i$$

其中 $f(x, y)$ 称为被积函数，$f(x, y)\mathrm{d}\sigma$ 称为被积表达式，x 与 y 称为积分变量，D 称为积分区域，$\mathrm{d}\sigma$ 称为面积元素.

上述曲顶柱体的体积可用二重积分表示为

$$V = \iint\limits_{D} f(x, y)\mathrm{d}\sigma$$

这也体现了二重积分的几何意义.

如果平面薄片占有区域 A，面密度为 $\rho(x, y)$，则其质量可用二重积分表示为

$$M = \iint\limits_{A} \rho(x, y)\mathrm{d}\sigma$$

这反映了二重积分的一个物理意义.

由二重积分的定义可知，二重积分的本质也是一个和式的极限，和式的极限存在与否，决定了二重积分是否可积. 有下面定理：

存在定理 若 $f(x, y)$ 在闭区域 D 上连续，则 $\iint\limits_{D} f(x, y)\mathrm{d}\sigma$ 一定存在. 证明略.

8.6.3 二重积分的性质

二重积分与定积分有类似的性质.（只给出，不证明）

(1) 常数可以提出积分符号外面，即

$$\iint\limits_{D} kf(x, y)\mathrm{d}\sigma = k\iint\limits_{D} f(x, y)\mathrm{d}\sigma \quad (k \text{ 为常数})$$

(2) 和的积分等于积分的和，即

$$\iint\limits_{D} [f(x, y) + g(x, y)]\mathrm{d}\sigma = \iint\limits_{D} f(x, y)\mathrm{d}\sigma + \iint\limits_{D} g(x, y)\mathrm{d}\sigma$$

(3) 若 D 可分为两个没有公共点的部分 D_1 和 D_2，即 $D = D_1 + D_2$，则

$$\iint\limits_{D} f(x, y)\mathrm{d}\sigma = \iint\limits_{D_1} f(x, y)\mathrm{d}\sigma + \iint\limits_{D_2} f(x, y)\mathrm{d}\sigma$$

(4) 若 $f(x, y)$ 在 D 上有 $f(x, y) \leqslant g(x, y)$，则

$$\iint\limits_{D} f(x, y)\mathrm{d}\sigma \leqslant \iint\limits_{D} g(x, y)\mathrm{d}\sigma$$

特别地，

$$\left|\iint\limits_{D} f(x, y)\mathrm{d}\sigma\right| \leqslant \iint\limits_{D} \left|f(x, y)\right|\mathrm{d}\sigma$$

(5) 若在 D 上，恒有 $f(x, y) \equiv 1$，σ 为 D 的面积，则

$$\iint\limits_{D} f(x, y)\mathrm{d}\sigma = \iint\limits_{D} 1 \cdot \mathrm{d}\sigma = \iint\limits_{D}\mathrm{d}\sigma = \sigma$$

（6）设 M、m 是 $f(x, y)$ 在闭区域 D 上的最大值与最小值，D 的面积为 σ，则

$$m\sigma \leqslant \iint\limits_{D} f(x, y)\mathrm{d}\sigma \leqslant M\sigma$$

（7）设 $f(x, y)$ 在闭区域 D 上连续，则在 D 上至少存在一点 (ξ, η)，使得

$$\iint\limits_{D} f(x, y)\mathrm{d}\sigma = f(\xi, \eta)\sigma \qquad （二重积分的中值定理）$$

例 1　计算：（1）　$\displaystyle\iint\limits_{D_1} 1 \cdot \mathrm{d}\sigma, \quad (D_1 : x^2 + (y-2)^2 \leqslant 4)$

（2）　$\displaystyle\iint\limits_{D_2}\sqrt{a^2 - x^2 - y^2}\mathrm{d}\sigma, \quad (D_2 : x^2 + y^2 \leqslant a^2)$

解　（1）由于 D_1 是一个半径 $R = 2$ 的圆，其面积为 4π，所以由二重积分的几何意义可知：

$$\iint\limits_{D_1} 1 \cdot \mathrm{d}\sigma = 4\pi$$

（2）D_2 是一个半径 $R = a$ 的圆域，而 $\sqrt{a^2 - x^2 - y^2}$ 是一个半径 $R = a$ 的半球面，而球体的体积为 $\dfrac{4}{3}\pi a^3$，所以由二重积分的几何意义可得：

$$\iint\limits_{D_2}\sqrt{a^2 - x^2 - y^2}\mathrm{d}\sigma = \frac{2}{3}\pi a^3$$

例 2　设 D 是圆环域：$1 \leqslant x^2 + y^2 \leqslant 4$，证明

$$3\pi\mathrm{e} \leqslant \iint\limits_{D}\mathrm{e}^{x^2+y^2}\mathrm{d}\sigma \leqslant 3\pi\mathrm{e}^4$$

证明　在 D 上，$f(x, y) = \mathrm{e}^{x^2+y^2}$ 的最小值为 $m = \mathrm{e}$，最大值为 $M = \mathrm{e}^4$，而 D 的面积为 $S = 4\pi - \pi = 3\pi$，由二重积分性质即可得

$$3\pi\mathrm{e} \leqslant \iint\limits_{D}\mathrm{e}^{x^2+y^2}\mathrm{d}\sigma \leqslant 3\pi\mathrm{e}^4$$

习题 8 - 6

1. 利用二重积分性质，计算 $\displaystyle\iint\limits_{D} 8\mathrm{d}\sigma$，其中 D 为：

（1）$|x| \leqslant 2, |y| \leqslant 1$；　　　　　　　　　（2）$\dfrac{x^2}{4} + \dfrac{y^2}{2} = 1$；

（3）$1 \leqslant x^2 + y^2 \leqslant 9$.

2. 利用二重积分的几何意义，计算$\iint\limits_{D}(1-x-y)\mathrm{d}\sigma$，其中$D$为$x=0$、$y=0$、$x+y=1$所围成的区域.

3. 利用二重积分性质，证明$\iint\limits_{D}(x+y)^3\mathrm{d}\sigma \leqslant \iint\limits_{D}(x+y)^2\mathrm{d}\sigma$，积分区域$D$为$x=0$、$y=0$、$x+y=1$所围成的区域.

8.7　直角坐标系下二重积分的计算

一般来说，按照二重积分的定义来计算二重积分是比较困难的. 我们通常采用在直角坐标系中把二重积分化为两次定积分的计算方法来计算二重积分.

在二重积分的定义中，积分区域D的分割是任意的. 因此，在直角坐标系中，用平行于x轴和y轴的两族直线分割D时，面积元素$\mathrm{d}\sigma = \mathrm{d}x\,\mathrm{d}y$，这时二重积分即可转化为二次积分，具体表示为

$$\iint\limits_{D}f(x,y)\mathrm{d}\sigma = \iint\limits_{D}f(x,y)\mathrm{d}x\,\mathrm{d}y$$

如何将二重积分转化为二次积分呢？下面我们给出两种情况下的结论.

8.7.1　积分区域D为X型区域

设积分区域D为X型区域. 即

$$D: \varphi_1(x) \leqslant y \leqslant \varphi_2(x), \quad a \leqslant x \leqslant b$$

该区域是由平行于y轴的直线$x=a$和$x=b$及曲线$y=\varphi_1(x)$和$y=\varphi_2(x)$所围成的区域，如图8-23所示. 其中函数$\varphi_1(x)$、$\varphi_2(x)$在区间$[a,b]$上连续，则二重积分可化为先对y、后对x的二次积分，有

$$\iint\limits_{D}f(x,y)\mathrm{d}x\,\mathrm{d}y = \int_{a}^{b}\mathrm{d}x\int_{\varphi_1(x)}^{\varphi_2(x)}f(x,y)\mathrm{d}y$$

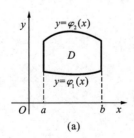
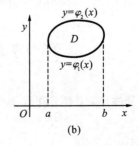

(a)　　　　　　　(b)

图 8-23

上述积分叫做先对 y 后对 x 的二次积分，即先把 x 看做常数，把 $f(x, y)$ 只看做 y 的函数，对 $f(x, y)$ 计算从 $\varphi_1(x)$ 到 $\varphi_2(x)$ 的定积分，然后把所得的结果（x 的函数）再对 x 从 a 到 b 计算定积分. 这样求得的值就是二重积分的值. 积分限采用与坐标轴平行的直线穿过区域法确定：平行 x 轴时 $a \to b$，对应积分变量 x 的下（上）限；平行 y 轴时 $\varphi_1(x) \to \varphi_2(x)$，对应积分变量 y 的下（上）限.

8.7.2　积分区域 D 为 Y 型区域

设积分区域 D 为 Y 型区域，即

$$D: \psi_1(y) \leqslant x \leqslant \psi_2(y), \quad c \leqslant y \leqslant d$$

该区域是由平行于 x 轴的直线 $y = c$ 和 $y = d$ 及曲线 $x = \psi_1(y)$ 和 $x = \psi_2(y)$ 所围成的区域，如图 8-24 所示. 其中函数 $\psi_1(y)$、$\psi_2(y)$ 在区间 $[c, d]$ 上连续，则二重积分可转化为先对 x、后对 y 的二次积分；积分限同样采用与坐标轴平行的直线穿过区域法确定. 有

$$\iint\limits_{D} f(x, y)\mathrm{d}x\mathrm{d}y = \int_c^d \mathrm{d}y \int_{\psi_1(y)}^{\psi_2(y)} f(x, y)\mathrm{d}x$$

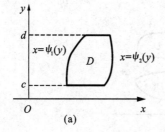
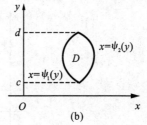

图 8-24

为什么可以将二重积分转化为二次积分呢？事实上，以积分区域 D 为底，曲面 $z = f(x, y)$ 为顶的曲顶柱体的体积可以这样求得：任取 $x \in [a, b]$，过该点作一垂直于 x 轴的平面，如图 8-25 所示. 截曲顶柱体所得截面为一个以区间 $[\varphi_1(x), \varphi_2(x)]$ 为底，以曲线 $z = f(x, y)$ 为曲边的曲边梯形. 由定积分的几何意义可知其面积为

$$A(x) = \int_{\varphi_1(x)}^{\varphi_2(x)} f(x, y)\mathrm{d}y$$

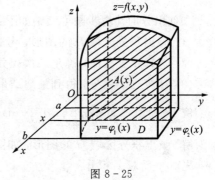

图 8-25

由于 x 的变化区间为 $[a, b]$，且 $A(x)\mathrm{d}x$ 为曲顶柱体中一个薄片的体积，所以整个曲顶柱体的体积 V 可以由这样的薄片体积 $A(x)\mathrm{d}x$ 从 $x = a$ 到 $x = b$ 无限累加而得，故

$$V = \int_a^b A(x)\mathrm{d}x = \int_a^b \Big[\int_{\varphi_1(x)}^{\varphi_2(x)} f(x, y)\mathrm{d}y\Big]\mathrm{d}x$$

从而有

$$\iint\limits_D f(x, y)\mathrm{d}x\,\mathrm{d}y = \int_a^b \Big[\int_{\varphi_1(x)}^{\varphi_2(x)} f(x, y)\mathrm{d}y\Big]\mathrm{d}x$$

或写成

$$\iint\limits_D f(x, y)\mathrm{d}x\,\mathrm{d}y = \int_a^b \mathrm{d}x \int_{\varphi_1(x)}^{\varphi_2(x)} f(x, y)\mathrm{d}y$$

这就是第一种二重积分的转换形式,同理可讨论第二种二重积分的转换形式.

如果积分区域 D 的边界线与平行于 x 轴或 y 轴的直线的交点多于两个(平行于 x 轴或 y 轴的直线段除外),则应将积分区域划分为若干小区域,如图 8 - 26 所示. 再利用二重积分对积分区域具有可加性进行计算. 即

$$\iint\limits_D f(x, y)\mathrm{d}x\,\mathrm{d}y = \iint\limits_{D_1} f(x, y)\mathrm{d}x\,\mathrm{d}y + \iint\limits_{D_2} f(x, y)\mathrm{d}x\,\mathrm{d}y + \iint\limits_{D_3} f(x, y)\mathrm{d}x\,\mathrm{d}y$$

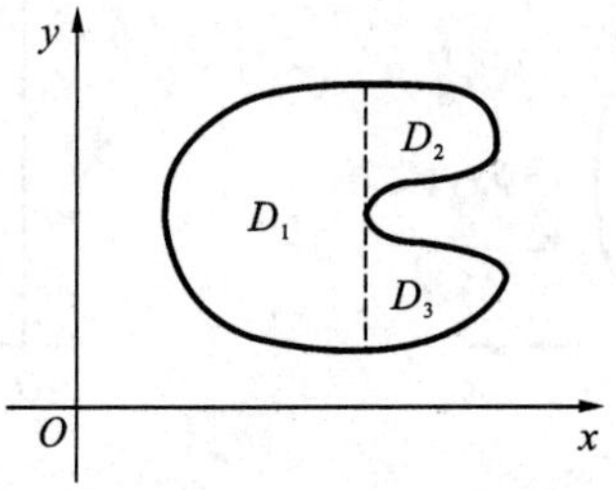

图 8 - 26

二重积分的计算步骤可归纳如下:

(1) 画出积分区域 D 的图形,考察区域 D 是否需要分块;

(2) 选择积分次序,确定二次积分的上、下限;

(3) 计算二次积分,得到最终结果.

例 1　计算二重积分 $\iint\limits_D (x + 2y)\mathrm{d}x\,\mathrm{d}y$,其中 D 是 $-1 \leqslant x \leqslant 1$、$0 \leqslant y \leqslant 2$ 的区域.

解　画出积分区域 D 的图形,如图 8 - 27 所示. 所以二重积分过程如下:

先对 y 后对 x 积分:

$$\iint\limits_D (x + 2y)\mathrm{d}x\,\mathrm{d}y = \int_{-1}^1 \mathrm{d}x \int_0^2 (x + 2y)\mathrm{d}y = \int_{-1}^1 (xy + y^2)\,\big|_0^2\,\mathrm{d}x$$

$$= \int_{-1}^1 (2x + 4)\mathrm{d}x = 8$$

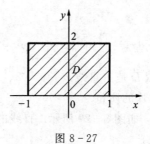

图 8 - 27

或先对 x 后对 y 积分：

$$\iint\limits_{D}(x+2y)\mathrm{d}x\mathrm{d}y = \int_0^2 \mathrm{d}y \int_{-1}^1 (x+2y)\mathrm{d}x$$

$$= \int_0^2 (x^2+2yx)\mid_{-1}^1 \mathrm{d}y = \int_0^2 4y\mathrm{d}y = 8$$

例2　计算二重积分 $\iint\limits_{D} xy\,\mathrm{d}x\,\mathrm{d}y$，其中 D 是由直线 $y=x$ 与抛物线 $y=x^2$ 所围成的区域.

解　画出积分区域 D 的图形，如图 8 - 28 所示. 由方程组

$$\begin{cases} y=x \\ y=x^2 \end{cases}$$

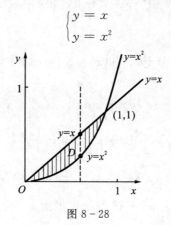

图 8 - 28

解出两个交点为 $(0,0)$、$(1,1)$；则区域 D 可写成：

$$x^2 \leqslant y \leqslant x, \ 0 \leqslant x \leqslant 1, \quad (X \text{ 型区域})$$

或

$$y \leqslant x \leqslant \sqrt{y}, \ 0 \leqslant y \leqslant 1 \quad (Y \text{ 型区域})$$

所以二重积分计算如下：

先对 y 后对 x 积分：

$$\iint\limits_{D} xy\,\mathrm{d}x\,\mathrm{d}y = \int_0^1 \mathrm{d}x \int_{x^2}^x xy\,\mathrm{d}y = \int_0^1 x\left[\frac{1}{2}y^2\right]_{x^2}^x \mathrm{d}x$$

$$= \frac{1}{2}\int_0^1 (x^3-x^5)\mathrm{d}x = \frac{1}{24}$$

或先对 x 后对 y 积分：

$$\iint\limits_{D} xy\,\mathrm{d}x\,\mathrm{d}y = \int_0^1 \mathrm{d}y \int_y^{\sqrt{y}} xy\,\mathrm{d}x = \int_0^1 y\left[\frac{1}{2}x^2\right]_y^{\sqrt{y}}\mathrm{d}y = \frac{1}{2}\int_0^1 (y^2 - y^3)\mathrm{d}y = \frac{1}{24}$$

例 3 设平面薄片占据的区域 D 是由直线 $x+y=2$、$y=x$ 和 $y=0$ 所围成的区域，其密度为 $\rho = x^2 + y^2$，求该平面薄片的质量.

解 画出积分区域 D 的图形，如图 8-29 所示. 直线的交点为 $(0,0)$、$(1,1)$、$(2,0)$.

根据二重积分的物理意义，有

$$M = \iint\limits_{D}\rho(x,\,y)\mathrm{d}\sigma = \iint\limits_{D}\rho(x,\,y)\mathrm{d}x\mathrm{d}y$$

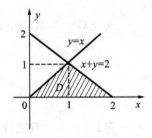

图 8-29

先对 x 后对 y 积分：

$$M = \iint\limits_{D}(x^2 + y^2)\mathrm{d}x\mathrm{d}y = \int_0^1 \mathrm{d}y \int_y^{2-y}(x^2 + y^2)\mathrm{d}x$$

$$= \int_0^1 \left(\frac{1}{3}x^3 + xy^2\right)\Big|_y^{2-y}\mathrm{d}y$$

$$= \int_0^1 \left[\frac{1}{3}(2-y)^3 - \frac{7}{3}y^3 + 2y^2\right]\mathrm{d}y = \frac{4}{3}$$

或先对 y 后对 x 积分：

$$M = \iint\limits_{D}(x^2 + y^2)\mathrm{d}x\mathrm{d}y = \iint\limits_{D_1}(x^2 + y^2)\mathrm{d}x\mathrm{d}y + \iint\limits_{D_2}(x^2 + y^2)\mathrm{d}x\mathrm{d}y$$

$$= \int_0^1 \mathrm{d}x \int_0^x (x^2 + y^2)\mathrm{d}y + \int_1^2 \mathrm{d}x \int_0^{2-x}(x^2 + y^2)\mathrm{d}y$$

$$= \int_0^1 \left[x^2 y + \frac{1}{3}y^3\right]_0^x \mathrm{d}x + \int_1^2 \left[x^2 y + \frac{1}{3}y^3\right]_0^{2-x}\mathrm{d}x$$

$$= \int_0^1 \frac{4}{3}x^3\,\mathrm{d}x + \int_1^2 \left[2x^2 - x^3 + \frac{1}{3}(2-x)^3\right]\mathrm{d}x = \frac{4}{3}$$

例 4 计算由抛物面 $z = 1 - x^2 - y^2$ 与坐标平面 $z=0$ 所围的体积. 区域 D 为有界圆域 $x^2 + y^2 \leqslant 1$，如图 8-30 所示.

解 根据二重积分的几何意义，可得

$$V = \iint\limits_{D} z\,\mathrm{d}x\mathrm{d}y = \iint\limits_{D}(1 - x^2 - y^2)\mathrm{d}x\mathrm{d}y$$

$$= 4\int_0^1 \mathrm{d}x \int_0^{\sqrt{1-x^2}}(1 - x^2 - y^2)\mathrm{d}y$$

$$= 4\int_0^1 \left[(1-x^2)y - \frac{1}{3}y^3\right]_0^{\sqrt{1-x^2}}\mathrm{d}x$$

$$= \frac{8}{3}\int_0^1 (1-x^2)^{\frac{3}{2}}\mathrm{d}x = \frac{\pi}{2}$$

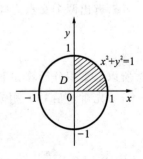

图 8-30

上述两例给出的就是二重积分的两个应用；二重积分还可用来计算曲面的面积、物体的重心、物体的旋转惯量，等等．当二重积分中被积函数出现 $x^2 + y^2$、$\dfrac{y}{x}$ 等形式，或积分区域为圆形、环形、扇形时，用极坐标形式来求解比较简单．读者可参看有关教材，这里不再赘述．下面再给出一个关于二重积分交换积分次序的例子．

例 5 交换二重积分：

$$\iint\limits_{D} f(x, y)\mathrm{d}x\mathrm{d}y = \int_0^1 \mathrm{d}y \int_0^{\sqrt{y}} f(x, y)\mathrm{d}x + \int_1^2 \mathrm{d}y \int_0^{2-y} f(x, y)\mathrm{d}x \text{ 的积分次序.}$$

解 根据所给积分限，用不等式组表示积分区域 D_1 和 D_2，则有

$$D_1: \begin{cases} 0 \leqslant x \leqslant \sqrt{y} \\ 0 \leqslant y \leqslant 1 \end{cases}; \quad D_2: \begin{cases} 0 \leqslant x \leqslant 2 - y \\ 1 \leqslant y \leqslant 2 \end{cases}$$

画出积分区域的图形，如图 8-31 所示.

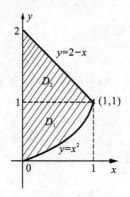

图 8-31

由图 8-31 可知，整个积分区域 D 用不等式组可表示为

$$D: \begin{cases} x^2 \leqslant y \leqslant 2 - x \\ 0 \leqslant x \leqslant 1 \end{cases}$$

于是交换积分次序后得到

$$\iint\limits_{D} f(x, y)\mathrm{d}x\mathrm{d}y = \int_0^1 \mathrm{d}x \int_{x^2}^{2-x} f(x, y)\mathrm{d}y$$

习题 8-7

1. 计算二重积分：$\iint\limits_{D}(x + y + 1)\mathrm{d}x\mathrm{d}y$，其中 $D: 0 \leqslant x \leqslant 1, 0 \leqslant y \leqslant 2$.

2. 计算二重积分：$\iint\limits_{D} xy\mathrm{d}x\mathrm{d}y$，其中 D：$xy=1$，$y=x$，$x=2$.

3. 计算二重积分：$\iint\limits_{D}(x^2+y^2)\mathrm{d}x\mathrm{d}y$，其中 D：$y=x^2$，$y=x$.

4. 计算由抛物面 $z=1-x^2-y^2$ 与坐标平面 $z=0$ 所围的体积. 积分区域 D 为 $x=0$、$y=0$、$x+y=1$ 所围成的区域.

5. 设平面薄板面密度为 $\rho=x^2y$，占据区域为 D：$y=x^2$，$y=x$，求薄板的质量.

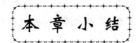

一、空间解析几何

1. 空间两点间的距离

空间两点间的距离的计算公式如下：

$$|M_1M_2|=\sqrt{(x_2-x_1)^2+(y_2-y_1)^2+(z_2-z_1)^2}$$

点 $M(x，y，z)$ 与坐标原点 $O(0，0，0)$ 的距离：$|MO|=\sqrt{x^2+y^2+z^2}$

2. 常见空间曲面与方程

若空间曲面 S 上任意点的坐标都满足方程 $F(x，y，z)=0$，不在曲面 S 上的点的坐标都不满足该方程，则方程 $F(x，y，z)=0$ 称为曲面 S 的方程，而曲面 S 就称为方程 $F(x，y，z)=0$ 的图形. 常见空间曲面方程如下：

平面方程：$Ax+By+Cz+D=0$(一般式)，$\dfrac{x}{a}+\dfrac{y}{b}+\dfrac{z}{c}=1$(截距式)；

球面方程：$(x-x_0)^2+(y-y_0)^2+(z-z_0)^2=R^2$；

椭球面方程：$\dfrac{x^2}{a^2}+\dfrac{y^2}{b^2}+\dfrac{z^2}{c^2}=1$；

椭圆抛物面方程：$\dfrac{x^2}{a^2}+\dfrac{y^2}{b^2}=z$；

柱面方程：$\dfrac{x^2}{a^2}+\dfrac{y^2}{b^2}=1$(椭圆柱面)，$\dfrac{x^2}{a^2}-\dfrac{y^2}{b^2}=1$（双曲柱面），$x^2=2py(y>0)$（抛物柱面）.

二、多元函数与极限的概念

1. 多元函数的概念

设 D 是 xOy 平面上的一个点集，若对 D 中的每一点 $P(x，y)$，变量 z 按一定的法则总有确定的值与之对应，则称变量 z 为变量 x、y 的二元函数，记为 $z=f(x，y)$；点集 D

称为该函数的定义域；x、y 称为自变量，z 称为因变量；数值 z 的全体称为值域.

2. 二元函数的极限

求二元函数的极限要比求一元函数的极限复杂，要注意以下几点：

（1）有关一元函数的极限运算法则和定理，可以直接类推到二元函数的极限.

（2）$P(x, y) \rightarrow P_0(x_0, y_0)$ 是指函数 $f(x, y)$ 有极限为 A，即 $P(x, y)$ 在定义域内以任何方式趋近于 $P_0(x_0, y_0)$ 时，函数都无限接近于 A. 因此，如果当 $P(x, y)$ 以不同方式趋近于 $P_0(x_0, y_0)$ 时，函数趋近于不同的值，那么就可以断定这个函数的极限不存在.

三、偏导数

1. 偏导数的概念

设函数 $z = f(x, y)$ 在点 (x_0, y_0) 的某个邻域内有定义，固定自变量 $y = y_0$，给 x 在 x_0 处改变量 Δx，如果极限

$$\lim_{\Delta x \to 0} \frac{f(x_0 + \Delta x, y_0) - f(x_0, y_0)}{\Delta x}$$

存在，则称此极限为函数 $z = f(x, y)$ 在点 (x_0, y_0) 处关于 x 的偏导数，记作

$$\frac{\partial z}{\partial x}\bigg|_{\substack{x = x_0 \\ y = y_0}}, \quad \frac{\partial f}{\partial x}\bigg|_{\substack{x = x_0 \\ y = y_0}}, \quad z'_x(x_0, y_0) \ \text{或} \ f'_x(x_0, y_0)$$

类似地，极限 $\lim\limits_{\Delta y \to 0} \dfrac{f(x_0, y_0 + \Delta y) - f(x_0, y_0)}{\Delta y}$ 定义为函数 $z = f(x, y)$ 在点 (x_0, y_0) 处关于 y 的偏导数，记作

$$\frac{\partial z}{\partial y}\bigg|_{\substack{x = x_0 \\ y = y_0}}, \quad \frac{\partial f}{\partial y}\bigg|_{\substack{x = x_0 \\ y = y_0}}, \quad z'_y(x_0, y_0) \ \text{或} \ f'_y(x_0, y_0)$$

当把 x_0、y_0 换成一般 x、y 后，就得到偏导函数. 关于偏导数及其求法应注意如下几点：

（1）$\dfrac{\mathrm{d}y}{\mathrm{d}x}$ 既是一个整体，也可理解为"微商"，但 $\dfrac{\partial z}{\partial x}$、$\dfrac{\partial z}{\partial y}$ 只是整体记号；对于一元函数来说，可导必连续；但是偏导数存在，二元函数却不一定连续，而偏导数连续 → 可微 → 连续且偏导数存在.

（2）求二元函数的偏导数是把一个自变量看做常数而对另一个变量求导.

（3）求多元复合函数的偏导数时首先找出函数与变量的路线图，然后前一个变量对后一个变量求偏导数，两个变量之间用乘号"连接"，不同线路用"加号"连接.

（4）求隐函数的偏导数时，原则上利用复合函数求导法则，但是求导时应注意要把 z 理解为 x，y 的函数.

2. 二元函数的极值

使二元函数 $z = f(x, y)$ 的一阶偏导数 $f'_x(x_0, y_0) = f'_y(x_0, y_0) = 0$ 的点称为驻点.

$z = f(x, y)$ 的极值点必为驻点，驻点不一定是极值点.

二元函数极值的判定：若函数 $z = f(x, y)$ 在点 (x_0, y_0) 的某邻域有连续二阶偏导数，且点 (x_0, y_0) 是驻点，记 $A = f''_{xx}(x_0, y_0)$，$B = f''_{xy}(x_0, y_0)$，$C = f''_{yy}(x_0, y_0)$，$\Delta = B^2 - AC$；则有

(1) 当 $\Delta < 0$ 时，$f(x_0, y_0)$ 是极值，且当 $A < 0$ 时为极大值，$A > 0$ 时为极小值；

(2) 当 $\Delta > 0$ 时，$f(x_0, y_0)$ 不是极值；

(3) 当 $\Delta = 0$ 时，$f(x_0, y_0)$ 可能是极值，也可能不是极值.

四、二重积分的概念与计算

1. 二重积分的概念

设 $f(x, y)$ 是有界闭区域 D 上的有界函数，分割 D 成 n 个小区域 $\Delta\sigma_i (i = 1, 2, \cdots, n)$，作乘积 $f(\xi_i, \eta_i)\Delta\sigma_i (i = 1, 2, \cdots, n)$，并作和式 $\sum_{i=1}^{n} f(\xi_i, \eta_i)\Delta\sigma_i$. 当各小闭区域的直径中的最大值 $\lambda \to 0(\Delta\sigma \to 0)$ 时，若和式的极限存在，则称此极限值为函数 $f(x, y)$ 在区域 D 上的二重积分，记作

$$\iint_D f(x, y)\mathrm{d}\sigma = \lim_{\lambda \to 0} \sum_{i=1}^{n} f(\xi_i, \eta_i)\Delta\sigma_i$$

二重积分是定积分在多元函数中的推广. 重积分的性质完全平行于定积分的性质.

2. 二重积分的计算

二重积分的计算是将二重积分转化为二次积分；其计算步骤是

(1) 画出积分区域 D 的图形，考察区域 D 是否需要分块；

(2) 选择积分次序，确定二次积分的上、下限；

(3) 计算二次积分得结果.

选择积分次序的原则如下：

(1) 尽可能在积分区域不分或少分成子区域的情形下积分；

(2) 第一次积分的上下限表达式要简单，并且容易根据第一次积分的结果作第二次积分.

世界数学家简介 8 ••••••••••••••••••••••••••••••••••••

★ 拉 普 拉 斯 ★

皮埃尔-西蒙·拉普拉斯(Pierre - Simon marquis de Laplace，1749 年 3 月 23 日—1827 年 3 月 5 日)，法国著名的天文学家、数学家、物理学家. 1749 年生于法国西北部卡尔

瓦多斯的博蒙昂诺日，1816 年被选为法兰西学院院士，1817 年任该院院长. 1812 年出版了重要的《概率分析理论》一书，在该书中总结了当时整个概率论的研究，论述了概率在选举、审判、调查、气象等方面的应用，拉普拉斯是分析概率论的创始人，因此可以说他是应用数学的先驱.

拉普拉斯的研究领域是多方面的，有天体力学、概率论、微分方程、复变函数、势函数理论、代数、测地学、毛细现象理论等，并有卓越的创见. 他是一位分析学的大师，把分析学应用到力学，特别是天体力学，获得了划时代的结果. 他发表的天文学、数学和物理学的论文有 270 多篇，专著合计有 4006 页之多. 其中最有代表性的专著有《天体力学》、《宇宙体系论》和《概率分析理论》. 拉普拉斯在研究天体问题的过程中，创造和发展了许多数学的方法，以他的名字命名的拉普拉斯变换、拉普拉斯定理和拉普拉斯方程等，在科学技术的各个领域有着广泛的应用.

他研究过复变函数求积法，并把实积分转换为复积分来计算，拉普拉斯方程更是重要的微分方程. 他研究了奇解的理论，把奇解的概念推广到高阶方程和三个变量的方程，发展了解非齐次线性方程的常数变易法，探求二阶线性微分方程的完全积分. 拉普拉斯也很重视研究方法，他十分爱用归纳和类比. 他曾说："甚至在数学里，发现真理的主要工具也是归纳和类比".

拉普拉斯曾任拿破仑的老师，所以和拿破仑结下不解之缘. 拿破仑在流放期间曾说过："拉普拉斯是第一流的数学家. 他学识渊博，但学而不厌". 拉普拉斯的遗言是："我们知道的是微小的，我们不知道的是无限的". 他曾说："自然的一切结果都只是数目不多的一些不变规律的数学结论". 他还强调指出："认识一位巨人的研究方法，对于科学的进步，……并不比科学发现本身更少用处，科学研究的方法经常是极富兴趣的部分".

总 复 习 题

1. 求下列函数的定义域：

(1) $f(x) = \dfrac{1}{x-2}$

(2) $f(x) = \sqrt{3x+2}$

(3) $f(x) = \sqrt{x+1} + \dfrac{1}{2-x}$

(4) $y = \dfrac{1}{\ln(4-x)} + \sqrt{x^2-4}$

2. 指出下列各复合函数的复合过程：

(1) $y = \dfrac{1}{\sqrt{1-x^2}}$

(2) $y = \tan(1+x^2)$

(3) $y = 2^{\sin^2 x}$

(4) $y = \ln\sqrt{x^2-3x+2}$

3. 当 $x \to 0$ 时，下列函数中哪些是无穷小？哪些是无穷大？

(1) $y = \dfrac{x+2}{x}$

(2) $y = \dfrac{x}{x+2}$

(3) $\ln(1+x)$

4. 求下列函数的极限：

(1) $\lim\limits_{x \to 1} \dfrac{x^2-3x+2}{x^2-1}$

(2) $\lim\limits_{x \to 0} \dfrac{\sqrt{1+x^2}-1}{x}$

(3) $\lim\limits_{x \to 0} \dfrac{e^{2x}-1}{\sin 3x}$

(4) $\lim\limits_{x \to \infty} \left(\dfrac{x-2}{x+2}\right)^x$

(5) $\lim\limits_{x \to 2} \left(\dfrac{1}{x-2} - \dfrac{4}{x^2-4}\right)$

(6) $\lim\limits_{x \to +\infty} \sqrt{x}(\sqrt{x+a} - \sqrt{x})$

(7) $\lim\limits_{x \to 0} \dfrac{1-\cos 2x}{x \sin 2x}$

(8) $\lim\limits_{x \to +\infty} \left(\dfrac{x-1}{x+1}\right)^{x+1}$

(9) $\lim\limits_{x \to \infty} \dfrac{1+2x-x^2}{3x^2+2x+1}$

5. 讨论函数在 $x=0$ 处的连续性：

$$f(x) = \begin{cases} \dfrac{\sin 2x}{x}, & x < 0 \\ 2, & x = 0 \\ \dfrac{\ln(1+2x)}{x}, & x > 0 \end{cases}$$

6. 讨论函数 $f(x) = \begin{cases} x, & x < 2 \\ 2x-1, & x \geqslant 2 \end{cases}$ 在 $x=2$ 处的连续性.

7. 求函数 $f(x)=\dfrac{1}{4-x^2}+\sqrt{x+2}$ 的连续区间.

8. 求函数 $f(x)=\dfrac{1}{x-x^2}$ 的间断点并判断其类型.

9. 求下列函数的导数与微分:

(1) $y=\sqrt{x}+\ln 3$

(2) $y=x\left(x^2+\dfrac{1}{x}+\dfrac{1}{x^2}\right)$

(3) $y=\dfrac{\sin x}{x}$

(4) $y=\dfrac{\sqrt[3]{x}}{x^3\sqrt{x}}$

(5) $y=x^5+5^x$

(6) $y=\mathrm{e}^x\cos x$

(7) $y=(x^2-2x+1)^5$

(8) $y=\sqrt{1-x^2}$

(9) $y=(\ln x)^2$

(10) $y=\ln\dfrac{1+x}{1-x}$

(11) $y=\sin(3x+2)$

(12) $y=\mathrm{e}^{2x}+\mathrm{e}^{-x}$

10. 利用微分近似计算:

(1) $\sin 0.02$ (2) $\ln 0.008$ (3) $\sqrt[3]{997}$

11. 用洛必达法则求下列函数的极限:

(1) $\lim\limits_{x\to 0}\dfrac{a^x-1}{\sin x}$

(2) $\lim\limits_{x\to+\infty}\dfrac{\ln x}{x-1}$

(3) $\lim\limits_{x\to 0}\dfrac{\mathrm{e}^x-\mathrm{e}^{-x}-2x}{x-\sin x}$

(4) $\lim\limits_{x\to+\infty}x\mathrm{e}^{-x}$

(5) $\lim\limits_{x\to 0^+}\dfrac{\ln(1-2x)}{\sin x}$

(6) $\lim\limits_{x\to 0^+}x\ln 2x$

12. 求下列函数的导数:

(1) $y^2+\mathrm{e}^{xy}-3x^5y=0$

(2) $xy=\mathrm{e}^{x+y}$

(3) $y=x^{\sin x}\,(x>0)$

(4) $y=\arcsin 2x$

(5) $y=x(5x^2-4)\sqrt[3]{1-x}$

(6) $y=8t^2,\ x=4t$

13. 验证中值定理:

(1) 函数 $y=x^2-1$ 在 $[-1,1]$ 上满足罗尔定理条件;

(2) 函数 $y=\ln(x+1)$ 在 $[0,1]$ 上满足拉格朗日定理条件.

14. 证明下列不等式:

(1) $\mathrm{e}^x>x+1\,(x\neq 0)$

(2) $\tan x>x+\dfrac{1}{3}x^3\left(0<x<\dfrac{\pi}{2}\right)$

15. 求下列函数的极值:

(1) $f(x)=\dfrac{1}{3}x^3-\dfrac{5}{2}x^2+6x$

(2) $y=x-\ln(1+x)$

16. 求下列函数在对应区间上的最值：

(1) $f(x) = (5-4x)^2$ ($x \in [-1, 1]$)

(2) $y = x - \dfrac{3}{2}\sqrt[3]{x^2}$ ($x \in [0, 8]$)

17. 求下列函数的凹凸区间与拐点并作图：

(1) $y = x^3 - 3x^2 - x + 2$ (2) $y = -\dfrac{x}{x^2+1}$

18. 某厂每批生产 x 个单位产品的费用 $C(x) = 5x + 200$（元），得到的收入 $R(x) = 10x - 0.01x^2$（元），问每批生产多少个单位产品时，才能使利润最大？

19. 欲做容积为 300 立方米的无盖圆柱形蓄水池，已知池底单位面积造价为周围单位面积造价的 2 倍，问怎样设计可使总造价最低？

20. 欲用围墙围成 216 平方米的一块土地，并在正中用一堵墙将其隔成两块，问这块土地的长和宽应如何设计才能使所用建筑材料最省？

21. 某商品进货价格为每件 120 元，若销售价格为 140 元，可售出 200 件；而销售价格每件降低 1 元，则可多卖出 50 件.问从批发部进货多少件，每件销价为多少时，才能使利润最大？

22. 计算下列不定积分：

(1) $\displaystyle\int (x^3 + x^2 + x + 1)\,\mathrm{d}x$ (2) $\displaystyle\int (3^x + \cos x)\,\mathrm{d}x$

(3) $\displaystyle\int \mathrm{e}^{x-6}\,\mathrm{d}x$ (4) $\displaystyle\int (2x-1)^{10}\,\mathrm{d}x$

(5) $\displaystyle\int \cos(2x-3)\,\mathrm{d}x$ (6) $\displaystyle\int \sin 5x\,\mathrm{d}x$

(7) $\displaystyle\int \cos x \sin x\,\mathrm{d}x$ (8) $\displaystyle\int x^2 \cos x\,\mathrm{d}x$

(9) $\displaystyle\int \arcsin x\,\mathrm{d}x$ (10) $\displaystyle\int \mathrm{e}^x \sin x\,\mathrm{d}x$

(11) $\displaystyle\int \cos 3x\,\mathrm{d}x$ (12) $\displaystyle\int x\ln x\,\mathrm{d}x$

23. 计算下列定积分：

(1) $\displaystyle\int_1^2 \dfrac{1}{x^2}\,\mathrm{d}x$ (2) $\displaystyle\int_{-2}^2 (x^3 + x)\,\mathrm{d}x$

(3) $\displaystyle\int_1^4 \sqrt{x}\,\mathrm{d}x$ (4) $\displaystyle\int_0^2 (1-x)\,\mathrm{d}x$

(5) $\displaystyle\int_0^1 2x\mathrm{e}^{x^2}\,\mathrm{d}x$ (6) $\displaystyle\int_e^{\mathrm{e}^2} \dfrac{\ln^2 x}{x}\,\mathrm{d}x$

(7) $\displaystyle\int_0^1 x\mathrm{e}^x\,\mathrm{d}x$ (8) $\displaystyle\int_1^e \ln x\,\mathrm{d}x$

(9) $\int_0^1 (3x+2)^5 \mathrm{d}x$

24. 求由曲线 $y = x^2$ 与直线 $x = 1$、$x = 2$ 和 x 轴所围成的平面图形的面积.

25. 求曲线 $y = x^2$ 与 $y^2 = x$ 所围成的平面图形的面积以及该图形绕 x 轴旋转所得的旋转体的体积.

26. 求由曲线 $y = \dfrac{1}{x}$ 与直线 $x + y = 2$ 所围成的平面图形的面积.

27. 求抛物线 $y = x^2$ 与直线 $x = 1$ 及 x 轴所围成的平面图形的面积,并求其绕 x 轴旋转所成旋转体的体积.

28. 求微分方程 $\dfrac{\mathrm{d}y}{\mathrm{d}x} = 2xy^2$ 的通解.

29. 求微分方程 $\dfrac{1}{x}\mathrm{d}y + \dfrac{1}{y}\mathrm{d}x = 0$ 满足 $y|_{x=3} = 4$ 的特解.

30. 求微分方程 $(1 + \mathrm{e}^x)yy' = \mathrm{e}^x$ 的通解.

31. 求微分方程 $y' - 2x(1 + 9y^2) = 0$ 满足条件 $y|_{x=0} = \dfrac{1}{3}$ 的特解.

32. 求微分方程 $\cos x \dfrac{\mathrm{d}y}{\mathrm{d}x} + y\sin x - 1 = 0$ 的通解.

33. 求微分方程 $xy' - y = x^2 \sin x$ 的通解.

34. 求微分方程 $y' + y\cos x = \mathrm{e}^{-\sin x}$ 的通解.

35. 求解微分方程 $\begin{cases} y' + 2xy - x\mathrm{e}^{-x^2}\sin x = 0 \\ y(0) = 1 \end{cases}$.

36. 求下列微分方程的通解:

(1) $y'' - 2y' - 3y = 0$ (2) $y'' + y' + y = 0$

37. 判定下列级数的敛散性:

(1) $\displaystyle\sum_{n=1}^{\infty}\left(\dfrac{1}{2n} + \dfrac{1}{5^n}\right)$ (2) $\displaystyle\sum_{n=1}^{\infty}\dfrac{n}{\left(1 + \dfrac{1}{n}\right)^n}$

(3) $\displaystyle\sum_{n=1}^{\infty}\dfrac{n}{4n^2 - 3}$ (4) $\displaystyle\sum_{n=1}^{\infty}\dfrac{3n-1}{2^n}$

38. 判定下列级数的收敛性,如果收敛,是绝对收敛还是条件收敛?

(1) $-1 + \dfrac{1}{2^2} - \dfrac{1}{4^2} + \dfrac{1}{6^2} - \cdots$ (2) $\displaystyle\sum_{n=1}^{\infty}(-1)^n \dfrac{n}{(n+1)^2}$

39. 求下列幂级数的收敛半径与收敛区间:

(1) $\displaystyle\sum_{n=1}^{\infty}\dfrac{n^2+1}{n}x^n$ (2) $\displaystyle\sum_{n=1}^{\infty}\dfrac{n+1}{n!}x^n$

(3) $\sum_{n=1}^{\infty} \frac{1}{2^n} x^{2n-1}$ (4) $\sum_{n=1}^{\infty} \frac{(-3)^n}{n^3} x^n$

40. 将下列函数展开成 x 的幂级数：

(1) $f(x) = \frac{1}{x+a}(a > 0)$ (2) $f(x) = x\ln(1+x)$

(3) $f(x) = \sin \frac{x}{2}$

41. 求过点 $A(0, 1, 2)$、$B(3, -1, 2)$、$C(-1, 3, 4)$ 的平面方程.

42. 已知一平面过点 $(4, -3, 6)$ 且它在 y 轴、z 轴上的截距分别为 -1 和 3，求该平面的方程.

43. 指出下列方程在空间直角坐标系中所表示曲面的名称：

(1) $x^2 + y^2 + z^2 - 2z = 0$ (2) $\frac{x^2}{1} + \frac{y^2}{4} + \frac{z^2}{9} = 1$

(3) $y^2 + z^2 = 1$ (4) $z^2 + y^2 = x$

44. 求下列极限：

(1) $\lim\limits_{\substack{x \to 2 \\ y \to 3}} (2x - y)$ (2) $\lim\limits_{\substack{x \to 0 \\ y \to 3}} \frac{\sin xy}{3x}$

(3) $\lim\limits_{\substack{x \to -2 \\ y \to 0}} (1 + xy)^{\frac{1}{y}}$ (4) $\lim\limits_{\substack{x \to 0 \\ y \to 0}} \frac{\sqrt{xy+1}-1}{xy}$

45. 求函数的定义域：

(1) $z = \ln(2x + 3y)$ (2) $z = \sqrt{4 - x^2 - y^2}$

46. 求下列函数的一阶偏导数及全微分：

(1) $z = x^y$ (2) $z = \frac{y}{x}$

(3) $z = \sin(3x + y^2)$

47. 若函数 $z = x^3 y$，求 $\frac{\partial^2 z}{\partial x^2}$，$\frac{\partial^2 z}{\partial x \partial y}$，$\frac{\partial^2 z}{\partial y^2}$.

48. 设由方程 $z + e^z - xy = 0$ 确定隐函数 $z = z(x, y)$，求 $\frac{\partial z}{\partial x}$，$\frac{\partial z}{\partial y}$.

49. 设 $z = u^2 v$，$u = xy$，$v = x + y$，求 $\frac{\partial z}{\partial x}$，$\frac{\partial z}{\partial y}$.

50. 设 $z = e^{u+v}$，$u = x^2 \cdot \ln y$，$v = 2xy$，求 $\frac{\partial z}{\partial x}$，$\frac{\partial z}{\partial y}$.

51. 利用全微分近似计算：

(1) $\sin 29^0 \cdot \tan 46^0$ (2) $\sqrt{(3.02)^2 + (3.97)^2}$

(3) $0.98^{3.01}$.

52. 求下列函数的极值：

(1) $z = x^2 + y^2 - 4x + 4y$ (2) $z = 4(x - y) - x^2 - y^2$

53. 求表面积为 a^2 而体积为最大的长方体的体积.

54. 某工厂要建造一座长方体形状的厂房，其体积为 150 万 m^3，已知前墙和房顶的每单位面积的造价分别是其它墙身造价的 3 倍和 1.5 倍，问厂房前墙的长度和厂房的高度为多少时厂房的造价最小.

55. 设长方体内接于半径为 R 的半球，问长方体各边长为多少时其体积最大？最大体积是多少？

56. 已知矩形的周长为 $2k$，将它绕其一边旋转而构成一体积，求所得体积为最大的那个矩形的边长.

57. 设积分区域 D 为：$x^2 + y^2 \leqslant 9$，计算 $\iint\limits_{D} d\sigma$.

58. 交换下列二次积分的积分次序：

(1) $\int_1^3 dx \int_0^2 f(x, y) dy$ (2) $\int_0^3 dx \int_1^2 f(x, y) dy$

(3) $\int_0^3 dx \int_0^x f(x, y) dy$

59. 求 $\iint\limits_{D} 2x \, dx \, dy$，其中 D 是由 $1 \leqslant x \leqslant 2$ 和 $1 \leqslant y \leqslant 2$ 所确定的区域.

60. 求 $\iint\limits_{D} 2y \, dx \, dy$，其中 D 是由 $0 \leqslant x \leqslant 1$ 和 $0 \leqslant y \leqslant x$ 所确定的区域.

61. 求 $\iint\limits_{D} y \, dx \, dy$，其中 D 是由 $0 \leqslant x \leqslant 2$ 和 $x \leqslant y \leqslant 2x$ 所确定的区域.

62. 求 $\iint\limits_{D} xy \, dx \, dy$，其中 D 是由 $-1 \leqslant x \leqslant 1$ 和 $x^2 \leqslant y \leqslant 1$ 所确定的区域.

63. 求 $\iint\limits_{D} e^{-y^2} dx \, dy$，其中 D 是由直线 $x = 0$ 和 $y = 1$ 及 $x = y$ 所围成的区域.

64. 求 $\iint\limits_{D} x \, d\sigma$，其中 D 是由 $x = 0$、$y = x$ 及 $x + y = 1$ 所围成的区域.

65. 求 $\iint\limits_{D} \dfrac{x}{y^2} d\sigma$，其中 D 是由 $x = 0$、$y = x^2$ 及 $x = 2$ 所围成的区域.

66. 求 $\iint\limits_{D} \cos(x + y) d\sigma$，其中 D 是由 $x = 0$、$y = \pi$ 及 $y = x$ 所围成的区域.

67. 求 $\iint\limits_{D} y \, dx \, dy$，其中 D 是由 $x = y^2 + 1$、$x = 0$、$y = 0$ 及 $y = 1$ 所围成的区域.

68. 求 $\iint\limits_{D} x \sqrt{y} \, dx \, dy$，其中 D 是由 $y = x^2$ 和 $y = \sqrt{x}$ 所围成的区域.

69. 求 $\iint\limits_{D}(x+6y)\mathrm{d}x\mathrm{d}y$，其中 D 是由 $y=x$ 和 $y=5x$ 及 $x=1$ 所围成的区域.

70. 求 $\iint\limits_{D}x\mathrm{d}\sigma$，其中 D 是由 $x=0$ 和 $y=x$ 及 $x+y=1$ 所围成的区域.

71. 求 $\iint\limits_{D}\sin x\cos y\mathrm{d}\sigma$，其中 D 是由 $y=x$ 和 $y=0$ 及 $x=\dfrac{\pi}{2}$ 所围成的区域.

72. 求 $\iint\limits_{D}y\,\mathrm{d}x\mathrm{d}y$，其中 D 是由 $x^2+y^2\leqslant 1$ 和 $y\geqslant 0$ 所确定的区域.

73. 求 $\iint\limits_{D}\dfrac{x^2}{y^2}\,\mathrm{d}x\mathrm{d}y$，其中 D 是由 $y\leqslant x$ 和 $xy\geqslant 1$ 及 $x\leqslant 2$ 所确定的区域.

74. 证明：$3\pi\mathrm{e}\leqslant\iint\limits_{D}\mathrm{e}^{x^2+y^2}\mathrm{d}\sigma\leqslant 3\pi\mathrm{e}^4$，其中 $D:1\leqslant x^2+y^2\leqslant 4$.

75. 由积分几何意义求：$\iint\limits_{D}\sqrt{x^2+y^2}\mathrm{d}\sigma$，其中 $D:x^2+y^2\leqslant a^2$.

附录Ⅰ 初等数学部分常用公式

1. 乘法公式

$$(a+b)(a-b)=a^2-b^2$$

$$(x+a)(x+b)=x^2+(a+b)x+ab$$

$$(a\pm b)^2=a^2\pm 2ab+b^2$$

$$(a\pm b)^3=a^3\pm 3a^2b+3ab^2\pm b^3$$

$$(a\pm b)(a^2\mp ab+b^2)=a^3\pm b^3$$

$$(a+b)^n=C_n^0a^n+C_n^1a^{n-1}b+C_n^2a^{n-2}b^2+\cdots+C_n^ka^{n-k}b^k+\cdots+C_n^nb^n$$

其中组合系数：$C_n^m=\dfrac{n(n-1)(n-2)\cdots(n-m+1)}{m!}$，$C_n^0=1$，$C_n^n=1$

2. 一元二次方程求根公式

设 $ax^2+bx+c=0(a\neq 0)$，则：

$$x_{1,2}=\frac{-b\pm\sqrt{b^2-4ac}}{2a}(b^2-4ac\geqslant 0)$$

3. 指数运算法则

$$a^xa^y=a^{x+y} \qquad (a^x)^y=a^{xy} \qquad (ab)^x=a^xb^x \qquad \frac{a^x}{a^y}=a^{x-y}$$

$$a^0=1 \qquad a^{-n}=\frac{1}{a^n} \qquad a^{\frac{m}{n}}=\sqrt[n]{a^m} \qquad a^{-\frac{m}{n}}=\frac{1}{\sqrt[n]{a^m}}$$

4. 对数运算公式

$$\log_a(x\cdot y)=\log_ax+\log_ay \qquad \log_a\frac{x}{y}=\log_ax-\log_ay$$

$$\log_ax^n=n\log_ax \qquad \log_a\sqrt[n]{x}=\frac{1}{n}\log_ax \qquad a^{\log_ax}=x$$

5. 常用数列公式

$$1+2+3+4+\cdots+n=\frac{1}{2}n(n+1)$$

$$2+4+6+8+\cdots+2n=n(n+1)$$

$$1+3+5+7+\cdots+(2n-1)=n^2$$

$$1^2+2^2+3^2+4^2+\cdots+n^2=\frac{1}{6}n(n+1)(2n+1)$$

$$1^2+3^2+5^2+7^2+\cdots+(2n-1)^2=\frac{1}{3}n(4n^2-1)$$

$$1\cdot2+2\cdot3+3\cdot4+4\cdot5+\cdots+n(n+1)=\frac{1}{3}n(n+1)(n+2)$$

$$\frac{1}{1\cdot2}+\frac{1}{2\cdot3}+\frac{1}{3\cdot4}+\frac{1}{4\cdot5}+\cdots+\frac{1}{n\cdot(n+1)}=1-\frac{1}{n+1}$$

等差数列 n 项和：

$$a+(a+d)+(a+2d)+\cdots+[a+(n-1)d]=na+\frac{n(n-1)}{2}d$$

等比数列 n 项和：

$$a+aq+aq^2+\cdots+aq^{n-1}=\frac{a(1-q^n)}{1-q}\quad(q\neq1)$$

6. 常用三角公式

同角公式：

$$\sin^2x+\cos^2x=1\qquad\tan^2x+1=\sec^2x\qquad\cot^2x+1=\csc^2x$$

$$\sin x\cdot\csc x=1\qquad\cos x\cdot\sec x=1\qquad\tan x\cdot\cot x=1$$

$$\tan x=\frac{\sin x}{\cos x}\qquad\cot x=\frac{\cos x}{\sin x}\qquad\sec x=\frac{1}{\cos x}\qquad\csc x=\frac{1}{\sin x}$$

两角和与差公式：

$$\sin(x\pm y)=\sin x\cos y\pm\cos x\sin y$$

$$\cos(x\pm y)=\cos x\cos y\mp\sin x\sin y$$

$$\tan(x\pm y)=\frac{\tan x\pm\tan y}{1\mp\tan x\tan y}$$

二倍角公式：

$$\sin2x=2\sin x\cos x$$

$$\cos2x=\cos^2x-\sin^2x=2\cos^2x-1=1-2\sin^2x$$

$$\tan2x=\frac{2\tan x}{1-\tan^2x}$$

半角公式：

$$\sin^2x=\frac{1-\cos2x}{2}\qquad\cos^2x=\frac{1+\cos2x}{2}\qquad\tan^2x=\frac{1-\cos2x}{1+\cos2x}$$

和差化积公式：

$$\sin x+\sin y=2\sin\frac{x+y}{2}\cos\frac{x-y}{2}$$

$$\sin x-\sin y=2\cos\frac{x+y}{2}\sin\frac{x-y}{2}$$

$$\cos x + \cos y = 2\cos\frac{x+y}{2}\cos\frac{x-y}{2}$$

$$\cos x - \cos y = -2\sin\frac{x+y}{2}\sin\frac{x-y}{2}$$

积化和差公式：

$$\sin x\cos y = \frac{1}{2}[\sin(x+y)+\sin(x-y)]$$

$$\cos x\sin y = \frac{1}{2}[\sin(x+y)-\sin(x-y)]$$

$$\sin x\sin y = -\frac{1}{2}[\cos(x+y)-\cos(x-y)]$$

$$\cos x\cos y = \frac{1}{2}[\cos(x+y)\cos(x-y)]$$

正弦定理：

$$\frac{a}{\sin A} = \frac{b}{\sin B} = \frac{c}{\sin C} = 2R$$

余弦定理：

$$a^2 = b^2 + c^2 - 2bc\cos A$$
$$b^2 = c^2 + a^2 - 2ca\cos B$$
$$c^2 = a^2 + b^2 - 2ab\cos C$$

7. 几何公式

直线的倾角和斜率：$k = \tan\alpha(0 \leqslant \alpha < \pi,\ \alpha \neq \frac{\pi}{2})$

直线的点斜式方程：$y - y_0 = k(x - x_0)$

直线的斜截式方程：$y = kx + b$

直线的一般方程：$Ax + By + C = 0$

两直线 l_1 与 l_2 平行：$l_1 // l_2 \Leftrightarrow k_1 = k_2$

两直线 l_1 与 l_2 垂直：$l_1 \perp l_2 \Leftrightarrow k_1 \cdot k_2 = -1$

圆的面积：$S = \pi R^2$

圆弧的长：$l = R\theta(\theta$ 为圆心角)

扇形面积：$S = \frac{1}{2}R^2\theta = \frac{1}{2}Rl(\theta$ 为圆心角，l 为 θ 对应的圆弧长)

正圆柱体：$S_{侧} = 2\pi Rh \qquad S_{全} = 2\pi R^2 + 2\pi Rh \qquad V_{体} = \pi R^2 h$

正圆锥体：$S_{侧} = \pi Rl \qquad S_{全} = \pi R^2 + \pi Rh \qquad V_{体} = \frac{1}{3}\pi R^2 h$

球体：$S_{全} = 4\pi R^2 \qquad V_{体} = \frac{4}{3}\pi R^3$

8. 常用无理数

$\pi=3.14159265\cdots$　　　$\pi^2=9.869604401\cdots$　　　$\sqrt{\pi}=1.772453851\cdots$

$e=2.71828182\cdots$　　　$e^2=7.389056099\cdots$　　　$\sqrt{e}=1.648721271\cdots$

9. 特殊三角函数值

度数	$0°$	$30°$	$45°$	$60°$	$90°$	$180°$	$270°$	$360°$
弧度	0	$\dfrac{\pi}{6}$	$\dfrac{\pi}{4}$	$\dfrac{\pi}{3}$	$\dfrac{\pi}{2}$	π	$\dfrac{3\pi}{2}$	2π
$\sin\alpha$	0	$\dfrac{1}{2}$	$\dfrac{\sqrt{2}}{2}$	$\dfrac{\sqrt{3}}{2}$	1	0	-1	0
$\cos\alpha$	1	$\dfrac{\sqrt{3}}{2}$	$\dfrac{\sqrt{2}}{2}$	$\dfrac{1}{2}$	0	-1	0	1
$\tan\alpha$	0	$\dfrac{\sqrt{3}}{3}$	1	$\sqrt{3}$	不存在	0	不存在	0

10. 常用数据

常用平方根	常用平方数	常用立方数	常用阶乘数	常用勾股数
$\sqrt{2}=1.414\ldots$	$11^2=121$	$2^3=8$	$2!=2$	3　4　5
$\sqrt{3}=1.732\ldots$	$12^2=144$	$3^3=27$	$3!=6$	5　12　13
$\sqrt{5}=2.236\ldots$	$13^2=169$	$4^3=64$	$4!=24$	6　8　10
$\sqrt{6}=2.449\ldots$	$14^2=196$	$5^3=125$	$5!=120$	7　24　25
$\sqrt{7}=2.645\ldots$	$15^2=225$	$6^3=216$	$6!=720$	8　15　17
$\sqrt{8}=2.828\ldots$	$16^2=256$	$7^3=343$	$7!=5040$	9　40　41
$\sqrt{10}=3.162\ldots$	$17^2=289$	$8^3=512$	$8!=40320$	10　24　26
$\sqrt{11}=3.316\ldots$	$18^2=324$	$9^3=729$	$9!=362,880$	11　60　61
$\sqrt{12}=3.464\ldots$	$19^2=361$	$11^3=1331$	$10!=3,628,800$	12　16　20

附录Ⅱ 基本初等函数图形

	函　数	定义域	值　域	图　像	性　质
常数函数	$y=1$	$x\in(-\infty,+\infty)$	$y\in\{1\}$		偶函数,有界
幂函数	$y=x$	$x\in(-\infty,+\infty)$	$y\in(-\infty,+\infty)$		奇函数 单调增加
幂函数	$y=x^2$	$x\in(-\infty,+\infty)$	$y\in[0,+\infty)$		偶函数 在$(-\infty,0]$内单调减少 在$[0,+\infty)$内单调增加
	$y=x^3$	$x\in(-\infty,+\infty)$	$y\in(-\infty,+\infty)$		奇函数 单调增加

	函 数	定义域	值 域	图 像	性 质
幂函数	$y=x^{-1}$	$x\in(-\infty,0)$ $\cup(0,+\infty)$	$y\in(-\infty,0)$ $\cup(0,+\infty)$		奇函数 在$(-\infty,0)$ 内单调减少 在$(0,+\infty)$ 内单调减少
	$y=x^{\frac{1}{2}}$	$x\in[0,+\infty)$	$y\in[0,+\infty)$		单调增加
对数函数	$y=\log_a x$ $(a>1)$	$x\in(0,+\infty)$	$y\in(-\infty,+\infty)$		单调增加
	$y=\log_a x$ $(0<a<1)$	$x\in(0,+\infty)$	$y\in(-\infty,+\infty)$		单调减少
三角函数	$y=\sin x$	$x\in(-\infty,+\infty)$	$x\in[-1,1]$		奇函数，周期为2π，有界，在$\left(2k\pi-\dfrac{\pi}{2},2k\pi+\dfrac{\pi}{2}\right)$内单调增加，在$\left(2k\pi+\dfrac{\pi}{2},2k\pi+\dfrac{3\pi}{2}\right)$内单调减少

	函　数	定义域	值　域	图　像	性　质
三角函数	$y=\cos x$	$x\in(-\infty,+\infty)$	$y\in[-1,1]$		偶函数，周期为 2π，有界，在 $(2k\pi,2k\pi+\pi)$ 内单调减少，在 $(2k\pi+\pi,2k\pi+2\pi)$ 内单调增加
	$y=\tan x$	$x\neq k\pi+\dfrac{\pi}{2}$ $(k\in\mathbf{Z})$	$y\in(-\infty,+\infty)$		奇函数，周期为 π，在 $\left(k\pi-\dfrac{\pi}{2},\ k\pi+\dfrac{\pi}{2}\right)$ 内单调增加
	$y=\cot x$	$x\neq k\pi$ $(k\in\mathbf{Z})$	$y\in(-\infty,+\infty)$		奇函数，周期为 π，在 $(k\pi,k\pi+\pi)$ 内单调减少
反三角函数	$y=\arcsin x$	$x\in[-1,1]$	$y\in\left[-\dfrac{\pi}{2},\dfrac{\pi}{2}\right]$		奇函数，单调增加，有界
	$y=\arccos x$	$x\in[-1,1]$	$y\in[0,\pi]$		单调减少，有界

	函数	定义域	值域	图像	性质
反三角函数	$y = \arctan x$	$x \in (-\infty, +\infty)$	$y \in \left(-\dfrac{\pi}{2}, \dfrac{\pi}{2}\right)$		奇函数，单调增加，有界
	$y = \text{arccot} x$	$x \in (-\infty, +\infty)$	$y \in (0, \pi)$		单调减少，有界

附录Ⅲ 简单不定积分表

1. 有理函数类积分

(1) $\displaystyle\int (ax+b)\,\mathrm{d}x = \frac{(ax+b)^{n+1}}{a(n+1)} + C \quad (n\neq -1)$

(2) $\displaystyle\int \frac{1}{ax+b}\,\mathrm{d}x = \frac{1}{a}\ln|ax+b| + C$

(3) $\displaystyle\int x(ax+b)^n\,\mathrm{d}x = \frac{(ax+b)^{n+2}}{a^2(n+2)} + \frac{b(ax+b)^{n+1}}{a^2(n+1)} + C \quad (n\neq -1,\,-2)$

(4) $\displaystyle\int \frac{x}{ax+b}\,\mathrm{d}x = \frac{x}{a} - \frac{b}{a^2}\ln|ax+b| + C$

(5) $\displaystyle\int \frac{x}{(ax+b)^2}\,\mathrm{d}x = \frac{b}{a^2(ax+b)} + \frac{1}{a^2}\ln|ax+b| + C$

(6) $\displaystyle\int \frac{1}{x(ax+b)}\,\mathrm{d}x = -\frac{1}{b}\ln\left|\frac{ax+b}{x}\right| + C$

(7) $\displaystyle\int \frac{1}{x^2(ax+b)}\,\mathrm{d}x = -\frac{1}{bx} + \frac{a}{b^2}\ln\left|\frac{ax+b}{x}\right| + C$

(8) $\displaystyle\int \frac{1}{x^2-a^2}\,\mathrm{d}x = \frac{1}{2a}\ln\left|\frac{x-a}{x+a}\right| + C$

(9) $\displaystyle\int \frac{1}{x^2+a^2}\,\mathrm{d}x = \frac{1}{a}\arctan\frac{x}{a} + C$

(10) $\displaystyle\int \frac{1}{(x^2+a^2)^n}\,\mathrm{d}x = \frac{x}{2(n-1)a^2(x^2+a^2)^{n-1}} + \frac{2n-3}{2(n-1)a^2}\int \frac{1}{(x^2+a^2)^{n-1}}\,\mathrm{d}x + C$

2. 无理函数类积分

(1) $\displaystyle\int \sqrt{a^2-x^2}\,\mathrm{d}x = \frac{1}{2}\left(x\sqrt{a^2-x^2} + a^2\arcsin\frac{x}{a}\right) + C \quad (|x|\leqslant a)$

(2) $\displaystyle\int x^2\sqrt{a^2-x^2}\,\mathrm{d}x = \frac{x}{8}(2x^2-a^2)\sqrt{a^2-x^2} + \frac{a^2}{8}\arcsin\frac{x}{a} + C \quad (|x|\leqslant a)$

(3) $\displaystyle\int \frac{1}{\sqrt{a^2-x^2}}\,\mathrm{d}x = \arcsin\frac{x}{a} + C \quad (|x|\leqslant a)$

(4) $\displaystyle\int \frac{x^2}{\sqrt{a^2-x^2}}\,\mathrm{d}x = -\frac{x}{2}\sqrt{a^2-x^2} + \frac{a^2}{2}\arcsin\frac{x}{a} + C \quad (|x|\leqslant a)$

(5) $\displaystyle\int \sqrt{a^2+x^2}\,\mathrm{d}x = \frac{1}{2}\left[x\sqrt{a^2+x^2} + a^2\ln(x+\sqrt{a^2+x^2}\,\right] + C$

(6) $\int x \sqrt{a^2 + x^2}\,\mathrm{d}x = \dfrac{1}{3}(a^2 + x^2)^{3/2} + C$

(7) $\int \dfrac{\sqrt{a^2 + x^2}}{x}\,\mathrm{d}x = \sqrt{a^2 + x^2} - a\ln\left|\dfrac{a + \sqrt{a^2 + x^2}}{x}\right| + C$

(8) $\int \dfrac{1}{\sqrt{x^2 + a^2}}\,\mathrm{d}x = \ln(x + \sqrt{x^2 + a^2}) + C$

(9) $\int \dfrac{x}{\sqrt{x^2 + a^2}}\,\mathrm{d}x = \sqrt{x^2 + a^2} + C$

(10) $\int \dfrac{x^2}{\sqrt{x^2 + a^2}}\,\mathrm{d}x = \dfrac{x}{2}\sqrt{x^2 + a^2} - \dfrac{a^2}{2}\ln(x + \sqrt{x^2 + a^2}) + C$

(11) $\int \dfrac{1}{x\sqrt{x^2 + a^2}}\,\mathrm{d}x = -\dfrac{1}{a}\ln\left|\dfrac{a + \sqrt{x^2 + a^2}}{x}\right| + C$

(12) $\int \dfrac{1}{x^2\sqrt{x^2 + a^2}}\,\mathrm{d}x = -\dfrac{\sqrt{x^2 + a^2}}{a^2 x} + C$

(13) $\int \sqrt{x^2 - a^2}\,\mathrm{d}x = \dfrac{1}{2}(x\sqrt{x^2 - a^2} - a^2\ln|x + \sqrt{x^2 - a^2}|) + C$

(14) $\int x\sqrt{x^2 - a^2}\,\mathrm{d}x = \dfrac{1}{3}(x^2 - a^2)^{3/2} + C \quad (|x| \geqslant a)$

(15) $\int \dfrac{\sqrt{x^2 - a^2}}{x}\,\mathrm{d}x = \sqrt{x^2 - a^2} - a \cdot \arccos\dfrac{a}{x} + C \quad (|x| \geqslant a)$

(16) $\int \dfrac{1}{\sqrt{x^2 - a^2}}\,\mathrm{d}x = \ln|x + \sqrt{x^2 - a^2}| + C \quad (|x| > a)$

(17) $\int \dfrac{x}{\sqrt{x^2 - a^2}}\,\mathrm{d}x = \sqrt{x^2 - a^2} + C \quad (|x| > a)$

(18) $\int \dfrac{x^2}{\sqrt{x^2 - a^2}}\,\mathrm{d}x = \dfrac{1}{2}(x\sqrt{x^2 - a^2} + a^2\ln|x + \sqrt{x^2 - a^2}|) + C \quad (|x| > a)$

3. 三角函数类积分

(1) $\int \sin ax\,\mathrm{d}x = -\dfrac{1}{a}\cos ax + C$

(2) $\int \sin^n ax\,\mathrm{d}x = -\dfrac{\sin^{n-1} ax \cdot \cos ax}{na} + \dfrac{n-1}{n}\int \sin^{n-2} ax\,\mathrm{d}x \quad (n > 0)$

(3) $\int x\sin ax\,\mathrm{d}x = \dfrac{\sin ax}{a^2} - \dfrac{x}{a}\cos ax + C$

(4) $\int x^n \sin ax\,\mathrm{d}x = -\dfrac{x^n \cos ax}{a} + \dfrac{n}{a}\int x^{n-1}\cos ax\,\mathrm{d}x \quad (n > 0)$

(5) $\int \dfrac{1}{\sin ax}\,\mathrm{d}x = \dfrac{1}{a}\ln\left|\tan\dfrac{ax}{2}\right| + C$

(6) $\displaystyle\int \frac{1}{1+\sin ax}dx = \frac{1}{a}\tan\left(\frac{ax}{2}-\frac{\pi}{4}\right)+C$

(7) $\displaystyle\int \frac{1}{1-\sin ax}dx = \frac{1}{a}\tan\left(\frac{ax}{2}+\frac{\pi}{4}\right)+C$

(8) $\displaystyle\int \cos ax\, dx = \frac{1}{a}\sin ax + C$

(9) $\displaystyle\int \cos^n ax\, dx = \frac{\cos^{n-1}ax \cdot \sin ax}{na} + \frac{n-1}{n}\int \cos^{n-2}ax\, dx \quad (n>0)$

(10) $\displaystyle\int x\cos ax\, dx = \frac{\cos ax}{a^2} + \frac{x}{a}\sin ax + C$

(11) $\displaystyle\int x^n\cos ax\, dx = \frac{x^n\sin ax}{a} - \frac{n}{a}\int x^{n-1}\sin ax\, dx \quad (n>0)$

(12) $\displaystyle\int \frac{1}{\cos ax}dx = \frac{1}{a}\ln\left|\tan\left(\frac{ax}{2}+\frac{\pi}{4}\right)\right|+C$

(13) $\displaystyle\int \frac{1}{1+\cos ax}dx = \frac{1}{a}\tan\left(\frac{ax}{2}\right)+C$

(14) $\displaystyle\int \frac{1}{1-\cos ax}dx = -\frac{1}{a}\cot\left(\frac{ax}{2}\right)+C$

(15) $\displaystyle\int \sin ax \cdot \cos ax\, dx = \frac{1}{2a}\sin^2 ax + C$

(16) $\displaystyle\int \sin ax \cdot \cos bx\, dx = -\frac{1}{2(a+b)}\cos(a+b)x - \frac{1}{2(a-b)}\cos(a-b)x + C \quad (a\neq b)$

(17) $\displaystyle\int \sin ax \cdot \sin bx\, dx = -\frac{1}{2(a+b)}\sin(a+b)x + \frac{1}{2(a-b)}\sin(a-b)x + C \quad (a\neq b)$

(18) $\displaystyle\int \cos ax \cdot \cos bx\, dx = \frac{1}{2(a+b)}\sin(a+b)x + \frac{1}{2(a-b)}\sin(a-b)x + C \quad (a\neq b)$

(19) $\displaystyle\int \sin^n ax \cdot \cos ax\, dx = \frac{1}{a(n+1)}\sin^{n+1}ax + C \quad (n\neq -1,\,1)$

(20) $\displaystyle\int \sin ax \cdot \cos^n ax\, dx = \frac{-1}{a(n+1)}\cos^{n+1}ax + C \quad (n\neq -1,\,1)$

(21) $\displaystyle\int \frac{1}{\sin ax \cdot \cos ax}dx = \frac{1}{a}\ln|\tan(ax)|+C$

(22) $\displaystyle\int \frac{\sin ax}{\cos^n ax}dx = \frac{1}{a(n-1)\cos^{n-1}ax} + C \quad (n\neq -1,\,1)$

(23) $\displaystyle\int \frac{\cos ax}{\sin^n ax}dx = -\frac{1}{a(n-1)\sin^{n-1}ax} + C \quad (n\neq -1,\,1)$

(24) $\displaystyle\int \frac{1}{\tan ax+1}dx = \frac{x}{2} + \frac{1}{2a}\ln|\sin ax + \cos ax|+C$

(25) $\int \dfrac{1}{\tan ax - 1} dx = -\dfrac{x}{2} + \dfrac{1}{2a} \ln |\sin ax - \cos ax| + C$

4. 指数函数类积分

(1) $\int e^{ax} dx = \dfrac{1}{a} e^{ax} + C$

(2) $\int a^x dx = \dfrac{1}{\ln a} a^x + C$

(3) $\int x^n e^{ax} dx = \dfrac{1}{a} x^n e^{ax} - \dfrac{n}{a} \int x^{n-1} e^{ax} dx$

(4) $\int x^n a^x dx = \dfrac{1}{\ln a} x^n a^x - \dfrac{n}{\ln a} \int x^{n-1} a^x dx$

(5) $\int e^{ax} \sin bx \, dx = \dfrac{e^{ax}}{a^2 + b^2} (a \sin bx - b \cos bx) + C$

(6) $\int e^{ax} \cos bx \, dx = \dfrac{e^{ax}}{a^2 + b^2} (a \cos bx + b \sin bx) + C$

(7) $\int e^{ax} \sin^n bx \, dx = \dfrac{e^{ax} \sin^{n-1} bx}{a^2 + b^2 n^2} (a \sin bx - nb \cos bx) + \dfrac{n(n-1)b^2}{a^2 + b^2 n^2} \int e^{ax} \sin^{n-2} bx \, dx$

(8) $\int e^{ax} \cos^n bx \, dx = \dfrac{e^{ax} \cos^{n-1} bx}{a^2 + b^2 n^2} (a \cos bx + nb \sin bx) + \dfrac{n(n-1)b^2}{a^2 + b^2 n^2} \int e^{ax} \cos^{n-2} bx \, dx$

5. 对数函数类积分

(1) $\int \ln^n x \, dx = x \ln^n x - n \int \ln^{n-1} x \, dx$

(2) $\int x^m \ln^n x \, dx = \dfrac{x^{m+1} \ln^n x}{m+1} - \dfrac{n}{m+1} \int x^m \ln^{n-1} x \, dx \quad (m \neq -1)$

(3) $\int \dfrac{\ln^n x}{x} dx = \dfrac{1}{n+1} \ln^{n+1} x + C \quad (n \neq -1)$

(4) $\int \dfrac{\ln^n x}{x^m} dx = -\dfrac{\ln^n x}{(m-1)x^{m-1}} + \dfrac{n}{m-1} \int \dfrac{\ln^{n-1} x}{x^m} dx \quad (m \neq 1)$

(5) $\int \dfrac{1}{x \ln x} dx = \ln |\ln x| + C$

(6) $\int \dfrac{1}{x (\ln x)^n} dx = -\dfrac{1}{(n-1) \ln^{n-1} x} + C \quad (n \neq 1)$

(7) $\int \sin(\ln x) \, dx = \dfrac{x}{2} \big[\sin(\ln x) - \cos(\ln x) \big] + C$

(8) $\int \cos(\ln x) \, dx = \dfrac{x}{2} \big[\sin(\ln x) + \cos(\ln x) \big] + C$

6. 反三角函数类积分

(1) $\int \arcsin \dfrac{x}{a} dx = x \arcsin \dfrac{x}{a} + \sqrt{a^2 - x^2} + C$

(2) $\displaystyle\int x \cdot \arcsin \frac{x}{a} \mathrm{d}x = \Big(\frac{x^2}{2} - \frac{a^2}{4}\Big)\arcsin \frac{x}{a} + \frac{x}{4}\sqrt{a^2 - x^2} + C$

(3) $\displaystyle\int x^2 \cdot \arcsin \frac{x}{a} \mathrm{d}x = \frac{x^3}{3}\arcsin \frac{x}{a} + \frac{1}{9}(x^2 + 2a^2)\sqrt{a^2 - x^2} + C$

(4) $\displaystyle\int \arccos \frac{x}{a} \mathrm{d}x = x\arccos \frac{x}{a} - \sqrt{a^2 - x^2} + C$

(5) $\displaystyle\int x \cdot \arccos \frac{x}{a} \mathrm{d}x = \Big(\frac{x^2}{2} - \frac{a^2}{4}\Big)\arccos \frac{x}{a} - \frac{x}{4}\sqrt{a^2 - x^2} + C$

(6) $\displaystyle\int x^2 \cdot \arccos \frac{x}{a} \mathrm{d}x = \frac{x^3}{3}\arccos \frac{x}{a} - \frac{1}{9}(x^2 + 2a^2)\sqrt{a^2 - x^2} + C$

(7) $\displaystyle\int \arctan \frac{x}{a} \mathrm{d}x = x\arctan \frac{x}{a} - \frac{a}{2}\ln(a^2 + x^2) + C$

(8) $\displaystyle\int x \cdot \arctan \frac{x}{a} \mathrm{d}x = \frac{1}{2}(a^2 + x^2)\arctan \frac{x}{a} - \frac{ax}{2} + C$

(9) $\displaystyle\int \operatorname{arccot} \frac{x}{a} \mathrm{d}x = x\operatorname{arccot} \frac{x}{a} + \frac{a}{2}\ln(a^2 + x^2) + C$

(10) $\displaystyle\int x \cdot \operatorname{arccot} \frac{x}{a} \mathrm{d}x = \frac{1}{2}(a^2 + x^2)\operatorname{arccot} \frac{x}{a} + \frac{ax}{2} + C$

(11) $\displaystyle\int x^n \cdot \arctan \frac{x}{a} \mathrm{d}x = \frac{x^{n+1}}{n+1}\arctan \frac{x}{a} - \frac{a}{n+1}\int \frac{x^{n+1}}{a^2 + x^2}\mathrm{d}x \quad (n \neq -1)$

(12) $\displaystyle\int x^n \cdot \operatorname{arccot} \frac{x}{a} \mathrm{d}x = \frac{x^{n+1}}{n+1}\operatorname{arccot} \frac{x}{a} + \frac{a}{n+1}\int \frac{x^{n+1}}{a^2 + x^2}\mathrm{d}x \quad (n \neq -1)$

参 考 文 献

[1] 吴丽华，李彪. 高等数学[M]. 长春：吉林大学出版社，2010.

[2] 曹亚萍，龚建荣. 高等数学[M]. 南京：南京大学出版社，2012.

[3] 黄敬发. 高等数学[M]. 武汉：中国地质大学出版社有限责任公司，2011.

[4] 张立圃，杜俊文. 应用数学[M]. 北京：机械工业出版社，2011.

[5] 黄炜. 高等数学[M]. 北京：高等教育出版社，2013.

[6] 关革强. 高等数学[M]. 大连：大连理工大学出版社，2011.

[7] 李艳梅，刘震云. 经济应用数学[M]. 北京：北京机械工业出版社，2013.